생존의 한계

생존의 한계

프란시스 아스크로프 지음
한국동물학회 옮김

전파과학사

번역하신 분들(가나다순)

강신성 교수(경북대학교 자연과학대학 생물학과)
계명찬 교수(경기대학교 자연과학부 생물학 전공)
김경진 교수(서울대학교 생명과학부)
김도한 교수(광주과학기술원 생명과학과)
김명순 교수(우석대학교 이공대학 생물학과)
김성주 교수(전북대학교 의과대학 생리학교실)
김 욱 교수(단국대학교 첨단과학부 생물학 전공)
김원선 교수(서강대학교 자연과학부 생명과학 전공)
김윤희 교수(경희대학교 이학부 생물학 전공)
김일회 교수(강릉대학교 자연과학대학 생물학과)
김찬길 교수(건국대학교 생명과학부 생명공학 전공)
김철근 교수(한양대학교 자연과학대학 생물학과)
김현섭 교수(공주대학교 사범대학 생물교육학과)
김희백 교수(서울대학교 사범대학 생물교육학과)
박동은 교수(서울대학교 생명과학부)
박은호 교수(한양대학교 자연과학대학 생물학과)
박인국 교수(동국대학교 이과대학 생물학과)
박정희 교수(수원대학교 자연과학대학 생명과학과)
서동상 교수(성균관대학교 생명공학부 유전공학과)
손종경 교수(경북대학교 사범대학 생물교육학과)
송은숙 교수(숙명여자대학교 이과대학 생물학과)
송준임 교수(이화여자대학교 자연과학대학 생물과학과)
안주홍 교수(광주과학기술원 생명과학과)

안태인 교수(서울대학교 생명과학부)
양재섭 교수(대구대학교 자연과학대학 생명과학부)
이건수 교수(서울대학교 생명과학부)
이봉희 교수(고려대학교 이과대학 생물학과)
이석희 교수(성균관대학교 자연과학부 생명과학과)
전상학 교수(건국대학교 이과대학 생명과학부)
정영란 교수(이화여자대학교 사범대학 과학교육학과)
최인호 교수(연세대학교 문리대학 자연과학부 생명과학 전공)
최재천 교수(서울대학교 생명과학부)
하두봉 명예교수(서울대학교), 석좌교수(광주과학기술원 생명과학과)

기획 및 편집진

◆ 출판위원장

박은호 교수(한양대학교 자연과학대학 생물학과)

◆ 출판운영위원

김현섭 교수(공주대학교 사범대학 생물교육학과)

◆ 출판위원

김일회 교수(강릉대학교 자연과학대학 생물학과)
김 욱 교수(단국대학교 첨단과학부 생물학 전공)
남궁용 교수(강릉대학교 자연과학대학 생물학과)
안태인 교수(서울대학교 생명과학부)
조철오 교수(한국과학기술원 생물과학과)
최재천 교수(서울대학교 생명과학부)

번역에 부쳐서

한국동물학회가 우수한 동물학 교양 총서를 번역 출판하기 시작한 이래 4번째의 총서가 나오게 되었다. 이 교양 총서들은 본 학회에서 내용의 교육적, 학술적 가치들을 신중히 고려하여 선정하고 본 학회 회원인 해당 전공 교수들이 번역하여 출판하는 우량 도서 시리즈이다.

이번에 제4권으로 내는 「생존의 한계」는 극한 환경에서 발생하는 여러 가지 생리학적 문제점을 광범위하게 다루어 생물의 적응 능력과 생존 한계에 대하여 다시 한번 생각하게 한다. 이처럼 이 책은 동물의 적응 능력에 대한 경외심을 일깨워 독서의 즐거움을 한층 높여주는 흥미 있는 번역서이다. 아무쪼록 독서의 계절에 맞춰 출판하는 본서가 많은 독자들에게 읽히기를 바란다.

끝으로 한국동물학회의 교양 총서를 선정에서부터 번역 출판까지 책임지고 힘써주는 출판위원장 박은호 교수와 출판위원 여러분께 깊이 감사를 드리며, 바쁜 연구 생활 중에도 자원하여 번역에 참여해 주신 회원 여러분께도 감사 드린다. 또한, 내용에 걸맞는 알찬 책을 출판해 주신 전파과학사 여러분과 사장님께도 깊은 감사를 드린다.

한국동물학회 회장
성균관대학교 자연과학부 생명과학과
교수 최병래

원저에 대하여

이 책의 원저는 영국의 옥스퍼드대학교(Oxford University)의 생리학 교수인 아스크로프(Fraces Ashcroft) 박사가 저술한 『*Life at the Extremes : Science of Survival*』이다. 캘리포니아대학교 출판부(University of California Press)에서 2000년에 출판한 이 책은 극한 환경에서 동물의 생존 한계를 인간을 위주로 다루었다. 이 책은 인체의 생리학적 한계를 인간의 도전과 탐험을 바탕으로 흥미롭게 전개하여 구미 각국에서 호평을 받았다.

본 학회는 이 책이 후학의 교양 함양과 비생물학도에게 동물의 적응 능력과 인체의 신비를 동물생리학적 배경에서 이해시키는 데 일조할 수 있다고 판단하여 교양 총서 제4권으로 번역 출판하게 되었다. 학회의 방침에 따라서 33명의 회원이 분담하여 번역한 후 내용의 통일성을 기하기 위하여 이를 출판위원회에서 가필 정정하였다. 생물학 용어는 한국생물과학협회에서 심의 제정하여 2000년에 출판한 『생물학 용어집』과 『교육부 편수자료』에, 의학 용어는 1992년 대한의학협회에서 출판한 『의학 용어집』에 따랐다.

2001년 10월 25일
한국동물학회 출판위원장
한양대학교 자연과학대학 생물학과 교수 박은호

차 례

서 문

1999년 11월, 전세계의 신문들은 세계적인 골프 챔피온 스트왈트(Payne Stewart) 일행의 비행기 사고를 일제히 보도하였다. 그들이 탄 항공기 리어 제트(Lear Jet)는 미국 플로리다주 올랜도를 이륙하였다. 그러나 이륙 직후 고도 약 11,300m에서 갑자기 지상 관제소와의 연락이 두절되었다. 미국 당국은 이 항공기가 인구 밀집 지역에 추락할 것을 우려하여 공군 전투기 두 대를 발진시켜 유사시에 이를 격추하도록 조치하였다. 문제의 항공기에 접근한 전투기는 항공기를 살펴본 결과, 항공기 내의 공기 압력이 떨어져서 외부의 찬 공기가 안으로 유입된 듯 창문은 온통 서리로 덮여 있고 탑승객은 살아 있는 것 같지 않다는 비보를 타전해 왔다. 이 비운의 비행기는 자동 항법으로 비행을 계속하다가 연료가 떨어지자 끝내 사우즈 다코타에 추락하였는데, 탑승객은 모두 산소 부족으로 이미 질식사한 뒤였다. 이러한 참사는 물론 이번이 처음은 아니고, 또 앞으로도 계속 일어날 수 있을 것이다. 이런 고도에서는 산소가 희박하므로 창문이나 출입문의 밀폐 상태가 불량하면 이러한 불행한 사고가 언제든지 일어날 수 있는 것이다.

스트왈트와 그 일행들 뿐만 아니라 사실은 우리도 알게 모르게 이러한 위험 상황에 자주 직면하고 있다. 산소가 희박해서 사람이 살 수 없는 그런 높은 곳을 우리는 자주 여객기로 비행을 하고 있고, 극한 지대를 항해하기도 할 뿐만 아니라, 스쿠버다이빙처럼 위험한 운동으로 휴가를 보내기도 하며, 추워서 도저히 견딜 수 없을 것 같은 극지방을 여행하기도 한다. 이제 극한 환경이라는 것은 과거처럼 극소수의 모험가들만의 전유물이 아니라 과학 기술의 덕택으로 누구나 쉽게 경험해 볼 수 있는 곳이 된 것이다. 물론 적절한 장비를 갖추고 극한 환경에 도전하지만 매년 수천 명이 추위나 더위 또는 고산병 등으로 희생되고 있다.

이런 위험에도 불구하고, 어쩌면 이런 위험 때문에 인간은 이런 극한 환경에 유혹을 받게 된다. 암스트롱(Neil Armstrong)의 역사적인 달 착륙 광경은 59개국 8억의 시청자가 지켜 보았고, 극지 탐험이나 히말라야 등반 등은 여전히 우리를 매혹시키고 있다. 그들의 모험을 나 자신의 일처럼 느끼면서 그 위험이 크면 클수록 우리는 더욱더 스릴을 느끼게 된다. 뿐만 아니라 아이러니컬하게도 그들의 참사에 우리는 새디스트적인 매력마저 느끼는지 모른다. 한 산악인이 혹한에 고립된 채 죽음을 앞두고 핸드폰으로 그의 아내에게 작별 인사를 하는 처절한 이야기는 홍수나 지진으로 수백 명의 사망자가 났다는 소식보다 우리의 가슴을 더 아프게 한다.

겨울의 엄동설한과 여름의 삼복더위는 어제 오늘의 이야기가 아니고 태초부터 있어 왔다. 그러나 19세기 말엽부터 20세기 초엽에 이르러 기구, 비행기, 잠수함, 심해 잠수 장비 등의 출현과 빈번한 극지 탐험, 그리고 산악 등반 등으로 이러한 상황에 처했을 때 인체에서 일어나는 생리학적 반응을 연구해야할 필요성이 대두되었다. 심해 잠수부나 우주 비행사들에게는 종래에는 없던 새로운 직업병이 그들의 직무상 피할 수 없게 따라다니게 된 것이다. 그런가 하면 또 어떤 사람들은 단순히 즐기기 위하여 이런 위험을 자청해서 감수하기도 한다. 이러한 도전에 남자뿐만 아니라 이제는 여자들도 질세라 가세하고 있다. 우리의 일상 생활이 너무 무료하기 때문에 우리는 오히려 이런 모험을 그토록 갈망하는 것이 아닐까? 그래서 우리들은 해변에 조용히 앉아 휴가를 보내는 것보다는 스키, 산악 행군, 스쿠버다이빙, 번지점프, 패러글라이딩을 즐기려 몰려가는 것이리라. 이런 모험을 그래도 비교적 안전하게 즐길 수 있는 것은 모험가들의 끊임없는 도전 정신과 인체생리학자들의 피나는 연구의 덕택이라고 할 수 있다.

이 책은 극한 환경에서의 인체의 생리학적 반응과 인간의 생존 한계를 다룬 책이다. 이 책에서는 냉동고나 얼음 속에 갇혔을 때 또는 물 없는 사막에서 길을 잃었을 때 우리 몸에서는 어떤 일이 일어나는가, 전문 산악인은 산소통 없이 에베레스트에 오르기도 하는데 왜 항공기 승객들은 같은 높이에서 기내의 압력이 떨어지면 금방 의식을 잃게 되는가, 왜 우주 비행사들은 지구로 돌아올 때 심한 현기증을 겪어야 하는가, 심해 잠수부들은 왜 뼈의 질병으로 고통을 받는가 등등을 다루고 있다. 이런 의문을 규명하는 일은 생리학자들에게는 지적으로나 육체적으로나 대단히 흥미있는 일이다.

일찍이 그리스의 철학자 헤라클리투스(Heraclitus)는 "전쟁은 모든 것의 아버지이다"라고 말한 바 있다. 이 말은 극한 환경이 생리학의 발전에 지대한 공헌을 했다는 사실에 관한 한 지극히 타당한 말이다. 군인들은 극한 환경에 처하는 경우가 다반사이다. 실제로 우리는 지난 몇 년 사이에 한겨울의 지독한 추위 속에서 벌어진 발칸 반도의 전쟁, 찜통 같은 더위 속의 쿠웨이트 전쟁, 카쉬미르 고원에서 벌어진 인도와 파키스탄의 분쟁 등을 보아왔다. 이런 극한 환경에서의 군사 작전은 고온, 저온, 압력, 고도 등이 인체에 미치는 영향에 관한 연구를 직접 또는 간접적으로 발달시켰다고 볼 수 있다. 그래서 이런 연구는 순수한 과학적인 이유에서라기보다는 강대국간의 우주 경쟁을 초래한 냉전 시대의 산물인 것이다.

국가간의 스포츠 경쟁도 인체생리학에 많은 관심을 기울이게 하였고, 이로인해 최근에 와서는 스포츠생리학이라는 새로운 학문이 자리잡아가고 있다. 버스를 보고 달려가는 등 우리는 일상 생활에서도 다소간의 운동은 항상 하고 있다. 그러나 인간의 달리는 속도에는 설사 훈련을 한다 해도 한계가 있고, 이 훈련 자체가 또 우리 몸에 스트레스를 주어 한계 요인으로 작용한다. 좀 다른 형태의 극한이긴 하지만 스포츠에서의 훈련에 관해서는 제5장에서 자세히 다루자 한다.

인체생리학의 연구도 대조 실험*을 통하여 행해진다. 실험에서는 어떤 결과가 나올지 또 어디까지 살 수 있을지 알 수 없는 일이기 때문에 대개의 경우 처음에는 동물을 사용하고 그 결과로부터 인체에서의 영향을 추정해 본다. 그러나 궁극적으로는 사람 자신에게 실험해 보는 수밖에 없다.

그래서 생리학자는 결국은 자기 자신이 스스로 실험 동물이 되어보기도 하고 자신의 자녀를 실험 대상으로 삼기도 한다. 유명한 생리학자 할데인(J. B. S. Haldane)은 그의 아버지가 그를 네 살 때부터 실험 대상으로 써왔다고 술회한 적이 있다. 그러나 그도 그의 아버지를 따라 유명한 생리학자가 된 것을 보면 그 일이 그렇게 싫지는 않았던 모양이다.

---

* 대조 실험 : 어떤 요인에 대한 영향을 알아보기 위해 실험 동물을 두 그룹으로 나누어 한쪽은 그 요인을 주고 한쪽은 주지 않고 양자간의 차이를 비교하는 실험 방식.

생리학자들이 그 자신과 동료를 실험 대상으로 삼는 데는 이유가 있다. 첫째는 스스로 직접 체험해 보는 것이 무엇보다 중요하기 때문이다. 특히 과거에는 실험 자체가 위험하고 그 결과도 예측할 수 없었기 때문에 자원자를 선발해서 하는 것보다 자신들이 스스로 실험 대상이 되는 길을 택했었다. 자원자를 구는 데는 시간이 걸리기 때문에 이길은 또한 시간도 절약되었다. 따라서 초기의 생리학자들에게는 과학적 호기심과 숙달된 실험 기술외에 비상한 용기도 필요했었다. 산소를 가득 채운 철통 속에 당신이 들어앉아 있다고 생각해 보라. 밖에서 산소의 압력을 점점 높이면 몸에 경련이 올 것이고 그것이 치명적인 신체 장애를 일으킬 수도 있다는 것을 알지만, 어느 시점에서 그런 현상이 나타날지 알지 못한 채 자신이 실험 동물이 되어 앉아 있다는 것은 결코 즐거운 일이 아니리라. 그러나 제2장에서 설명하는 바와 같이 이런 실험은 심해 잠수부의 안전을 위해서는 필수적인 것이다.

생리적 스트레스에 대한 반응은 사람마다 다르다. 그리고 이 스트레스에 대한 반응은 그 사람의 평소의 행동으로부터는 예측할 수도 없다. 용맹한 해병대 출신이 고산병에 금방 시달리는가 하면 같이 등산하던 손길 부드러운 아가씨는 끄떡도 하지 않는 경우도 있는 것이다. 따라서 과학적 원리의 탐구를 위해서가 아니고 단순히 응용의 필요성 때문에 이런 실험은 많은 수의 자원자를 대상으로 반복해서 이루어져야 한다. 그러나 불행히도 이러한 인체 실험의 대상자 모두가 자원자는 아니었다. 강제로 행해진 반인륜적인 인체 실험의 예가 적지 않다. 역사적인 예를 들면, 독일의 나찌스는 다카우(Dachau)*의 포로를, 러시아도 역

---

* 다카우 : 독일 뮌헨 부근에 있는 마을 이름. 제2차 세계 대전 중 이곳에 있던 포로 수용소에서 많은 포로들이 나찌스에 의해 학살되었다.

시 전쟁 포로를 또 일본 제국주의자들은 한국인과 만주인을 인체 실험에 썼다. 서구 각국에서는 기결수들을 최근까지도 실험에 이용하고 있었다. 이 경우, 죄수들은 복역하거나 혹은 형집행을 면제받는 대가로 실험에 응하거나 양자택일로 선택하였으므로 자원자라고 할 수 있겠으나 이것도 사실은 강요에 의한 자원이 아니겠는가. 뿐만 아니라 당국은 그들에게 실험의 위험성에 관해서 충분히 알려주지 않는 경우가 다반사였다. 이 실험의 내용은 화학 물질이나 방사선의 영향에 관한 것이 많았지만, 극한 환경에서의 인체의 반응을 살피는 내용도 있었다. 뒤에 다시 언급하겠지만 인체 실험에는 이와 같이 어두운 측면도 있는 것이다.

그러나 인체 실험은 역시 필요하다. 얼음처럼 찬 물 속에서 입을 잠수복도 끊임없이 개량하여야 하고, 우주복도 역시 계속 개발하여야 하는 것이다. 그러나 최근에는 이러한 실험이 엄격한 안전 장치 속에서 이루어지고 있으며, 생명의 한계에 관해서도 많은 지식이 쌓여 있다.

인체생리학의 연구 결과는 물론 응용도 많이 되지만 대개의 생리학자들은 응용 가치보다는 과학적 호기심 때문에 연구에 몰두한다. 그들을 연구에 미치게 하는 것은 키프링(Rudyard Kipling)*의 말처럼 소위 6하 원칙의 해결, 즉 "누가 왜 어디에서 언제 어떻게 무엇을"이라는 궁금증을 푸는 것이다. 그래서 생리학자들의 생활은 다른 실험 과학자들도 마찬가지지만 환희와 좌절이 반복되는 마치 도박과 같은 그런 생활이다. 여기서 환희란 것은 회심의 가설이 사실로 입증되었을 때이고, 좌절이란 것은 실험 결과가 꽝일 때이다. 그리고 환희를 맛보는 일은 극히 드물고 대개는 좌절로 끝나는 것이 보통이다. 그러나 수수께끼가

---

* 키프링(1865~1936) : 인도 태생의 영국 작가로 「정글북」의 저자. 1907년 노벨문학상 수상.

하나하나 풀리면서, 지적 호기심이 충족되고, 새로운 사실을 발견하는 일은 참으로 보람 있는 일일 뿐더러 발견에 따르는 짜릿한 흥분은 어떤 경험보다 더 값지고 과학자를 고무시켜 준다. 과학자는 바로 이 지적 보람으로 고된 연구 생활을 견뎌내고 있는 것이다.

보통 사람들은 과학자의 이런 즐거움을 이해하지 못하겠지만, 높은 산의 정상에 올랐을 때의 감격이나 마라톤 코스를 완주했을 때의 성취감은 잘 이해할 수 있을 것이다. 어떤 생리학자는 자신의 지적 호기심의 충족뿐만 아니라 신체적 모험도 동시에 경험하는 행운을 갖기도 한다. 예컨대 신체의 어떤 반응을 알아보기 위하여 그들은 때로는 자신이 직접 산꼭대기, 바다밑, 남극의 빙산, 또는 우주에까지도 가야 할 때가 있는 것이다. 이 책에서 설명하고 있지만, 이렇게 해서 얻은 지식은 참으로 값진 것이다. 생리학은 이와같이 실험실 속에만 있는 과학이 아니고 일상 생활과 밀접히 결부되어 있는 생활 과학이라고 할 수 있다. 따라서 극한 환경에 대처하고 이를 극복하는 데는 '생명의 논리학'이라고도 하는 생리학의 지식이 절대로 필요한 것이다.

케냐의 암보세리 공원에서 바라본 아프리카의 최고봉 킬리만자로

악몽에 시달린 킬리만자로 등반

킬리만자로는 세계에서 가장 아름다운 산중의 하나이다. 화산 분화로 이루어진 이 산은 아프리카의 케냐와 탄자니아 사이에 걸쳐 있는 높이 5,896m의 거봉으로서, 그 산자락에는 암보세리(Amboseli) 야생 동물 보호구가 있다. 여기에는 누우(gnu)*, 영양, 코끼리 등이 떼지어 살고 있다. 산 정상의 하얀 만년설은 쳐다만 보아도 숨막힐 듯 아름답다. 특별한 등산 기술 없이도 3일 반나절이면 오를 수 있기 때문에 오히려 방심과 부주의로 인한 사고 위험이 큰 산이다.

우리 일행은 아침 일찍 출발하여 열대림 속으로 걸어 들어갔다. 공기는 열대 지방답게 후텁지근하였다. 꼭 큐식물원(Kew Botanical Garden)**의 야자수 냄새와 같았다. 부드러운 숲 속의 젖은 낙엽을 밟는 소리가 바삭바삭 들렸다. 머리 위에서는 높은 나뭇가지 사이로 건너다니는 원숭이의 울음 소리가 들렸다. 이렇게 어둡고 시원한 숲 속을 시간 가는 줄 모르게 걷다가 오후 늦게야 자그마한 삼각형 지붕의 오두막에 도착하였다. 그곳은 산언

---

* 누우 : 머리와 뿔은 소를 닮았고 갈기와 꼬리는 말을 닮은 아프리카산 영양의 일종.

** 큐식물원 : 영국 런던 교외의 유명한 식물원.

덕으로 꼭 알프스의 초원을 연상케 하는 널따란 풀밭이 펼쳐져 있었다. 적도 부근이기 때문에 해가 지자 어둠이 금방 사방에 깔렸다.

이튿날, 우리는 고산 초원 지대를 지나 아프리카와 남아메리카의 특징적인 고산 식물상을 감상하면서 약 3,700m 높이까지 올랐다. 개쑥갓의 일종인 자이언트 세네시오(giant denecio)의 군락이 우리의 머리 위로 터널을 만들고 있었고, 로벨리아(lobelia)의 꽃들이 길옆에 보초 서듯 줄지어 서 있었다. 공기는 희박했지만 상쾌해서 나는 고산병에 면역이 되어 있는 줄 알았다.

그 이튿날 아침은 매우 추웠다. 우리는 초원을 뒤로 하고 킬리만자로의 두 주봉 사이에 말안장처럼 걸쳐 있는 암반에 도달하였다. 오른쪽으로 주봉의 하나인 마웬지(Mawenzi)가 보이고, 왼쪽으로 그보다 높은 우리가 오르려는 우후루(Uhuru)가 다가왔다. 지형은 완만했지만 나는 벌써 지쳐 있었다. 이 말안장을 건너는 것도 여간 아니었지만 화산재가 백사장처럼 깔려 있는 정상 가까이의 양철 지붕으로 덮힌 막사까지는 아득히 먼 거리로 보였다.

높이 4,600m에 있는 그 막사에서 우리는 3일째의 추운 밤을 보냈다. 잠을 도저히 이룰 수 없었다. 머리가 지근지근 아프고 눈을 감으면 세상이 빙글빙글 도는 것이었다. 식욕도 없었지만 앞으로의 등반을 위해 억지로 미지근한 음식과 차를 마셨다. 이 높이에서는 물이 80℃에서 끓는다. 확실히 병이 든 것 같았다. 옆에서 자는 친구의 숨소리는 요란하게 헐떡거리다가 한참을 멈추고는 또 헐떡거렸다. 나는 그가 숨을 멈출 때는 영영 멈추는 것 같아서 깨울까 생각했을 정도였다. 나는 추위에 떨면서 시간이 가기만을 기다렸다.

이렇게 악몽으로 밤을 새운 뒤 우리는 새벽 2시에 정상을 향해 출발하였다. 이렇게 일찍 나선 것은 길 안내인이 마웬지 정상에서 일출 광경을 보라고 권유했기 때문이었다. 그러나 뒤에 안 일이지만 그것은 안내인의 낭만적인 권유가 아니었고 우리 앞에 도사리고 있는 엄청난 고난을 그가 잘 알고 있었기 때문이었다. 화산재와 자갈밭 사이를 굽이굽이 돌면서 이어진 1,200m의 길은 분화구의 가장자리에 닿아 있었다. 평지에서도 모래밭을 걷는 일은 쉽지 않다. 그러니 이 높이에서의 등반은 지독한 고문이었다. 겨우 세 발짝 떼놓으면 두 발짝 뒤로 미끄러지는 판이었다. 신 속은 화산재가 가득 차서 천근같이 무거웠고, 다리는 휘청거리면서 말을 듣지 않았다. 모래 속을 뒹굴면서 겨우겨우 기어오르는데 드디어 일행 중 한 명이 쓰러지고 말았다. 고산병에 누가 강한가는 정말 알 수 없는 일이었다. 쓰러진 그 사람은 우리 일행 중 가장 건강한 사람이었는데 지금은 땅에 팽개쳐진 물고기처럼 숨을 할딱거리고 있었다. 그는 하산할 수밖에 없었다. 나머지 일행은 걸음을 계속하였다. 안내인은 폭풍우용 랜턴으로 우리의 발밑을 비추면서 앞서 나갔다. 나는 겨우 한 발짝 떼놓고 한참을 쉬었다가 또 한 발짝 떼곤 하였다. 쉬는 시간은 점점 길어져 갔다. 이렇게 하여 마지막 수백 m를 오른 것은 체력이 아니라 오로지 오기, 어리석기 짝이 없는 오만이 아니었는가 생각한다. 분화구의 가장자리에 도달하자마자 나는 그대로 쓰러지고 말았다. 내 머리는 칼로 난도질당한 듯 쪼개지는 것 같았고, 눈앞에는 검은 점들이 어지럽게 춤추고 있었다.

온갖 환상이 내 머리 속을 스쳐갔다. 나는 케임브리지대학의 먼지 덮인 강의실에 앉아 있었다. 햇살이 책상 너머로 스며들어오고 있는 가운데서 나는 고산병 강의를 듣고 있었다. 무슨 말인지 정확히는 알 수 없었다. 대단히 중요한 것 같기는 한데, 눈앞에서 찬란한 빛이 굴절하면서 춤을 출 뿐이었다. 공기는 차가웠고, 흰 표범 한 마리가 킬리만자로의 분화구 속의 얼음 덩어리 주변을 어슬렁거리면서 노란 눈으로 나를 노려보며 꼬리를 치켜 올리고 있었다. 눈을 돌려보니 해는 솟아서 하늘을 연분홍색과 오렌지색으로 물들이고 구름 가장자리를 황금빛으로 장식하고 있었다. 마웬지의 우뚝 솟은 정상은 보띠첼리(Botticelli)*의 그림 같은 하늘에 검은 음영을 웅장하게 드러내고 있었다. 나는 우후루 정상의 분화구 곁에 앉았다. 찬 바람이 머리칼을 스치고 지나갔다. 나는 환상에서 깨지 않으면 안 된다고 생각하였다. 산소 부족으로 내 머리는 천천히 의식을 잃어가는 것 같았기 때문이었다. 떠날 시간이 늦어지고 있었다.

나는 가파른 경사길을 마치 술취한 사람처럼 미끄러지고 뒹굴면서 내려왔다. 대뇌에 부종(浮腫)이라도 생긴 듯한 공포감이 갑자기 엄습해 왔고, 그러면서도 좀더 천천히 가지 않으면 아래로 곤두박질할지 모른다는 걱정도 하였다. 그렇게 한참을 내려오다보니 이제 한 발짝 뗄 때마다 산소가 내 머리 속에 흘러 들어와 정신이 조금씩 드는 것 같았다. 이렇게 나는 바위 사이를 마치 장애물 스키 경주를 하듯 그 아득한 경사를 단숨에 내려왔다. 오를 때는 다섯 시간이나 걸렸던 그 길을 한 시간 반만에 단숨에 내려온 것이었다.

그나마 나는 행운이었다. 그 전 주에 두 사람이 우리와 똑같은 길을 오르다가 고산병으로 죽은 사고가 있었던 것이다. 다행히 나는 고산병으로 시달리기는 했어도 그 후유증은 없는 것 같았다. 그러나 나의 몸이 고산에 적응할 시간도 충분치 주지 않은채 5,896m를 3일 반에 올랐다는 것은 역시 무모하고 어리석은 일이었다. 고산을 올라서는 안 된다는 것은 물론 아니고 다만 자연 앞에 우리는 경건해져야만 한다는 것이다.

---

* 보띠첼리(1444~1510) : 이탈리아의 화가.

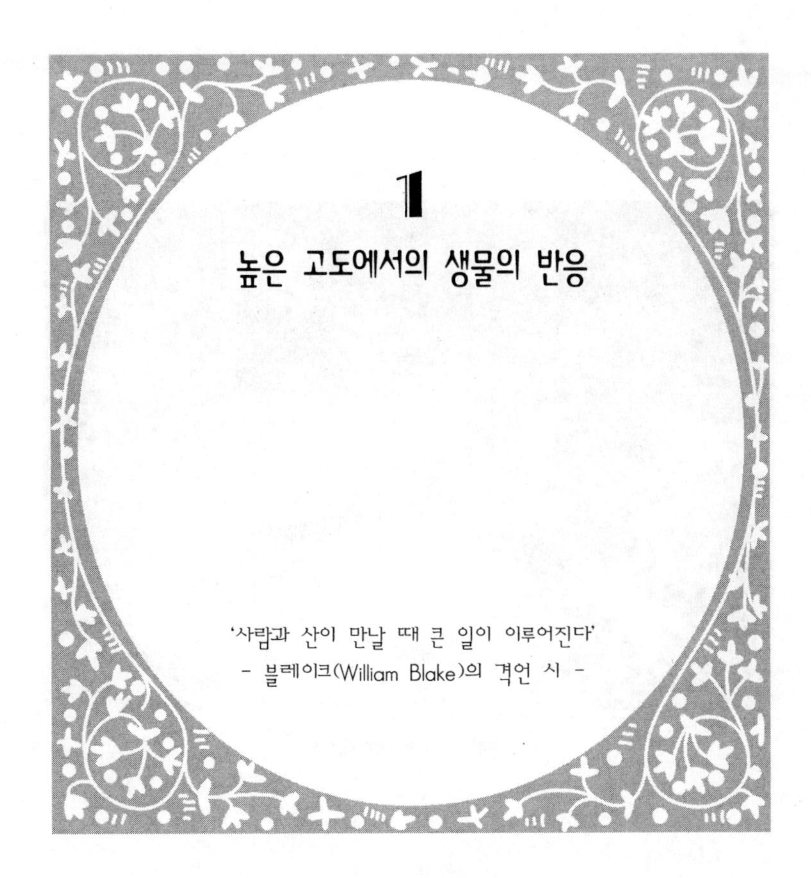

1

높은 고도에서의 생물의 반응

'사람과 산이 만날 때 큰 일이 이루어진다'

- 블레이크(William Blake)의 격언 시 -

세계의 최고봉 에베레스트

에베레스트산은 그 높이가 8,848m로 지구에서 가장 높다. 사람이 지상에서 에베레스트산 정상으로 갑자기 올라간다면 산소 부족으로 몇초 안에 기절해 버릴 것이다. 1978년 오스트리아 산악인 하벨러(Peter Habeler)와 메스너(Reinhold Messner)는 산소 공급 장비 없이 에베레스트 정상에 올랐고 그 후 10년 동안 약 25명 정도가 또 장비 없이 정상에 올랐다. 왜들 이렇게 무모한 일들을 할까? 마치 추리 소설에서 사건의 실마리가 해결될 때처럼 정상을 오르는 과정에서 여러 가지 사건이 생기게 되고 손에 땀을 쥐게 하는 상황에 당면하게 되면서 사람들 개개인의 개성이 드러나게 되는데 이 장에서는 이러한 이야기가 주제가 될 것이다.

수세기 동안 산은 인간의 마음을 사로잡아 정복하고 싶은 대상이었다. 산이 너무 아름다워 오르고 싶었지만 옛날에는 산에 신들이 살고 있다고 생각해서 산에 오르는 것이 금지되었었다. 그리스 사람들은 판테온 신이 그리스에서 가장 높은 올림프스산 정상에서 산다고 생각했고, 인도에서는 신들이 히말라야에서 산다고 생각했으며 안데스 산맥 부근에서는 사람을 제물로 바쳤던 흔적도 찾아 볼 수 있다. 심지어는 오늘날에도 산을 숭배하는 문화가 많이 남아 있다. 불멸의 산악인 노르게이(Tenzing Norgay)는 에베레스트 정상에 처음 올랐을 때 산신에게 초콜릿과 비스킷을 바쳤다고 한다. 산에 대한 신화와 전설도 많아 사람들은 산꼭대기와 바위산에는 신들만 사는 것이 아니라 괴물들도 많이 산다고 생각했다. 히말라야에는 예티, 남부 칠레에는 사람의 피를 먹고 사는 트라우코가 바로 그 괴물들의 이름이다. '침보라조, 코토팩시가 내 영혼을 훔쳤네'라는 그들의 이름을 부르는 주문도 있다. 때로는 영적인 이유로 또는 숨겨진 보물을 찾기 위해서, 탄압하는 정권을 피해, 또는 탐험하기 위해, 또는 반대편 쪽으로 가기 위해, 또는 멜로리(George Mallory)가 말했듯이 산이 거기 있으므로 사람들은 산으로 간다.

고산병은 오래 전부터 있었으나 이런 증세가 왜 생기는지 고대인들은 그 원인을 몰랐다. 그들은 이 병이 산신들의 노여움 때문에 생기거나 산에 있는 독성 식물 때문에 생긴다고 생각했었다. 그래서 초기의 유럽 사람들은 산을 위험하고 신비스럽게 생각하였다. 그러나 19세기 후반부터 사람들이 등산을 스포츠로 생각하게 되었고 누가 산을 정복하는가 서로 경쟁하게 되었다. 따라서 생리학자들은 고도가 올라갈수록 사람의 몸이 어떻게 고도에 반응하는지에 관심을 갖게 되었고, 무엇 때문에 인체가 영향을 받는지 알게 되었다. 그래서 그들의 연구가 에베레스트산을 성공적으로 정복하는데 공헌했다. 그러나 생리학자들은 등반가들이 그들이 생리학적으로 가능하다고 생각했던 것보다 더욱 더 높은 산을 오르는 것을 보고 경악을 금치 못했다.

높은 고도란 대략 해발 3,000m 이상 되는 고도를 말하는데 세계 인구의 약 1,500만 명 정도가 이런 높은 고도에서 살고 있다. 그중 많은 사람들이 안데스, 히말라야, 에티오피아의 고산지역에 거주한다. 또 그곳에 거주하지는 않더라도 많은 사람들이 스키를 타거나 여행을 목적으로 이곳을 방문한다. 사람이 살 수 있는 가장 높은 지역은 해발 5,340m인 안데스 산맥의 오칸퀼카

버트는 고도 생리학과 항공의학의 선구자이었다.
그는 유명한 프랑스의 생리학자 버나드(Claude Bernard)의 제자로 파리의 솔본느대학 실험실에 사람이 들어갈 만한 크기의 용기를 만들어 압력을 떨어뜨려 고도에 따른 인체의 반응을 연구하였다. 그의 유명한 업적 「*La Pression Barométrique*(압력계)」에서 고산병이 산소의 부족 때문이라는 것을 밝혔다. 또한 압력이 떨어졌을 때 생기는 정신이 혼미해지는 증상은 혈액에 기포가 생겼기 때문이라는 것도 그가 밝혔다.

산의 광산 지대이다. 고도 5,800m나 되는 지역에도 황 광산이 있으나 광부들은 그곳에 거주하지는 않고 채광을 할 때만 올라간다. 인도에서도 중국과의 국경을 지키기 위해 5,490m 지역에 몇 달 동안 군을 주둔시키기도 하나 아마 이 높이가 인간이 거주할 수 있는 제일 높은 고도일 것이다. 이런 고도에서 생활하면 어려운 점이 많은데 가장 곤란한 점들은 공기 중에 산소 농도가 낮다는 것이고 또 춥고, 탈수가 된다는 점이다. 대양의 강한 자외선에 노출된다는 것 또한 심각한 문제가 된다.

고도가 높아지면 공기의 밀도가 낮아지고 따라서 산소도 희박해져 사람뿐 아니라 대부분의 생물체에 심각한 문제를 일으킨다. 생물을 구성하는 세포에는 계속적으로 산소가 공급되어야 하며 세포에서는 산소로 탄수화물과 같은 영양분을 연소시켜 에너지를 만든다. 근육 세포처럼 많은 일을 하는 세포들은 다른 세포들보다 더 많은 산소를 필요로 하므로 운동을 할 때는 특히 많은 산소가 필요하다. 제7장에서 다시 언급하겠지만 산소는 1775년에 발견되었고 그 기능은 곧 밝혀졌다. 그러나 고산병이 저산소증 때문에 생긴다는 것을 알게 된 것은 그 100년 후 프랑스의 버트(Paul Bert, 1833~86)의 연구에 의해서였다.

고산병에 대한 초기의 설명

고도에 따른 인체의 반응에 대해 제일 먼저 기술한 나라는 중국이었는데 BC 37~32년쯤 고전 중의 하나인 「치엔 한 슈(*Ch'ien Han Shu*)」에서 중국과 현재의 아프가니스탄 사이의 여행에 대해서 이렇게 서술하였다. '머리를 굉장히 아프게 하는 산과 머리를 조금 아프게 하는 산을 지나 붉은 지대와 열이 나게 하는 언덕을 지나게 되면 사람들은 열이 나며 얼굴이 창백해지고 두통이 나고 토한다. 당나귀와 다른 가축들도 이와 같은 증세를 보인다'. 유명한 중국학자 니드헴(Joseph Needham)이 말하기를 이러한 증상 때문에 중국인들은 국경보다는 낮은 곳에 머물렀을 것이라고 했다. 그리스인들도 마찬가지로 해발 2,900m인 올림프스산의 정상에서는 숨을 쉴 수가 없으므로 그곳에는 신들만이 살 수 있다고 생각했다.

아코스타(Jose de Acosta) 신부는 1590년에 고산병의 급성 증상에 대해서 서술하였는데 그는 스페인 예수회 신부로 안데스 산맥을 넘었고 높은 고도에 있는 알티플라노 분지에 머물러 본 적이 있었다. 그의 일행들 중 많은 사람들이 4,800m에 있는 페리아카카를 지날 때 심한 고통을 느꼈다. 그도 너무나 죽을 것 같고 고통스러워 거의 쓰러질 것 같았고 공기가 너무 희박해서 호흡할 수가 없었다고 하였다. 어떤 곳을 지날 때는 이상하게 열이 오르는데 이러한 증상이 어떤 지역에서는 더 심했다고 한다. 그리고 어느 정도 높이의 고도에 머무르다 산에 오른 사람보다는 아주 낮은 곳에서 곧바로 산에 오른 사람에게서 그 증세가 더 심하다는 것을 알았다. 아코스타 신부는 사람들이 알티플라노 고원 같은 높은 곳에 어느 정도 머물다 산에 오르면 증상이 좀 완화되고 저지대에서 곧장 올라온 사람들은 증상이 더 심한 것으로 보아 사람은 고도에 적응한다는 것을 알았다.

잉카 시대에도 고도에 따른 영향과 그 고도에 적응하기 위해 어느 정도의 시간이 필요하다는 것을 잘 알고 있었다. 그들은 저지대 출신의 노동자들이 잘 죽는다는 것을 알았다. 그래서 그들은 사람들을 두 집단으로 나누어 한 집단은 높은 고도에 계속 머물게 해 고도에 확실히 적응하도록 했고 다른 집단은 고도가 낮은 곳에서 싸우게 했다. 정복자의 약탈을 피해 잉카인들은 더 높은 곳으로 계속 후퇴했으므로 스페인 침략자들은 따라갈 수 없었다.

스페인 사람들은 4,000m 되는 포토시에 도시를 세웠지만 아기를 낳거나 가축이 새끼를 낳기 위해서 또 처음 1년간 아기를 키우기 위해 고도가 낮은 곳으로 되돌아가야 했다. 원래부터 높은 곳에서 살았던 여자들이 낳은 아이는 높은 고도에 별 영향을 받지 않아 죽지 않고 잘 자랐지만 스페인 여자가 낳은 아이는 태어나자마자 죽거나 한 2주 정도밖에는 살지 못했다. 그 도시가 세워진 후 53년이 지나서야 그곳에서 태어난 스페인 아기가 처음으로 죽지 않고 살았는데 그때가 1598년 크리스마스 이브여서 사람들은 이 아이가 산 것이 성 니콜라스 톨렌티노의 기적이라고 환호했다. 그러나 슬프게도 이렇게 기적적으로 태어난 여섯명의 아이들도 모두 어른이 되기 전에 죽고 말았다. 그 후 이 사람들이 높은 고도에 원래부터 살아왔던 인디오들과 결혼하여 2, 3세대 후에 태어난 혼혈아들은 높은 고도에서도 죽지 않고 잘 자랄 수 있게 되었다. 그러나 소나 말들이 고지대에서는 새끼를 낳지 못하자 스페인 사람들은 그곳을 떠나 리마로 갔다. 고산병은 지금도 가볍게 여길 문제가 아닌 것이 오늘날에는 티벳에 거주하는 중국의 한족들을 괴롭힌다.

앞의 잉카 집단에서도 봤지만 고도에 점차적으로 적응한 사람들은 산에 올라가도 아픈 증세가 그렇게 심각하지 않으나 낮은 곳에서 갑자기 높은 곳으로 올라간 사람들에게는 그 증세가 매우 심각해서 잘못하면 목숨을 잃게 되는데, 초창기 기구 조정사들이 바로 그랬었다. 로지어(Jean-François Pilâtre de Rozier)와 알란데스(Marguis d'Arlandes)는 1783년에 몬트골피어 형제 에티네(Etienne Montgolfier)와 조셉(Joseph Montgolfier)이 제작한 열기구를 타고 첫 비행을 했다. 같은 해에 프랑스인 챨스(Jacques Charles)가 수소를 넣은 기구를 발명하여 첫 비행에서 1,800m에 올랐는데 이 고도에서는 별 문제가 없었다.

기구를 타고 높은 고도에 올랐을 때 생기는 증상에 대해 운석학자이며 기구 조정사인 콕스웰(Henry Coxwell)과 동반한 글레이처(James Glaischer)가 유명한 보고서를 썼다. 한 시간 내에 그들은 8,850m 즉, 수은주의 높이가 247mm나 되는 곳까지 올라갔다. 그들은 계속 올라갔지만 이 높이에서는 글레이처가 정신이 혼미해져 기압계를 명확하게 볼 수 없었고 기압계도 정확하게 작동되는지 몰라 정확한 고도를 알 수 없었다. 그러나 그는

11,000m 정도 되는 고도라고 보고하였다. 그는 팔과 다리가 마비되는 것을 생생하게 서술했다. 그는 시계를 볼 수 없었고 그의 동료들도 명확하게 볼 수 없었다고 한다. 그는 말해 보려고 했으나 말을 할 수가 없었고 눈도 잘 보이지 않았으며 마침내 의식을 잃었다. 다행히도 콕스웰은 나중에 의식이 조금 돌아와 겨우겨우 수소를 빼서 기구를 아래로 내릴 수 있었다. 그는 팔이 마비되었기 때문에 수소를 빼기 위한 밸브 끈을 이로 풀어야 했다. 아래로 내려오면서 글레이처는 의식이 차차 돌아왔고 고도가 8,000m쯤 되는 곳에서 그때의 상황을 기록했다고 한다. 그는 심한 급성 저산소증에서 빨리 회복될 수 있다는 것을 보여주었다.

그 후 몇 년 지나 1875년에 세 명의 프랑스 과학자인 씨벨(Sivel), 티싼디어(Tissandier), 크로세-스피넬리(Croce-Spinelli)가 기구 제니스(Zenith)호를 타고 8,000m에 올라갔을 때 이런 상황에서 처음으로 사람이 죽었다. 그들은 원시적인 산소 장비를 가지고 있었으나 산소의 양이 너무 적어 정말로 산소가 필요할 때까지는 쓰지 않기로 했었다. 불행히도 그들은 너무 방심했고 급성 저산소증이 어떻게 일어나는지 몰라 산소를 써보지도 못하고 모두 의식을 잃었다. 티싼디어만 생존했는데 그는 산소 장비를 쓰려했으나 손을 움직일 수가 없었다고 한다. 그는 그 당시의 느낌을 표현했는데 상황 자체는 위험했으나 그다지 고통스럽지 않았고 오히려 심적으로는 마치 빛나는 빛이 가득 찬 것처럼 기쁨이 차 올랐고 무상무념의 상태로 위험을 걱정하는 마음이 없어졌다고 했다.

글레이처와 콕스웰이 월벌햄프톤에서 비행한 유명한 기구.
이 석판화는 그들이 가장 높이 올라갔을 때의 고도 11,000m 정도에서의 상황을 표현했다. 글레이처는 의식을 잃고 쓰러졌고 콕스웰은 산소 부족과 추위로 손을 사용하지 못하고 이로 가스 밸브를 풀려고 애쓰고 있다. 사람들과는 대조적으로 줄에 매달아 놓은 새장 속의 비둘기들은 고도에 영향을 받지 않는 것처럼 보인다.

기구 제니스를 타고 있는 씨벨, 티싼디어와 크로세-스피넬리의 석판화. 제일 왼쪽이 씨벨인데 기구를 더 높이려고 모래주머니를 자르고 있다. 가운데가 티싼디어인데 고도계를 읽고 있다. 크로세-스피넬리는 산소 장비의 입에 무는 부분을 손에 들고 있다. 이 부분은 산소가 72% 함유된 공기가 들어 있는 기구의 풍선과 연결되어 있다.
이 기구는 파리 근교에 빌레테에 있는 가스 공장에서 1875년 4월 15일에 떠서 7,500m까지 올라갔다. 위의 그림은 이 지점에서의 그림인데 씨벨은 동료들에게 더 올라가도 되는지 동의를 구하고 있다. 이 기구는 그 후 8,600m까지 빠르게 올라갔다. 세 사람은 모두 마비되었고 산소를 흡입해야겠다고 생각했을 때는 이미 거의 의식을 잃었다. 티싼디어와 크로세-스피넬리가 다시 잠깐 의식이 돌아왔지만 산소 부족으로 정신이 혼미해 판단력이 흐려져 모래주머니를 풀어 기구는 오히려 더 높이 올라가 상황은 더 나빠졌다. 티싼디어가 다시 정신을 차렸을 때 기구는 6,000m 고도에 있었고 빠른 속도로 하강하고 있었다. 그러나 그의 다른 두 동료들은 이미 죽어 있었다.

에베레스트 등정

사람들이 등반을 많이 하게 되면서 고산병이 대중에게 잘 알려지게 되었고 그 병에 대한 이해도 높아졌다. 1920년대 중반에 사람들은 8,000m 정도의 높이까지 오를 수 있으며 중간 고도에서 몇 주쯤 머물면서 적응 기간을 가진 후 올라가면 그곳에서 며칠 정도는 별 위험없이 지낼 수 있다는 것을 알게 되었다. 그러나 실험실에서는 사람에게 같은 고도의 압력을 처리하면 몇 분내에 의식을 잃게 된다.

1953년 에베레스트 등정이 최초로 영국인들에 의해 이루어졌고 그 리더는 헌트경(Sir John Hunt)이였는데 그는 고도 적응의 중요성을 잘 알고 있는 사람이었다. 그는 산 아래쪽에 있는 카트만두에서 쿰부까지 오랫동안 천천히 행진했다. 거의 몇 주 동안을 1,800m 부근에서 머물면서 적응 기간을 가졌으며 아주 조금씩 고도를 높여 3,600m까지 올라갔다. 그리고는 더 높은 데로 올라가기 전에 한 4주 정도를 4,000m 고도인 쿰부 지역에서 다시 적응 기간을 가졌다. 그들은 잠도 잘 수 있고 식사도 할 수 있는 정도의 고도에서 야영을 했으며 그곳에서 얼마간 지내다가는 다시 낮은 고도로 내려가 며칠 동안 지내면서 몸의 컨디션을 조절하였다. 등반하는 사람들은 지금도 헌트경의 방법을 많이 따르고 있는데 이 방법은 상당한 생리학적 근거가 있다.

그 당시에 보충 산소 사용에 대한 종합 대책이 처음으로 수립되었다. 이전의 등반가들은 산소 장비에 대한 확신이 없었고 초창기의 장비는 너무 무거워 등정할 때 산소를 많이 사용하지 못했다. 그러나 6,500m보다 높은 에베레스트 등정 때는 산소를

노르게이가 1953년 5월 29일 에베레스트 정상을 처음으로
정복했을 때 힐러리가 찍은 사진

사용하였는데 잠잘 때는 1분 당 1ℓ를, 산에 오를 때는 1분 당 4ℓ를 사용하였다. 높은 고도에서는 산소를 사용한다고 하더라도 생리적으로 불편한 현상이 생기며 몸무게도 줄어든다. 그리고 높은 고도에서는 헌트경이 말한 대로 사람들은 때때로 아주 무능력해진다고 한다. 높은 고도에서의 경험을 그는 다음과 같이 표현하였다.

> 우리의 행진은 점점 느려졌고 몸은 지칠대로 지쳤다. 한걸음 한걸음이 너무나 힘들었다. 천근 같은 다리로 몇 발자국 가다가는 또 좀 쉬어야 했다. 벌써 숨이 차 헐떡이기 시작했다. 폐가 터지는 것 같았다. 신음을 토했고 되도록 공기를 많이 흡입하려 애썼다. 그것은 너무 무시무시하고 소름끼치는 경험이었으며 나는 스스로를 통제할 수가 없었다.

그들이 이러한 극도의 어려움을 겪게 된 원인은 후에 밝혀졌다. 헌트경의 마스크와 산소 용기의 연결관이 얼음으로 꽉 막혀 그들은 산소를 전혀 취할 수가 없었던 것이다. 그렇게 무거운 장비를 그 높은 곳까지 애써 가지고 갔지만 불행하게도 전혀 사용하지 못했던 것이다. 그는 산소가 에베레스트 등정의 성공을 좌우한다고 생각한다고 했다.

1953년 5월 29일에 힐러리(Edmund Hillary)와 세르파 노르게이가 에베레스트산을 정복했다는 소식이 6월 2일 엘리자베스 여왕의 대관식날 런던에 전해졌다.

그 소식은 대관식장의 대형 스피커를 통해 알려졌으며 청중은 갈채를 보냈다. 일행은 베이스 캠프에서 그들의 등정이 인도 전역에 방송되는 것을 듣고는 깜짝 놀랐다. 「타임지(*The Times*)」의 리포터 모리스(James Morris)는 기사를 쓰기 위해 5월 30일에 미리 베이스 캠프를 떠났으며 이날을 축하하기 위해 그들은 인도군에게서 선물로 받은 12개의 폭탄을 폭죽 삼아 터뜨렸다.

산소의 도움을 받아야 에베레스트에 오를 수 있었으므로 그 산의 정상에서는 산소가 없이는 살 수가 없다고 생각된다. 생리학자인 푸(Griffith Pugh) 박사는 아주 특별한 사람만이 산소 장비 없이 8,200m 이상을 오를 수 있다고 하였다. 그의 말대로 아주 유능한 산악인들도 산소 장비 없이 산을 오르다 저산소증으로 죽는 경우가 종종 있었다. 하벨러와 메스너는 1978년에 산소 장비 없이 에베레스트에 오름으로써 높은 고도에서 사람의 회복력과 한계에 대한 과학자들의 생각이 틀릴 수도 있다는 것을 보여주었다. 그들 이후에도 브래디(Lydia Bradey)라는 여성을 포함해 많은 사람들이 산소 장비 없이도 에베레스트에 오를 수 있다는 것을 보여주었다. 그녀는 여성으로서는 처음으로 에베레스트 등정에 성공했는데 혼자 산에 올랐으므로 실제로 꼭대기까지 올라갔는지는 의문이라고 한다.

기구를 타고 갑자기 높은 고도로 올라갔을 때의 생리적 반응과 천천히 고도를 높여 적응을 하면서 산의 정상에 오를 때의 반응에는 분명히 차이가 있다. 또한 남아메리카의 인디오들처럼 높은 고도에서 일생을 사는 사람의 생리는 위의 두 경우와는 전혀 다를 것이다.

기압에 관한 이야기

토리첼리(Evangelista Torricelli)는 공기가 무게를 가진다는 사실을 처음으로 알아낸 사람이다. 1644년이라고 기록된 그의 동료에게 보내는 편지에서 그는 다음과 같이 썼다. '우리는 공기로 이루어진 바다의 바닥에 가라앉아서 살고 있는 셈인데, 이러한 공기가 무게를 갖는다는 것은 실험에 의해 분명히 증명되었다.' 갈릴레오의 제자인 토리첼리는 기압(공기 자체의 무게에 의해 가해지는 압력)을 측정하는 수은 기압계를 처음 만든 사람이기도하다.

고도가 높아질수록 공기의 밀도는 감소한다. 이것은 우리가 좀더 높은 곳으로 올라갈수록 기압이 감소한다는 것을 의미한다. 이러한 사실은 1648년에 파스칼(Blaise Pascal)이 퓌드돔(Puy de Dome) 산에서 수행한 실험으로 처음으로 밝혔는데, 파스칼은 여기에 '위대한 실험(The Great Experiment)'이라고 근사한 이름을 지어 붙였다. 이를 간단히 말하면, 우리가 높은 곳으로 올라갈수록 위에서 내려 누르는 공기의 무게가 작아지므로 압력이 감소한다는 것이다.

아주 최근까지도 기압을 측정하는 단위로 토르(Torr)를 사용했다. 이 단위는 이탈리아 사람인 토리첼리의 위대한 업적을 기리기 위해서 그의 이름을 따서 만든 것이다. 이제는 토르란 단위를 공식적으로는 사용하지 않고, 대신에 프랑스 사람인 파스칼의 이름을 딴 새로운 단위로 바꿔서 사용한다. 이러한 변화는 대단한 논쟁이 있은 후에야 가능했을 것이라고 충분히 상상할 수 있다. 그러나 초창기의 여러 논문에서 토르란 단위를 사용했기 때문에 많은 생리학자들은 계속해서 이 단위를 사용했으며, 나도 여기서 토르란 단위를 사용하려고 한다.

해수면 높이에서의 기압은 760 토르(Torr)*이다. 공기의 21%는 산소가 차지하고 있고 0.04%는 이산화탄소가 차지한다.

---

*토르 : mm 단위로 나타낸 수은 기둥의 높이로 기압의 단위.

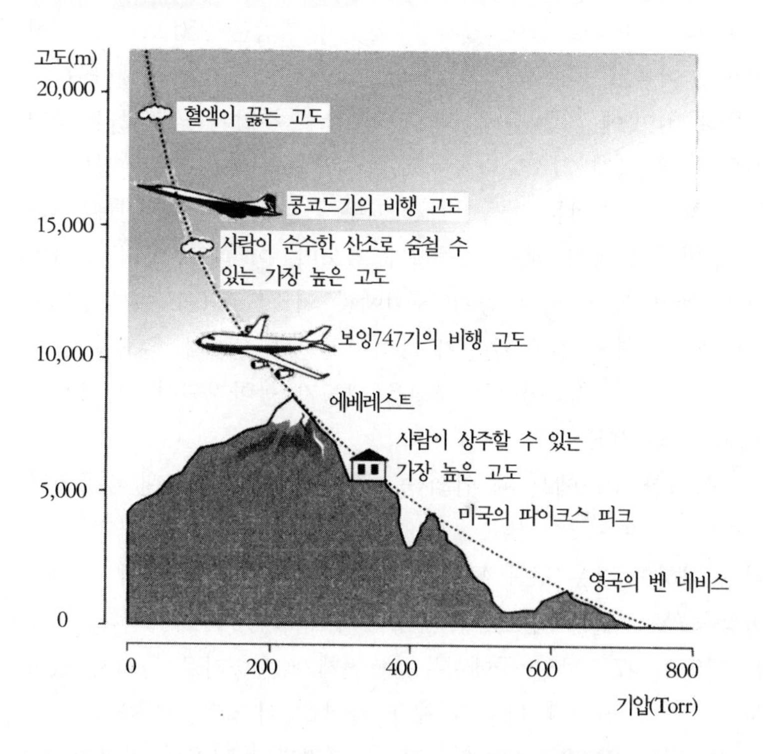

기압과 공기 중의 산소 분압에 대한 고도의 효과. 고도가 높아지면서 기압은 직선적으로 감소하지 않는다. 왜냐하면 공기는 압축될 수 있고, 위에 있는 공기 무게에 의해 눌리기 때문이다. 따라서 압력은 지상에 가까워질수록 더 빨리 증가한다.

그리고 나머지는 대부분 질소로 되어 있다. 따라서 해수면 높이에서 산소에 의해 생기는 압력은 760 토르 중의 21%에 해당하는 159 토르라 할 수 있다. 이때 산소에 의해 생기는 압력을 산소 분압이라고 한다. 에베레스트산 정상에 있는 공기 중에도 산소는 같은 비율로 들어 있지만, 이곳의 기압은 250 토르로 현저하게 줄어들기 때문에 공기 중의 산소 분압도 이에 비례하여 줄어든다. 이곳에 있는 사람 폐 안의 산소 분압은 공기보다 상대적으로 더 크게 감소한다. 이러한 놀라운 사실은 우리 몸이 상당한 양의 수증기를 만들어내기 때문에 나타난다. 폐 안에는 작은 주머니 모양의 폐포가 들어차 있으며, 이 폐포 안의 공기와 혈액 안에 녹아 있는 공기 사이에서 가스 교환이 이루어진다. 그런데 이 폐포 안에 수증기가 들어차면서 산소가 존재할 공간을 제한하게 된다. 이러한 사실은 고도가 높아지면서 그 중요성이 더욱 커진다.

특정한 고도에서 폐 안의 공기는 몸에서 만들어낸 수증기로 포화된다. 추운 날 내쉬는 숨 속의 수증기가 차가운 공기 중에서 응결하여 작은 구름 모양의 뿌연 입김으로 나타날 때 이러한 현상을 잘 관찰할 수 있다. 수증기의 분압은 47 토르이다. 이것은 기압이 47 토르인 곳에서는 폐 전체가 수증기로 들어차 있어서 더 이상 산소나 다른 기체가 들어갈 여지가 없음을 의미하며, 실제로 19,200m 높이의 고도로 올라가면 그곳의 기압이 47 토르가 된다. 폐 안의 전체 공기 압력 중에서 수증기가 차지하는 부분의 압력 비율은 고도가 높아짐에 따라 커진다. 해수면에서 6%이던 것이 에베레스트의 정상에서는 19%에 이른다.

폐포 안의 산소 분압이 대기 중에서보다 더 낮아지는 이유를 이러한 폐포 안의 수증기로 잘 설명할 수 있다. 몸에서 산소가 빠져나가는 것도 이러한 현상을 나타내는 요인이 된다. 이러

파스칼(1623~62)은 고도가 높아지면서 기압이 감소하는 현상을 최초로 과학적으로 증명하였다. 파스칼은 실제로 자신이 실험을 하지는 않았지만, 대신에 그의 처남과 그 지역의 고관들로 하여금 기압계를 가지고 프랑스 중부에 있는 산인 퓌드돔에 올라가 압력이 떨어지는지를 알아보게 했다. 그리고 다른 기압계는 클러몬트(Clemont)에 놓아두고 채스틴 신부(Reverend Father Chastin)가 감시하게 했으며, 나중에 산 위에서의 압력과 비교하게 했다. 이때 정상에 가져간 기압계만 압력이 변화한 것으로 나타났다.

한 이유 때문에 순수한 산소로 숨쉬게 하더라도 사람은 일정한 고도 이상 올라갈 수 없게 된다. 순수한 산소로 숨쉬게 할 때 폐 안의 산소 농도가 정상(100 토르)을 유지할 수 있는 가장 낮은 기압은 10,400m 고도이다. 대부분의 여객기가 이 고도로 비행을 한다. 이보다 더 높은 곳에서도 살 수 있기는 하다. 이때는 숨쉬기를 빨리 해서 폐 안의 이산화탄소를 빨리 내보냄으로써 산소가 차지할 공간을 좀더 만들어내는 것이다. 그러나 12,200~13,700m 이상의 고도로 올라가면 산소가 충분히 공급될 수 없게 되고, 결국 의식을 잃게 된다. 18,900m 이상의 고도에서는 체온 정도의 온도에서 기화가 일어나 혈액의 '끓음' 현상이 나타난다. 아주 높은 고도나 우주 여행에서 자가 공기 공급 장치를 갖춘 가압 의류나 선실을 사용하는 까닭도 이 때문이다.

갑작스런 압력 감소가 가져오는 위험

'여객기 안의 압력이 갑자기 떨어지는 사고가 일어나면 머리 위쪽에 장착한 산소 마스크가 떨어져 내립니다.' 과거 25년 동안 비행기 여행 기회가 엄청나게 늘어나면서 많은 사람들이 이러한 말에 익숙해 있다. 그러나 다행히 우리 중에서 그런 위기 상황을 경험한 사람은 거의 없다. 대부분의 여객기는 10,400m 정도의 고도에서 비행을 한다. 만약 그 고도에서 창문이 부숴지면 기내의 공기가 급격히 빠져나가면서 요란한 소리를 내게 되고, 결국 기내의 압력은 밖의 공기 압력과 같아진다. 놓아둔 물체나 안전띠를 매지 않은 사람은 공기의 흐름에 따라 밖으로 빨려 나가게 되며, 기내의 기온은 밖의 온도와 같게 떨어지면서 공기 중의 수증기가 응결되어 뿌연 안개로 들어차게 된다. 이때 사람 폐 안의 산소량이 급격히 감소하여 30초 이내에 의식을 잃을 수 있다. 따라서 살아남으려면 산소 마스크를 재빨리 착용해야만 한다. 비행기 조종사가 이러한 사고를 당하고 뭔가 응급 조치를 하기 위해 사용할 수 있는 '유용한' 시간은 이보다 더 짧다. 대략 15초 안에 해야만 한다. 한 비행기 조종사는 조종실 안의 기압이 급격히 감소될 때 안경을 떨어뜨렸고 산소 마스크를 착용하기 전에 몸을 구부려 이것을 주우려다가 사망했다. 다행히도 함께 비행하던 다른 조종사는 같은 실수를 저지르지 않았다.

10,400m 고도에서 가압되지 않은 공기의 압력은 20 토르 정도이며, 이 공기로 숨쉴 때 폐 안의 산소 분압은 너무 낮아서 생명을 유지할 수가 없다. 그러나 순수한 산소로 숨을 쉬면 산소 분압이 95 토르 정도로 올라가게 된다. 가만히 앉아 있기만 한다면 이 정도의 산소 분압으로 충분히 살 수 있지만, 활발한 활동을 하는 경우에는 이 정도로 충분하지 않다. 그렇기 때문에 비행기가 적절한 고도로 내려갈 때까지 승무원들은 가만히 앉아 있도록 훈련을 받는다.

고도가 높아지면 운동할 수 있는 능력이 줄어든다는 사실은 제2차 세계 대전의 초반부 동안 극적인 사건이 나타나면서 확인되었다. 5,500m 상공을 비행하는 폭격기 후미의 기관총 사수는 자신이 사격하던 곳에서 공기로 숨쉬며 멀쩡하게 앉아 있다가, 비행기의 주조정실로 기어서 되돌아오면서 사망하는 일이 많았다. 사격수가 기어기는 행위를 하려면 근육의 산소 요구량이 증가하는데, 공기 중에서 이를 충분히 얻을 수 없기 때문에 발생한 사건이었다. 이때 뇌에 공급되는 산소량도 감소하게 되면서 의식을 잃게 된다. 그러나 가만히 앉아 있기만 한다면 공기 압력을높여주지 않은 비행기 안에서도 숨을 쉬면서 의식을 잃지 않고 7,000m 고도까지 올라갈 수 있다. 이 높이가 에베레스트 정상의 높이보다 상당히 낮다는 점에 유의해야 한다.

순간적으로 압력이 낮아지는 경우도 위험하지만, 비행기 안의 압력이 서서히 낮아지는 경우는 모르는 사이에 위험한 상황에 처하게 된다. 이때는 산소 농도가 점차적으로 감소하기 때문에 쉽게 감지할 수 없다. 이때 조종사는 뭔가가 잘못 되기까지 그 사실을 모르기 때문에 응급 조치를 취할 수 없다. 초창기의 기구 조종사는 점차적인 산소 부족 상태에서 느끼는 행복감, 집중력 상실, 판단력 손상 등에 관해 생생하게 묘사하기도 했다. 이러한 상태는 결국 근육 강도의 감소, 무의식, 혼수 상태를 거쳐 죽음에 이른다. 이러한 효과는 우리 몸이 높은 고도에서 공기 중의 산소 농도 감소에 신속하고 충분하게 적응하지 못하기 때문에 나타난다.

대부분의 국가는 압력을 높이지 않은 기내에서 보조적인 산소 공급 없이 비행할 수 있는 합법적 고도를 3,000m로 제한한다. 그러나 2,400m 이상의 고도에서는 언제나 산소를 사용하여 안전 수준 이하로 떨어지지 않게 한다. 일반 여객기는 기내의 공기 압력을 해수면 상태로 유지하지 않고 1,500~2,400m 고도의 기압 정도로 압력을 유지한다. 그 이유는 선실 벽을 경계로 한 압력 차이가 크면 클수록 이를 유지하는데 비행기 무게와 비용이 엄청나게 증가하기 때문이다. 또한 1,500~2,400m 고도의 산소 분압 정도면 혈액이 산소로 충분히 포화될 수 있기 때문에 굳이 기내의 기압을 해수면 높이의 기압까지 높일 필요가 없다. 그러나 심장과 폐 질환을 앓고 있는 환자들은 감소된 산소 농도에 적응할 수 없으므로 비행중에 추가로 산소를 공급해야 한다. 비행기가 이륙한 후에는 기내의 기압을 지상 상태로 가압하고 착륙할 때에는 그 반대로 기내의 압력을 감압한다. 그 때문에 승객들은 이륙과 착륙시에 귀가 막혔다가 뚫리는 경험을 한다. 이 현상에 관해서는 제2장에서 좀더 다루기로 한다.

고도의 성능을 지닌 전투기들은 상업용 여객기와 달리 전혀 조종실의 압력을 높이지 않거나 7,600m 고도의 기압 정도만 유지하도록 압력을 높인다. 이는 조종실의 압력을 여객기 수준으로 높이면 무게가 지나치게 증가하여 조종 능력이 훨씬 떨어지기 때문이다. 따라서 조종사는 얼굴에 딱 맞는 마스크를 착용하고 공기와 순수한 산소를 혼합한 기체로 숨을 쉰다. 이러한 기체 혼합물의 산소 농도는 고도가 달라짐에 따라 자동적으로 조절된다. 이런 조절을 통해 조종사가 충분한 산소를 받아들이게 하고, 다른 한편으로 지나치게 많은 산소로 인한 산소 독성을 일으키지 않게 한다. 그러나 11,500m 이상의 고도가 되면 조종실 안의 압력을 높인 상태에서도 순수한 산소 공급을 받아야만 한다.

가압 공기로 숨을 쉴 때는 이상한 느낌을 받게 된다. 정상적인 숨쉬기에서는 흡기 과정은 능동적으로 일어나고 호기는 가슴의 근육과 횡격막이 이완될 때 일어난다. 그러나 가압 공기로 숨쉴 때는 공기가 수동적으로 들어가 폐 안을 채우고, 들어간 공기를 능동적으로 내보내야 한다. 따라서 가압 공기로 숨을 쉬는 일은 매우 힘이 든다. 더 큰 문제는 기체 압력이 너무 높은 경우에 폐가 터질 수 있다는 점이다. 이 현상은 이솝 우화에서 배를 있는 대로 부풀리기 위해 숨을 들이쉬다 터져 버린 개구리 이야기와 흡사하다. 그러나 폐 안의 기압과 반대 방향으로 외부에서 압력을 가하여 가슴의 벽을 지탱할 수 있게 한다면, 폐는 더 높은 기압을 견딜 수 있게 된다. 따라서 전투기 조종사는 일정 고도 이상에서는 반대 방향의 압력을 가하는 전투복을 입는다. 이것은 몸에 딱 붙는 옷으로, 기압이 낮아지면 가슴과 배 주위에 공기가 들어차서 부풀려진다. 12,000m 이상을 비행하는 전투기 조정사들은 이러한 전투복을 입는다. 전투기 창이 포탄 파편으로 손상되면 조종실의 압력이 급격히 하강하는 위험한 상황에 처하기 때문이다. 리든(Judy Leden)이 요르단 사막의 12,000m 상공에 떠 있는 기구에서 행글라이더를 탈 때 이와 비슷한 옷을 입었고, 이렇게 해서 행글라이더 비행 고도의 세계 기록을 깼다.

민간 항공기는 창문이 부서지더라도 공기가 빠져나가 기내 기압이 떨어질 때까지 시간이 좀 걸리도록 설계되었다. 콩코드의 창문이 장난감집의 창문처럼 작은 이유 중의 하나를 바로 여기서 찾을 수 있다. 그러나 전투기가 미사일에 맞는 경우나 조종사가 비상 탈출 할 때는 압력 감소가 매우 급격하게 일어난다. 이런 때에 대비하여 조종사는 폐에 남아 있는 공기가 팽창하여 폐가 파열하지 않도록 숨을 내쉬는 특수 훈련을 받는다. 그러나 이때 조종사들은 체액에 녹아 있던 기체가 낮은 기압으로 인해 기포를 만드는 증세인 '항공색전증(bends)'이라는 또 다른 위험에 처한다. 높은 고도에서 기압 감소로 인한 공기 팽창의 문제는, 잠수부들이 깊은 곳에서 부상하면서 겪는 문제와 비슷하다. 이것에 관해서는 제2장에서 좀더 자세히 다루기로 하겠다.

대부분의 상업용 항공기와는 달리 콩코드는 15,000~18,000m의 고도에서 비행한다. 이 정도의 높이는 압력을 가한 상태에서 순수한 산소로 호흡할 때라도 생존 가능한 한계를 넘어선 것이다. 생존 가능 상한선은 약 14,000m이다. 앞에서 이미 설명을 했던 바와 같이 이러한 고도의 낮은 기압에서는 폐안에 생존에 필요한 산소가 들어갈 공간이 남아 있지 않기 때문이다. 또한 체온 상태에서 체액 속의 기체가 기화를 시작하는 한계 압력(18,900m 고도의 기압)에 접근해 있기 때문이다. 콩코드의 비행 높이에서 갑작스럽게 일어난 압력 감소는 거의 치명적인 효과를 일으킨다. 모르는게 약이라고 콩코드 승객은 이러한 사실을 모르기 때문에 편안한 마음으로 여행을 즐길 수 있을 게다.

악성 고산병

비행기에서 압력 감소를 경험한 사람은 거의 없겠지만, 최근에 여행이 손쉬워지고 탐사 여행이 보편화되면서 많은 사람들이 고산병에 익숙해져 있다. 에베레스트의 기슭까지 가는 것은 보편화된 여행 코스이고, 수천 명의 등산 초년병도 베이스 캠프까지 가고 있으며, 산의 측면을 따라 내려오는 마라톤 경주가 주기적으로 개최되기도 한다. 안데스 산맥에서는 많은 사람들이 매해 쿠스코(Cusco)에서 고대 도시 마추피추(Machu Pichu)까지 이어지는 잉카 유적지를 탐사하는데, 이 유적지들은 해발 4,500m에 있는 장엄한 길을 따라 굽이굽이 이어져 있다. 기차나 비행기로 안데스 고원까지 쉽게 갈 수 있기 때문에 고산병은 흔한 질병이 되었다. 3,500m 고도에 있는 볼리비아의 수도인 라파즈(La Paz)까지 비행기로 여행을 하는 사람들은 도착한 후에 너무 많이 움직이지 말라는 충고를 받는다. 그럼에도 불구하고 매해 7~8명의 여행가들이 높은 고도에서 갑자기 나타나는 심장병이나 혈전증으로 사망한다.

고산병 증후는 낮은 지대에서 살던 사람이 3,000m 이상의 높이에 올라갈 때 보편적으로 나타난다. 그러나 시간이 충분하면 대부분의 사람들이 이에 적응할 수 있다. 그러나 히말라야와 안데스에서 사람들이 촌락을 이루고 사는 가장 높은 고도인 4,800

~6,000m 이상이 되면 더 이상 적응이 불가능해지고, 모든 생리학적 능력을 점차 잃게 된다. 높은 고도에 가장 잘 적응한 사람일지라도 7,900m 이상의 높이에 올라가면 위험하므로, 머무르는 시간을 2~3시간 내로 제한해야만 한다. 등반가들은 이런 고도를 죽음의 지대라고 부르는데, 이곳에서 머무는 시간이 길어지면 신체적 퇴행 현상이 빠르게 나타나기 때문이다. 탐험가들은 낮은 고도에 캠프를 치고 산 정상을 향하여 마지막 등반을 한다. 이는 7,900m 이상의 고도에서 가급적 짧은 시간 동안만 머무르려는 작전인 것이다.

고산병은 높은 고도로 급격히 올라간 후에 8~48 시간 안에 일어난다. 처음에는 가벼운 두통을 느끼며, 때로는 술에 취했을 때와 같은 행복감을 느끼기도 한다. 그러나 몇 시간이 지나면 이런 현상은 사라지고 무어라 설명할 수 없는 피로감을 느끼게 된다. 이때는 걷는 것조차 특별한 노력을 해야 하며, 달리기는 엄두도 못낸다. 어지러움을 느끼면서 몸의 균형을 잡기가 어려워지므로 걷기 힘든 정도가 훨씬 악화된다. 잠을 자기도 어려워서 밤에 여러 차례 질식할 것 같은 불쾌감을 느끼면서 갑자기 깨어나게 된다. 심각한 두통을 느끼고, 식욕을 잃게 되며, 메스꺼움을 느끼고 심지어 구토 증상을 보이기도 한다. 눈의 각막에 있는 모세 혈관의 출혈이 일반적으로 나타나지만, 보통 증세가 호전 되며 영구적인 손상을 일으키지는 않는다.

대부분 사람들은 며칠이 지나면서 이러한 불쾌한 증세를 느끼지 않게 된다. 그러나 때로는 폐에 액체가 들어차는 폐수종으로 진행되어 생명의 위협을 받기도 한다. 좀더 드물게 나타나기는 하지만 뇌가 붓는 뇌수종 증세를 보이는 사람도 있다. 이때 환자는 머리가 쪼개지는 듯한 통증을 호소하며, 균형을 잃게 되고, 누워서 꼼짝도 하고 싶지 않은 느낌을 강하게 받는다. 그리고는 얼마 지나지 않아 혼수 상태에 빠져서 사망하게 된다. 고산병에 산소 공급이 도움이 되기는 하지만, 폐수종이나 뇌수종과 같은 상태를 보일 때는 낮은 고도로 빨리 옮기는 것만이 실질적 치료법이 된다. 히말라야에서 어떤 여행객이 했다고 알려진 대로 짐꾼에게 자신을 산의 더 높은 곳으로 데려다 달라고 돈을 지불한다면 치명적인 실수를 저지르는 셈이 된다.

사람을 무기력하게 만드는 고산병에 관해서 윔퍼(Edward Whymper)는 자신이 겪은 것을 생생하게 기록하고 있다. 1879년에 침보라조(Chimborazo)산*을 처음 등반하면서 자신과 안내자인 진-앤토인 캐럴(Jean-Antoine Carrel)과 루이스 캐럴(Louise Carrel)이 약 5,000m 고도의 희박한 공기 중에서 무기력한 증상을 경험했던 것이다.

'약 한 시간 정도 지났을까, 나는 속수무책으로 드러누워 있음을 알게 되었다. 캐럴 부부도 마찬가지였다. 우리는 살기 위해 싸우려는 의지를 상실한 상태였고, 손가락 하나 까닥할 수가 없었다. 우리는 고산병이라는 적이 우리 앞에 다가왔음을 알았다. 우리는 처음으로 고산병의 공격을 받은 것이었다. 열이 났고, 심한 두통을 느꼈으며, 공기를 마시려는 열망을 충족할 수 없었다. 벌린 입으로 숨을 쉬는 정도였다. 그러다 보니 목도 바싹 말랐다.… 숨쉬는 속도가 보통 때보다 빨라진 것 말고도 가끔씩 발작적으로 숨을 들이쉬는 일을 하지 않고는 생명을 유지하기가 어렵다는 것을 느꼈다. 마치 물 밖으로 내팽겨쳐진 물고기와 같았다.'

4,000m가 넘는 고도에서 등반을 하는 사람의 약 40%는 어느 정도의 고산병을 경험하게 된다. 그렇다고 모두에서 윔퍼나

---

* 침보라조산 : 안데스 산맥의 화산으로 남미 에콰도르 중부에 있다.

캐럴 부부처럼 심각한 증세가 나타나는 것은 아니다. 고산병 증세의 심한 정도는 건강 상태와는 관계가 없기 때문에 누가 고산병으로 쓰러질지를 예견하기란 쉽지 않다. 허약한 칠순 할머니는 아무런 영향을 받지 않는데도 불구하고, 정작 특수 부대의 정예 낙하산병은 무기력증에 빠질 수도 있는 것이다. 고산병의 원인은 분명히 밝혀지지 않았지만, 혈액 속의 낮은 산소 농도와 혈액의 산성도 저하가 중요한 원인일 것으로 추정하고 있다. 몇몇 학자들은 이러한 원인 때문에 체액에 변화가 일어나서 뇌수종을 유발한다고 믿고 있다. 5,300m의 고도에서 나타나는 뇌에서의 혈액 흐름을 측정한 결과가 이러한 생각을 뒷받침한다.

폐에 액체가 들어차는 폐수종은 높은 고도에서 폐 안의 산소 농도가 낮아진데 대해 폐의 혈관이 반응한 결과로 보인다. 폐포 안의 산소 농도가 낮아진다는 것은 공기의 흐름이 차단되었음을 의미한다. 혈액이 이러한 폐포 안으로 공기를 내보내는 것은 매우 비효과적인 일을 하는 셈이 된다. 따라서 폐포를 둘러싸고 있는 모세 혈관이 수축해서 혈액의 흐름을 차단한 다음, 공기가 좀더 잘 통하는 다른 쪽으로 혈액을 우회해서 흐르게 한다. 그러나 불행하게도 폐포 안의 산소 농도의 감소가 공기 흐름이 차단되어 생겼는지, 아니면 흡입한 공기의 산소 분압 자체가 낮아서 생긴 것인지를 구분해낼 방도가 없다. 따라서 높은 고도에서 폐의 혈관은 불가피하게 수축될 수밖에 없다. 그런데 폐포의 혈관 중에서도 일부는 낮은 산소 농도에 더욱 민감하게 반응하기 때문에 혈관이 여기저기서 부분적으로 수축한다. 그 결과로 더 많은 혈액이 수축하지 않은 모세 혈관으로 몰리게 되므로, 폐 혈관의 압력이 증가된다. 혈압의 증가로 인해 혈액 속의 액체는 혈관 밖으로 빠져나가 폐포 사이와 폐포 안에 쌓인다. 이러한 현상은 샤워 꼭지에 이물질들이 끼었을 때 막히지 않은

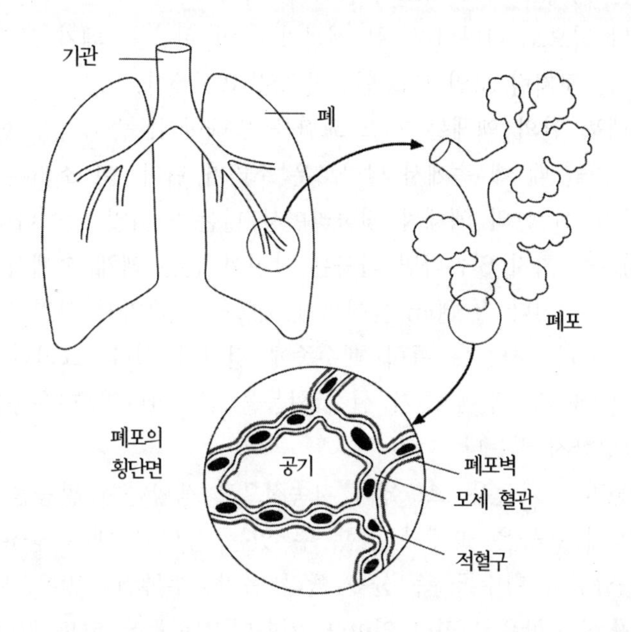

폐는 일련의 가지친 관들인 기관으로 구성되어 있다. 이 관들은 가지를 칠 때마다 점점 가늘어지고, 관의 맨 끝에는 폐포라는 작은 공기 주머니가 있다. 사람의 양쪽 폐에는 각각 1억 5천만 개의 폐포가 있다. 폐포의 벽은 매우 얇으며 가장 가는 혈관인 모세 혈관이 그 주위를 둘러싸고 있다. 따라서 폐포벽에서 일어나는 혈액 흐름은 마치 혈액이 얇은 막을 이루며 흘러가는 것과 같다. 폐포 안의 공기와 모세 혈관 안의 혈액 사이의 가스 교환은 바로 이 경계면에서 이루어진다. 폐포의 전체 표면적은 $70m^2$ 정도로 테니스장 넓이 정도로 매우 넓다.

구멍으로 나오는 물의 압력이 막히지 않았을 때보다 훨씬 높아지는 것과 비슷하다고 할 수 있다. 낮은 산소 농도에 아주 민감한 모세 혈관으로는 혈액이 흐르지 않도록 차단되었으므로 이곳에서는 액체가 빠져 나오지 않는다. 따라서 폐수종은 여기저기에서 부분적으로 나타난다. 한 전문가는 이 현상을 '폐가 포탄으로 가득 찬 것처럼 보인다'고 인상적으로 표현했다.

폐포 안의 액체는 가스 교환을 방해한다. 숨쉬기가 힘들어지고, 숨쉴 때 폐 속에서 날카로운 소리가 난다. 이 소리는 숨쉬는 동안 폐 안의 액체가 짓눌리면서 나는 소리일 것이다. 적절한 치료를 하지 않는다면 환자는 자신이 만든 액체 속에서 익사하게 될 것이다. 3,000m 높이까지 재빨리 올라가서 과격한 신체 활동을 하는 사람은 특히 폐수종에 걸리기 쉽다. 그러나 아주 천천히 올라간 후에 초기 신체 활동을 삼가한다면 폐수종은 거의 발병하지 않는다.

등반가나 높은 고도에서 지속적으로 생활하며 활동을 하는 사람에게는 높은 곳에서 일할 수 있는 능력이 매우 중요하다. 일을 열심히 할수록 즉 산을 빨리 올라갈수록 더 많은 산소를 인체가 소모함은 분명한 일이다. 저지대 사람들은 고도가 높아지면 일의 능력을 급속히 잃게 된다. 7,000m의 고도에서는 일하는 능력이 해수면보다 40% 이하로 떨어진다. 따라서 산소 공급을 하지 않으면 산을 오르는 속도가 매우 느려질 수 있다. 1952년에 램버트와 노르게이는 에베레스트의 남쪽 봉우리에서 5시간 반 동안에 단지 200m 밖에 올라가지 못했다. 그리고 메스너와 하벨리는 산의 정상에서 몇 걸음을 옮기고는 지쳐서 눈 속으로 쓰러졌기 때문에 마지막 100m를 가는데 무려 한 시간이나 소모했음을 알아냈다.

'몇 걸음을 옮길 때마다 우리는 입을 벌린 채로 얼음 도끼 위에 몸을 구부렸다. 이때 우리는 몸을 계속 움직일 수 있도록 충분히 숨을 쉬려고 안간힘을 썼다.… 8,800m의 고도에서는 똑바로 서있을 수 없었다. 우리는 도끼를 움켜쥐고 무릎을 꿇고 주저앉았다. … 10걸음 내지 15걸음을 옮길 때마다 우리는 쉬기 위해 눈 속으로 쓰러졌다. 그리고 다시 기어갔다.'

이러한 환경에 적응하지 않은 사람은 더 낮은 지대에서도 비슷한 어려움을 겪는다. 그러나 고지대에 사는 사람들은 높은 고도에서도 상당한 능력을 보인다. 비행기로 라파즈에 도착한 여행객은 희박한 공기 때문에 순간적으로 탈진한 느낌을 받고 놀란다. 그리고는 마라톤 경주를 하는 그곳 사람들을 보고는 또다시 놀라지 않을 수 없다.

희박한 공기 속으로

높은 곳에 오르면 우선 호흡이 빨라짐을 느낀다. 호흡이 빨라지는 이유는 공기의 낮은 산소 분압에 대응하는 신체의 절박하고 중요한 반응으로, 호흡이 빨라짐으로 인해 보다 많은 산소가 조직 속으로 전달될 수 있기 때문이다. 경동맥에 존재하는 화학 수용체인 경동맥체(carotid body)는 혈액내 산소가 낮아지는 것을 감지한 후 뇌에 존재하는 호흡 중추에 신호를 보냄으로써 호흡률을 증가시킨다. 경동맥체는 뇌로 유입되는 혈액내 산소 농도를 감지할 수 있는 중요한 곳에 위치하지만, 경동맥체가 어떻게 산소의 변화를 감지하는지는 아직도 정확하게 모르고 있다.

6,000m 높이의 고지대에 오르면 우선 폐의 과호흡

(hyperventilation)에 의해 산소 공급이 촉진된다. 그러나, 이산화탄소도 호기 때 많이 나오게 되므로, 실질적 호흡률은 해면의 1.65배 증가하는데 불과하다. 대사 작용의 폐기물인 이산화탄소가 상당히 많이 배출된다. 하루에 12.5ℓ의 공업용 강산 정확히 말해 12.5몰의 수소이온 농도와 맞먹는 이산화탄소가 물에 녹아 탄산 형태로 배출된다. 체내에서 만들어진 이산화탄소는 혈액을 타고 폐에 이르게 되며, 이곳에서 공기 중으로 배출된다. 따라서, 폐포 속에 존재하는 이산화탄소 농도는 호흡률과 밀접한 관련이 있다. 호흡률이 높으면 이산화탄소가 더 많이 배출됨으로 폐포와 혈액내 이산화탄소의 농도는 낮아진다.

이산화탄소는 뇌에 있는 여러 종류의 화학 중추에 영향을 줌으로써 효율적으로 호흡을 통제할 수 있다. 만약 혈액내 이산화탄소의 농도가 낮아지면 호흡이 억제되는데, 이를 간단하게 증명해 보자. 짧은 시간 동안 매우 빠르게 호흡한 후에는 더 오랫동안 숨을 멈출 수 있음을 알 것이다. 숨을 더 이상 멈출 수 없는 이유는 산소가 모자라서가 아니라 혈액내 이산화탄소 농도가 상승하였기 때문이다. 이산화탄소 농도가 일정한 한계에 도달하면 숨을 쉬도록 자극한다. 숨을 멈추기 전에 과호흡을 하게 되면 체내의 이산화탄소가 많이 배출됨으로, 호흡을 자극할 정도로 이산화탄소가 다시 축적될 때까지의 시간은 길어지게 된다. 산소와 이산화탄소의 길항 작용 때문에 호흡은 3,000m 이하의 고도에서는 거의 일정하다.

중앙 난방 기구가 잘 조정되지 않은 경우 제어 진동이나 동요가 나타날 수 있듯이, 호흡에 있어서도 산소 제어와 이산화탄소 제어의 전환이 항상 순조로운 것은 아니다. 호흡과 호흡 정지의 반복 과정으로 나타나는 이러한 호흡의 기현상은 잠자는 동안 더 자주 일어난다. 공기 중의 산소 농도가 낮아 호흡이 빨라지면 몸 속의 이산화탄소가 소실되고, 이에 따라 호흡이 억제됨으로써 이러한 현상이 일어난다고 해석할 수 있다. 호흡 억제는 혈액 속에 이산화탄소가 다시 축적되면서 완화되지만, 이 동안 산소 요구는 점점 더 강해진다. 종종 잠자는 사람을 깨울 정도로 격렬하고 갑작스럽게 공기를 들여 마심으로써 호흡의 억제가 일시적으로 종료되기도 하지만, 이러한 호흡과 호흡 정지 과정은 반복된다. 고도가 높은 곳에서는 이와같은 지속적인 잠의 교란으로 생활하기 어렵게 되는데, '높이 오르면, 잠을 잘 잘 수 없다'라는 등산가의 격언이 이를 잘 설명해 준다.

호흡이 증가함에 따라 혈액 속의 이산화탄소의 농도는 감소하고, 이에 따라 혈액내 수소이온 농도도 감소한다. 그 이유는 탄산탈수소화효소(carbonic anhydrase)의 촉매 반응에 의해 이산화탄소가 물과 반응하여 탄산과 수소이온을 생성하기 때문이다. 실제 호흡률은 이산화탄소 자체에 의해 조절되는 것이 아니라, 이 반응에서 생성되는 수소이온에 의해 조절된다고 볼 수 있다. 수소이온 농도의 변화는 연수(medulla)라 불리는 뇌의 기저부에 존재하는 화학 수용체가 감지한다.

왜 사람의 호흡은 산소가 아니라 이산화탄소가 조절할까? 그 이유는 우리가 해면에서 진화하였고, 진화적 관점에서 볼 때 인류는 극히 최근에 이르러서야 고산 지대에 주거하게 되었기 때문인 것 같다. 해면에서는 호흡을 조금하더라도 폐에 높은 산소 농도를 유지할 수 있다. 그러므로 몸 속에 존재하는 이산화탄소의 농도에 맞추어 호흡률이 조절되어야 할 것이다. 따라서, 이산화탄소가 호흡의 주조절 인자로 작용한다고 볼 수 있다.

기러기는 어떻게 높이 날 수 있을까?

오랫동안 적응한 극히 일부 사람만을 제외하고는 에베레스트 정상에서 산소통의 도움 없이 생존할 수 없다. 적응한 사람일지라도 행동이 매우 느리고 겨우 몸을 지탱한다고 한다. 그러나, 줄무늬머리기러기(*Anser indicus*)와 같은 새들은 이 보다 더 높은 고도에서 정기적으로 히말라야산맥을 넘나들고 있지 않은가? 더군다나, 이들은 하루 이내에 해면에서부터 9,000m 고도에 오르므로 새로운 환경에 적응할 시간적 여유도 없다. 6,000m 고도에 해당하는 기압에서 사람은 혼수 상태에 빠지지만 참새는 민첩하게 활동한다. 그렇다면 새는 어떻게 낮은 산소 조건에서도 견딜 수 있단 말인가?

우선, 사람과 달리 새의 폐는 들여 마신 공기로부터 더 많은 산소를 빼내고 더 많은 이산화탄소를 내보낼 수 있다는 점을 들 수 있다. 새의 폐는 작고 촘촘하지만 내장 기관 사이 및 머리뼈와 골격까지 연결된 넓은 공기 주머니와 통해 있다. 이러한 공기 주머니는 호흡 표면으로 작용하는 것이 아니라 일종의 공기 저장 주머니 역할을 한다. 앞쪽과 뒤쪽의 공기 주머니를 연결하는 가느다란 관들이 바로 폐이며, 이곳에서 가스 교환이 일어난다.

공기가 새의 폐에 들어가면 두 번의 호흡을 통해 배출된다. 첫번째 흡기에 의해 뒤쪽 공기 주머니가 채워진다. 이 공기는 첫 번째 호기와 두번째 흡기 과정 중에 폐를 지나 앞쪽 공기 주머니를 통과하게 되며, 이 과정에서 산소가 빠져 나온다. 마지막으로, 공기는 두번째 호기에 의해 앞쪽 공기 주머니로부터 밖으로 배출된다. 따라서, 공기는 연속적으로 호흡 표면인 폐포를 통과할 수 있게 되며, 이러한 구조로 말미암

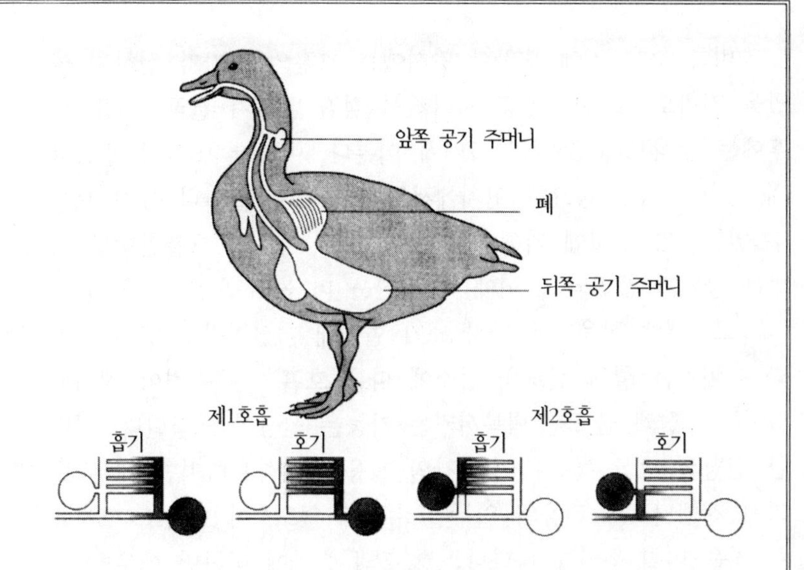

아 조류는 포유류에 비해 한번의 호흡에서 더 많은 산소를 취할 수 있다. 끝이 막혀 있는 포유류의 폐포에서는 공기가 왕래할 수 없으므로 확산에 의한 가스 교환은 효율이 떨어진다.

새가 높은 고도에서 날 수 있는 또 다른 요인으로서 포유류에 비해 조류는 혈액내 이산화탄소 농도의 저하와 이에 따른 혈액 산도에 덜 민감하다는 점을 들 수 있다. 이에 따라 조류는 혈액내 이산화탄소 농도가 낮아지더라도 높은 호흡률을 유지할 수 있다. 또한 조류는 동일한 크기의 포유류에 비해 심장이 크므로 심장 박동당 분출되는 혈액의 양이 상대적으로 많다. 마지막으로, 높은 곳에 사는 조류의 헤모글로빈은 산소와의 결합력이 높아서 공기로부터 더 많은 산소를 취할 수 있다.

적응

비록 높은 곳에 도착할 당시에는 호흡의 증가가 심하지 않았을 지라도, 일주일 정도 지나면서 점점 빨라져 결국 2~3주일 후에는 정상보다 5배에서 7배에 이른다. 이러한 이차적 호흡률의 상승이 가장 중요한 고지에서의 적응이며, 얼마나 높이 오를 수 있는지가 이것에 의해 결정된다. 깊고 빠르게 호흡할수록 더 많은 공기가 흡입되고, 이에 따라 산을 더 높이 오를 수 있다.

고지대에 적응함에 따라 초기 혈액내 이산화탄소 양의 감소와 이어지는 혈액 산도의 감소에 따른 호흡의 구속력이 제거된다. 실제 혈액 산도를 회복시키는 기능은 신장이 담당한다. 이러한 신장의 보상 작용은 장기간의 적응에는 중요하지만 매우 느리게 진행되므로 적응의 일부일 수밖에 없고, 이 효과도 고지에서 처음 며칠 동안에 나타나는 호흡의 증가에 비하면 매우 미미하다. 따라서, 낮은 산소에 대한 경동맥체의 민감도 증가와 화학수용체를 둘러싼 수용액 산도의 점진적인 회복이 중요할 것이라 제기된 바 있다. 그러나, 이차적 호흡의 증가가 매우 중요함에도 불구하고 그 기작은 아직 확실히 밝혀지지 않았으며, 생리학자들은 아직도 이를 알아내고자 산꼭대기에 직접 오르내리고 있다.

잘 적응된 등산가는 호흡의 증가 덕분에 에베레스트의 꼭대기에서 산소통의 도움 없이 생존할 수 있다. 메스너가 처음 에베레스트 정상에 도착하였을 때 그의 몸은 단지 하나의 헐떡거리는 폐에 불과하였다. 호흡을 빠르게 하면 할수록 더 많은 이산화탄소가 배출되므로 폐 속의 이산화탄소 분압은 낮아지고 산소가 채워질 공간은 증가한다. 점점 높이 오르면 오를수록 폐 속의 이산화탄소 분압은 급격히 떨어진다. 숙련된 등산가의 경우 해면에서 40 토르이던 이산화탄소의 분압이 에베레스트 정상에서는 10 토르에 불과하였다. 이산화탄소 분압을 모든 사람이 이 정도까지 낮추어 호흡률을 증가시킬 수는 없으며, 이에 수반하는 혈액 산도의 감소를 견딜 수도 없다. 이산화탄소를 충분히 배출하지 못한다는 것은 폐 속에 산소를 위한 공간이 부족함을 의미하므로 산의 정상에 오를 수 없을 것이다. 만약 이들이 정상에 오르려면 낮은 이산화탄소 농도에도 견딜 수 있을 정도로 적응해야만 할 것이다.

고산에 아주 잘 적응한 등산가가 에베레스트 정상에 서 있을 때 폐 속의 산소 분압은 사람이 생존할 수 있는 한계인 36 토르 정도이다. 사람이 특수 장비의 도움 없이 생존할 수 있는 최고점이 지구의 가장 높은 꼭대기와 일치한다는 사실은 우연의 일치에 불과하다. 실제, 에베레스트가 사람이 오를 수 있는 최고 고도이므로, 산소 통 없이 등정에 성공할 수 있는지의 여부는 계절의 변화와 같은 미세한 기압 변화에 의해 좌우된다.

혈액의 산소 함유 능력을 증가시킬 수 있다면 더 많은 산소를 조직에 공급할 수 있을 것이다. 일부 하등동물에서 산소는 단순하게 혈액에 녹은 채 운반되기도 하지만, 이렇게 운반되는 산소의 양은 얼마 되지 않으므로 사람을 포함한 대부분의 동물에서 산소 운반은 특수한 단백질에 의존한다. 일반적으로 이러한 단백질은 색깔을 띠므로 호흡 색소라고 부른다. 대부분의 포유동물에서 헤모글로빈이 산소 운반을 담당한다. 헤모글로빈은 네 개의 동일한 소단위체로 구성되어 있으며, 철 원자가 각각의 중심부에 놓여 있고 철 원자당 한 분자의 산소가 가역적으로 결합할 수 있다. 적혈구 세포 내부에 존재하는 헤모글로빈은 신장에서 소변으로 여과되어 나올 수 있을 정도로 매우 작으며 독특한 색을 나타낸다. 소변의 색이 붉다면, 이는 분명히 적혈구 질환이 있음을 의미한다.

고지대에서 오랫동안 적응한 경우 우선 적혈구와 헤모글로빈의 양이 상당히 증가한다. 이러한 현상은 혈액 내 낮은 산소 농도에 반응하여 에리스로포이에틴(erythropoietin)이라는 호르몬

헤모글로빈

헤모글로빈은 네 개의 소단위체로 이루어진 구형 분자이다. 각 소단위체는 글로빈 단백질에 헴이 각각 결합한 상태로 구성되어 있다. 산소가 결합할 수 있는 철 원자가 헴 고리의 중심부에 놓여 있으며. 헴에 의해 혈색이 결정된다. 동맥혈은 산소와 결합한 헤모글로빈(옥시헤모글로빈) 때문에 선명한 심홍색을 나타내며, 투명한 피부를 지닌 백인에서는 분홍빛이다. 정맥혈은 디옥시헤모글로빈 특이적인 심청홍색을 나타낸다. 이 때문에 혈액에 산소가 적어 입술과 손발이 파랗게 되는 현상을 전문 용어로 청색증(cyan-hence cyanosis)이라 부른다. 굳은 혈액이나 오래된 혈액은 헤모글로빈 중앙에 있는 철 원자가 이가의 철 이온(Fe^{2+})에서 삼가의 철이온(Fe^{3+})으로 산화되어 산소와 결합할 수 없는 산화된 헤모글로빈(옥시헤모글로빈과 반대인 메트헤모글로빈)이 되기 때문에 갈색을 나타낸다. 자연적으로 발생하는 적은 양의 메트헤모글로빈은 적혈구에 존재하는 효소가 정상 헤모글로빈으로 되돌려 놓는다. 정상적으로 산소가 위치해야 하는 헤모글로빈의 중앙부에 일산화탄소가 결합하여 나타나는 일산화탄소 중독 혈액은 선홍색을 나타낸다. 고장난 가스 난로에서 나오는 일산화탄소에 의해 혈액의 산소 운반 능력은 심하게 저하되거나 완전히 중단되기도 한다. 이러한 상황에서 응급 처치의한 방법은 환자에게 빨리 창문을 열어 신선한 산소를 제공하

이 분비됨으로써 유발된다. 혈액의 산소 농도가 낮아지면 신장에서 에리스로포이에틴 유전자가 발현하여 이 호르몬을 생성한다. 아직 정확한 기작은 밝혀지지 않았지만, 세포내 산소 농도를 직접 감지할 수 있는 조절 부위가 유전자 자체에 존재할 것이라 생각하고 있다. 에리스로포이에틴에 의해 고지대에 오른 후 3~5일

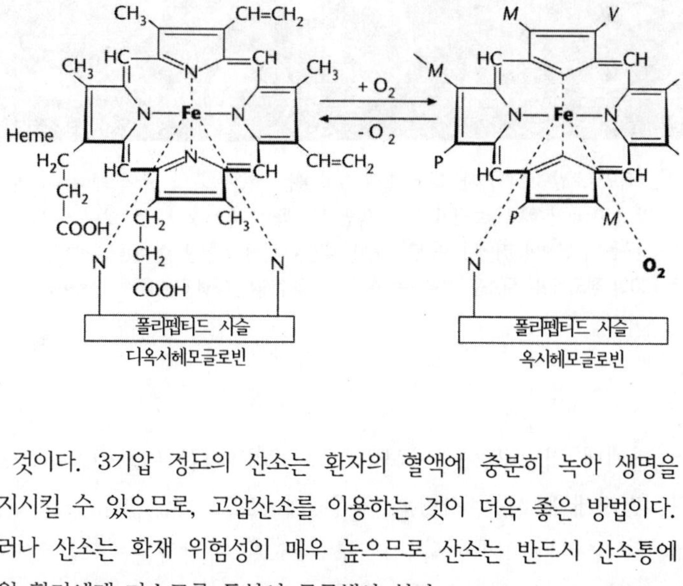

디옥시헤모글로빈 옥시헤모글로빈

는 것이다. 3기압 정도의 산소는 환자의 혈액에 충분히 녹아 생명을 유지시킬 수 있으므로, 고압산소를 이용하는 것이 더욱 좋은 방법이다. 그러나 산소는 화재 위험성이 매우 높으므로 산소는 반드시 산소통에 채워 환자에게 마스크를 통하여 공급해야 한다.

헤모글로빈은 여러 분야에서 최초의 기록을 남긴 유명한 물질이다. 헤모글로빈은 최초로 결정화된 단백질의 하나이고, 최초로 이의 분자량이 정확하게 측정되었으며 산소 운반이라는 생리적 기능도 최초로 알려졌다. 또한, 1959년 페르츠(Max Perutz)는 X선 회절법으로 헤모글로빈 결정을 분석하여 최초로 단백질의 3차 구조를 밝혔다.

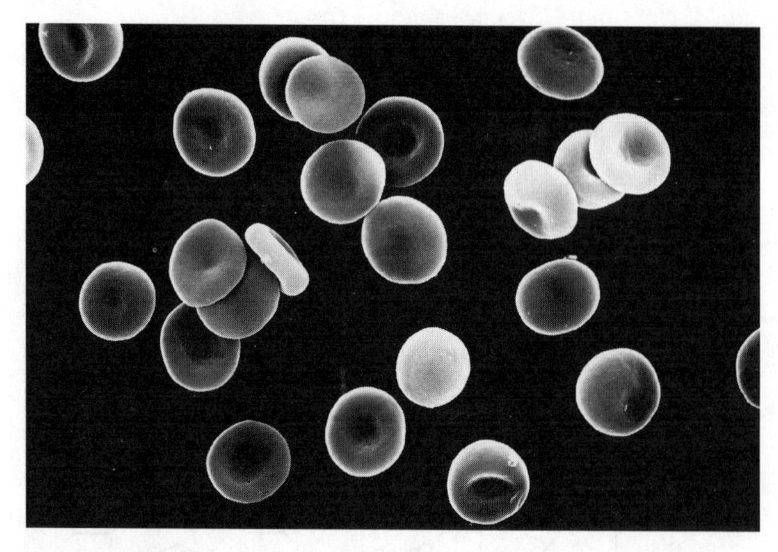

적혈구는 헤모글로빈으로 꽉 차 있다. 혈액 1mℓ에는 적혈구가 약 50억 개 존재하며, 그 속에는 약 150mg의 헤모글로빈이 있다. 양면이 오목한 원반 모양으로 핵을 가지고 있지 않는 적혈구는 유연성이 뛰어나 미세한 모세 혈관을 쉽게 통과할 수 있다. 적혈구의 수명은 약 120일 정도이며, 새로운 적혈구는 뼈 속의 골수에서 일생동안 계속 만들어진다.

부터 혈액내 적혈구는 증가하기 시작하며, 적혈구의 증가는 지속된다. 저지대에 사는 사람의 경우 헤마토크리트 값(haematocrit value)라 불리는 혈액에서 적혈구 세포가 차지하는 부피는 40% 정도에 불과하지만, 적응에 의해 60%까지 증가될 수 있다. 적혈구 숫자를 늘리고 혈액의 산소 보유 능력을 향상시키기 위하여 운동 선수들은 고지대에서 훈련하기도 하며, 최근 들어 일부 선수들은 저산소 농도의 공기로 호흡하면서 수면을 취하거나 유전자 조작으로 생산한 에리스로포이에틴 주사를 맞기도 한다. 실제, 만성 폐질환 때문에 호흡이 곤란하고 저산소증으로 고통받고 있는 환자의 적혈구 숫자는 저지대에 살더라도 이 병에 적응하여 증가되어 있다.

혈액에 적혈구가 증가하면 산소를 각 조직에 더 많이 공급할 수 있겠지만, 이와 동시에 혈액의 점성도도 증가하므로 즉 혈액이 껄죽해지므로 심장은 몸의 각 부분으로 혈액을 내 보내는데 더 큰 부담을 받는다. 고지대에 적응하여 살고 있는 낙타과의 라마와 같은 동물의 적혈구 숫자는 저지대 동물과 별로 다르지 않다는 사실에서 알 수 있듯이, 단순히 헤마토크리트 값만 올린다는 것은 운동 선수에게 소용없을 것이라는 사실을 알려줘야 할 것이다. 실제 적혈구 농도가 너무 높으면 오히려 해로운 결과를 초래한다. 급성 고산증을 나타내는 사람과 비슷한 증후군이 고지대에서 평생을 살아온 사람들에게서도 발견된다는 사실을 1925년에 몽(Carlos Monge)이 처음으로 보고하였다. 헤마토크리트 값은 80%를 상회할 정도로 높았지만, 그들은 두통, 멀미, 나른함, 만성 피로감을 호소하였으며, 일부의 경우 심장 이상 징후를 나타내거나 심장마비로 고통을 겪고 있었다. 오늘날까지도 라파즈와 같은 고산 도시 원주민들은 몽의 질환 특성인 푸른 입술과 손톱, 그리고 뭉뚝한 손가락을 가지고 있다. 이러한 징후는 적혈구의 침전물이 모세 혈관에 쌓이기 때문에 나타나며, 이로 인해 혈류 속도가 상당히 느리고 산소의 공급도 저하된다. 저지대로 내려오면 이러한 문제가 호전되며, 몽의 질환을 지닌 사람일지라도 해면에서는 정상인처럼 고통을 받지 않는다. 왜 그들의 몸에서 고지대에 적응하는 능력이 없어지게 되었는지 그리고 왜 이러한 징후가 여자에 비해 남자에게 빈번하게 발생하는지는 아직까지 수수께끼이다.

고지대 적응에 있어서 호흡 속도와 깊이의 증가, 신장의 혈액 산도 조절 및 이산화탄소의 영향에 대한 둔감성 등이 가장 중요하다. 이들 덕분에 우리는 일상적인 생활 뿐만 아니라 여분의 산소 도움 없이도 에베레스트의 정상을 정복할 수 있다.

저지대에서 살다가 나이 들어 고산에 이주한 사람들은 그곳에서 몇 년 동안은 살 수 있다할지라도, 평생 동안 그곳에서 살아온 사람만큼 적응하지는 못한다. 고지대 원주민들은 넓은 자루 모양의 가슴과 큰 폐를 가지고 있다. 또한 키가 작아 신체 대 폐의 비가 크다. 또 심장이 크기 때문에 혈액을 보다 효율적으로 펌프질할 수 있으며, 폐와 각 조직에 모세 혈관이 잘 발달하여 산소의 흡수와 전달도 용이하다. 아무리 저지대 사람이 적응을 잘 한다 하더라도 고지대 원주민에 못 미치는 이유는 바로 이러한 해부학적 구조의 차이 때문인 것 같다. 그리고 이러한 신체 구조는 유전자가 지배하므로 선천적으로 그렇게 타고나야 한다. 아무리 건장한 청년일지라도 고대 짐꾼이나 셰르파 소녀들이 초연하게 왕래하였던 수마일 뻗어 있는 오르기 힘든 히말라야 고지대의 오르막길 앞에서는 주저앉지 않을 수 없게 된다.

저지대 종족의 어린이가 고지대에서 태어나서 성장한 경우 비록 가슴은 넓어지지만 안데스 종족의 자루 모양과는 다른 것으로 보아, 이러한 고지대 원주민의 신체 구조는 유전적으로 결정된다는 사실에 의문의 여지가 없다.

높은 고도에 대한 연구의 교훈

높은 고도에서 일어나는 인체의 생리학 반응은 겁만 주는 이야기이기 때문에 혼란스럽다. 생리학자들은 사람이 일정한 높이 이상으로 올라가기는 불가능할 것이라고 계속 지적하였으나,

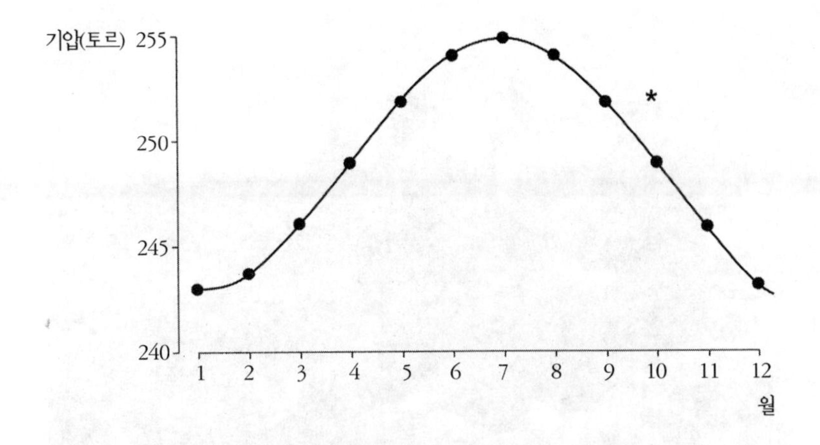

뉴델리에서 띄운 열기구에서 측정한 8,848m 고도의 월 평균 기압. 별표(*)는 같은 해에 에베레스트 정상(8,848m)에서 측정한 기압을 나타낸다. 기압은 계절에 따라 달라서 온도가 올라가는 여름에는 높다. 그러므로 기압이 높고 따라서 공기 중의 산소 농도가 높은 여름에 에베레스트를 등정하는 것이 쉽다. 셰르파였던 리타(Ang Rita)는 1987년에 최초로 겨울에 무산소 등정을 하였다. 그는 그 해 12월의 날씨가 예년과는 달리 매우 좋아서 성공할 수 있었으며, 그 후로 겨울에 무산소 등정에 성공한 사람은 없다.

등산가들은 계속 높이 올라가서 이 말이 틀렸음을 증명하였으므로 어리둥절하게 되었다. 이러한 오류가 일어난 이유는 실제 과학자들이 어떻게 실험하였는지를 밝히는 한 가지 사례가 된다.

최초의 착오는 에베레스트 정상의 기압을 측정할 때부터 생겨났다. 초기 연구자들은 기압은 기온에 따라 달라지고, 온도가 증가함에 따라 기압도 상승한다는 것을 밝혀냈다. 비행기의 출현으로 고도계의 눈금을 표준화하는 방법의 개발이 필요해졌고, 이 방법은 해수면에서의 표준 온도와 고도 상승에 따른 기압의 표준 감소율에 근거를 두었다. 그러므로 계절에 따른 온도 변화는 고려하지 않았으며, 고도에 따른 대기의 밀도, 즉 적도에서는 조

1911년에 파이크봉을 탐사한 핏제랄드와 그 일행. 왼쪽부터 할데인, 핏제랄드, 스나이더(E. C. Schneider), 핸더슨(Y. Henderson) 그리고 더글러스(C. G. Douglas).

밀하고 양극 지방에서는 엷다는 것도 고려하지 않았다. 그 결과 표준 대기 방법을 토대로 계산한 바에 의하면 에베레스트 정상의 기압을 측정치보다 낮은 것으로 추정하고, 일부 과학자들은 산소 보충 없이는 누구도 생존하지 못할 것이라고 결론지었다. 한술 더 떠서, 추정한 기압은 너무 낮은 것이라고 경고하였으나 실제 어떠한지는 모르고 있었다. 1981년에야 미국 에베레스트 탐사대가 실제로 기압을 측정했는데, 핏조(Chris Pizzo) 박사가 측정한 바에 의하면 253 토르였다. 이 이야기는 어떤 표준을 정할 때 가능한 한 모든 변수를 고려하는 것이 중요하며, 이러한 변수를 실제 측정하지 않고 계산할 때 착오가 생긴다는 것을 알려준다. 흥미로운 것은 에베레스트는 일종의 극지방이며 실제로는 기압이 너무 낮아서 산소 공급 없이는 정상에서 살 수 없을 것으로 보았다는 점이다.

다른 착오는 에베레스트 정상에서 폐 속의 산소 농도를 추정할 때 생겼다. 유명한 생리학자 할데인(John Scott Haldane)이 이끄는 옥스퍼드대학교 탐사대가 1911년에 콜로라도의 파이크봉에 오를 때 동행했던 핏제랄드(Mabel Purefoy FitzGgerald)는 고도에 대한 장기적 적응 효과에 대한 연구를 수행하고 있었다. 핏제랄드는 옥스퍼드대학교에서 학부 과정 때 생리학을 공부했다. 이 때 여자들이 실험에 응했는데, 그 여자들의 이름은 졸업생 명부에도 없었고 학위도 받지 않았다. 핏제랄드는 우등상을 받았다. 그녀는 옥스퍼드대학교의 생리학과에 남아 연구했으며 이 시기에 그녀는 호흡에 대한 많은 연구를 하였다. 1911년 할데인과 다른 유명한 생리학자 더글라스(Gordon Douglas), 그리고 그 외의 사람들과 함께 핏제랄드는 4,302m의 파이크봉에 올랐다. 이 등정은 힘든 일은 아니었다. 증기 케이블 열차를 타고 산 정상까지 곧장 올라갔으며, 정상에는 작은 산장이 있었다. 여기에서 남자들은 비교적 편안하게 머물렀다. 그러나 핏제랄드는 이 산장에서 쫓겨났는데, 아마 여자로서 남자들과 함께 잠자기가 어려웠기 때문인 것 같다. 그녀는 광부들의 혈액내 헤모글로빈 함량과 호기의 이산화탄소 농도를 측정하기 위해 노새를 타고 산 아래쪽으로 내려갔다.

그녀의 노력은 헛되지 않아서, 혈액내 헤모글로빈 함량에 대한 과거의 발견, 즉 적응된 사람에서 적혈구의 수가 증가한다는 것을 확인하였다. 또 그녀의 자료는 고도와 폐포에서 나온 기체 속의 이산화탄소 분압 사이에는 역비례의 관계가 있음을 나타내었다. 이 관계를 에베레스트 정상의 높이인 8,848m에 적

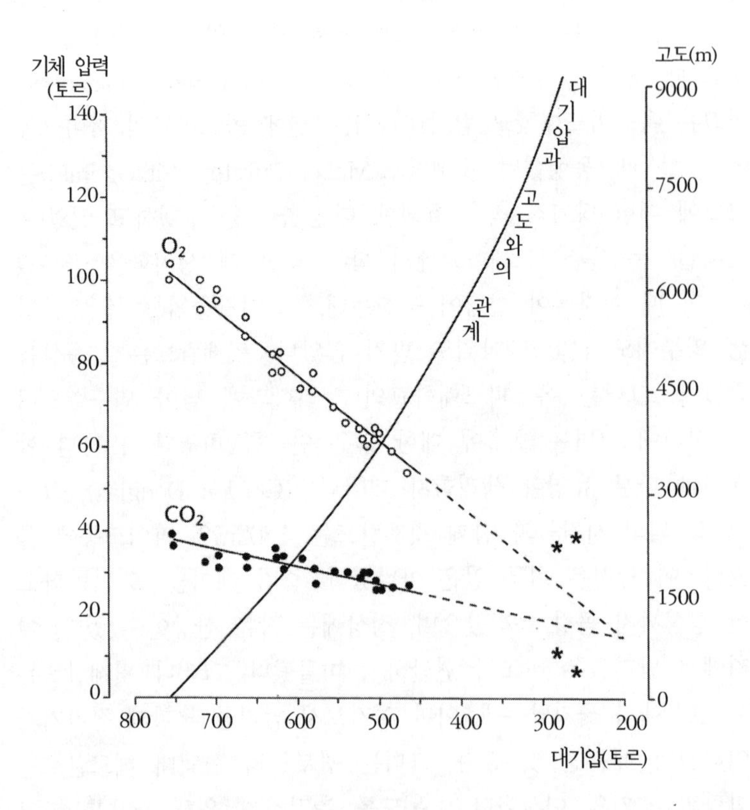

대기압과 적응된 사람의 폐 속의 이산화탄소 또는 산소 분압과의 관계는 대기압이 400 토르인 표고 5,500m까지는 역비례 관계를 나타낸다. 5,500m를 넘어가면 호흡 횟수가 증가하고 깊어지므로 폐로부터 이산화탄소를 더 많이 배출하여 산소가 들어갈 공간을 더 확보하게 되므로 역비례 관계에서 벗어난다. 점선은 역비례 관계를 나타낼 경우의 연결선이다. 점은 핏제랄드가 파이크봉 탐사시 측정한 값이다. 별표(*)는 핏조 박사가 에베레스트 정상에서 측정한 값이다.

1981년 미국 의학 연구 탐사대의 에베레스트 등정시 정상에서 폐포의 기체 샘플을 채취하고 있는 핏조 박사. 가까스로 정상에 오른 뒤 잠시 쉬며 경치를 구경한 다음, 그는 자신의 폐포에서 기체 샘플을 채취하는 일에 착수하였다. 생리학은 이와같이 두뇌로만이 아니라 때로는 자신의 몸으로 연구할 수도 있다.

용하면 폐포의 이산화탄소 분압은 15 토르가 될 것으로 추정되었다. 이러한 이산화탄소 농도에서 폐의 산소 분압은 약 20 토르가 되는데, 이는 사람이 생존할 수 있는 한계보다 훨씬 낮은 수준이다. 그 때문에 오랫동안 사람들은 산소 보충 없이 에베레스트 정상에 도달하기는 불가능할 것이라는 잘못된 생각을 갖게 되었다. 회상해 보면 왜 이런 실수가 일어났는지를 알아보기는 어렵지 않다. 5,500m 이상에서는 호흡이 크게 증가하기 때문에 고도와 폐포의 이산화탄소 분압의 관계는 더 이상 역비례하지 않는다는 것이 밝혀졌다. 그 결과 에베레스트 정상에서 폐포 속의 산소 분압은 예측한 20 토르보다 훨씬 높은 35 토르로서 사람이 생존할 수 있으며, 실제로 많은 등산가들이 이를 실증하였다. 여기서 알 수 있는 교훈은 한 가지 데이터를 이용하여 실제 이외의 경우까지 추정하는 것은 항상 위험하다는 사실이다. 핏제랄드의 데이터는 4,270m 높이까지의 실험에서 얻어진 것이었다.

핏제랄드는 1920년경 과학계에서 은퇴했다. 오래 뒤, 그녀는 옥스퍼드대학 부근에서 살고 있는 것이 발견되었고, 그녀의 나이 100살이 되던 1972년에서야 드디어 옥스퍼드대학 당국은 오래전에 이미 자격을 갖춘 그녀에게 박사학위를 수여하였다.

높은 곳에서의 삶

높은 산에 오르기 어려운 주된 이유가 낮은 산소 농도 때문만이 아니다. 추위, 건조, 강한 햇빛과 같은 요소들도 중요한 문제이다. 이곳에서는 햇빛이 매우 강렬한데, 그 까닭은 공기 밀도가 희박해서 햇빛을 차단하지 못하고, 또 지면에 쏟아진 햇빛은 눈과 얼음 표면에서 반사되기 때문이다. 따라서 이곳에서는 심한 화상을 입을 수가 있다. 온도와 기압의 감소는 공기 중의 수증기 양의 감소를 뜻하므로 높이 올라갈수록 습도도 낮아진다. 올라갈수록 숨이 가빠지므로 건조는 더욱 큰 문제가 되며, 숨쉴 때 폐로부터 증발되어 나가는 수분을 보충하기 위해서는 계속 물을 마시는 것이 필수적이므로 이를 위하여 물을 갖고 가거나 눈을 녹이기 위해 충분한 연료를 가져가야 하므로 문제가 된다.

무엇보다도 가장 심각한 것은 추위이다. 희박한 공기 때문에 공기의 보온 효과가 낮아지고 따라서 열이 쉽게 방열되므로 고도가 100m 높아질 때마다 온도는 약 1℃ 씩 낮아진다. 온도의 하강은 강한 바람과 어우러져 체감 온도를 더욱 낮춘다. 많은 산악인들이 동상으로 손가락이나 발가락을 잃었는데, 가령 1988년 에베레스트의 악명 높은 캉슝 사면을 따라 등정했던 비나블스(Steve Venables)는 발가락 3개를 잃었고, 웹스터(Ed Webester)는 발가락 3개와 손가락 8개의 끝마디를 모두 절단해야만 했다. 그나마 그들은 살아났지만 다른 동료들은 모두 얼어 죽었다. 이런 일이 왜 일어났으며, 인체는 극냉지에서 어떻게 반응하는지는 제4장에서 다룰 것이다.

잠수의 황홀감

잠수

내가 푸에르토리코에 도착하기 전까지만 해도 잠수는 고사하고 물 속에서 눈을 떠본 일도 없었다. 그러나 이 모든 것이 바뀌었다. 내가 그곳을 떠나오기 직전에는 산호초에서 생전 처음으로 스쿠버다이빙을 해 보았고 수중 생물에 넋을 빼앗겼다.

내 목적지는 푸에르토리코의 수도인 산후앙에 있는 연구소였다. 연구소는 성 안의 벼랑 위에 있는 돌로 지어진 요새 속에 있었고, 그곳의 과학자들은 신경 세포가 어떻게 활동하는지, 신경계와 면역계 사이에 어떤 관계가 있는지를 연구하거나 섬과 주변 바다에 사는 아름답고 진기한 생물들에 대한 연구를 하고 있었다. 실험실 외에도 나와 같은 방문 과학자들을 위한 기숙사도 여러 개 있었다. 나는 대부분의 시간을 연구소에서 보냈지만 두 차례 섬을 둘러싸고 있는 산호초를 찾아갈 수 있었다.

처음 산호초에 갔을 때 내 친구는 나에게 산소 탱크를 짊어지게 하고 밸브를 조절하도록 한 다음 그 장비에 숙달되도록 산호초 주변의 얕은 물을 함께 걸어 주었다. 모래 바닥 위를 지나 허둥지둥 헤엄치는 작은 물고기를 쳐다보다가, 나는 돌연 내 자신이 호흡하려고 버둥거리는 것을 발견하였는데, 내 친구가 내 머리를 수면 아래로 밀어 넣고 있었기 때문이다. 나는 푸- 하고 물 밖으로 머리를 쳐들고 캑캑거렸다. 내 친구는 "걱정 마, 스노클을 차면 돼." 라고 말했다.

그렇게 해서 나는 수중의 낙원 속으로 안내되어 갔다. 머리카락은 머리 주변에서 나부꼈고, 나는 느린 동작으로 수중 발레를 하듯 천천히 움직였다. 수천 마리의 물고기들이 보석 같이 찬란한 색으로 내 주변을 감쌌다. 납작한 몸에 작고 선명한 노랗고 푸른색 줄무늬가 있는 열대어는 뒤쪽에서 볼 때는 그 모습이 잘 드러나지 않게 되어 있었다. 어떤 물고기 떼는 산호초 틈으로 들어갈 때 모두 동시에 방향을 휙 돌렸다. 검은 반점과 자주색 반점을 가진 놀래미, 빤히 쳐다보는 눈, 연 꼬리처럼 뒤로 길게 늘어뜨린 등지느러미, 은색과 푸른색으로 장식된 것, 화려한 얼룩무늬 옷을 입은 것, 진한 회색과 갈색을 띄고 우울한 눈을 가진 채 육중한 모습으로 미끄러져 스쳐 지나가는 농어 떼, 밑으로 내려가면서 숨는 장미빛과 올리브색 점들을 지닌 산호색 물고기. 내 손에는 치즈 조각이 들어 있는 플라스틱 봉투가 들려 있었다. 이 봉지를 살짝 열자 물고기들이 냄새를 맡고 구름처럼 내 주변을 에워쌌다. 물고기들이 치즈에 그렇게 열광하다니. 무엇인가가 내 발에 입맞춤하여 돌아다보니 주둥이가 뾰루퉁 튀어 나온 무당고기가 내 복숭아 뼈를 간지럽히고 있었다. 나는 이 환상적으로 아름다운 물 속의 낙원에 빠져들어 물 밖으로 나올 줄을 몰랐다.

사흘 후, 그날 아침은 구름 낀 회색빛 날씨여서 내 최초의 스쿠버다이빙을 위해서는 좋은 징조라고 할 수는 없었다. 나의 동료들은 함께 이동하면서 계속 주의를 주었다. "멀리 떨어지지 마…, 머리를 위쪽으로…, 위로 올라갈 때 숨을 내뱉어…, 감기 들지 않게 해…" 나는 귀담아 들었다. 우리가 부두에 이르렀을 때 빗방울이 떨어지고 있었다. 파도를 헤치면서 배를 몰아 산호초에 이르렀고, 홍수림으로 덮인 작은 섬의 바람이 닿지 않는 곳에 닻을 내렸다. 배는 위 아래로 물결 따라 흔들렸고 하늘에는 시커먼 구름이 몰려들었다. 나는 산호초 쪽을 걱정스럽게 쳐다보려고 했으나 전날 폭풍이 모래를 위로 올려놓았기 때문에 그 쪽은 잘 드러나지 않았다. 뿌연 물을 조심스럽게 들여다보면서 무거운 산소통을 등에 짊어진 다음 웨이트 벨트를 묶었다. 내 몸은 쉽사리 물 속으로 잠길 것으로 생각했으나 예기치 않게 자꾸 위로 뜨는 것 같았다. "침착하게 닻줄을 잡고 천천히 밑으로 내려가, 곧 뒤따라 갈 테니까." 나는 동료의 지시에 따르려고 했다. 그러나 아무리 밑으로 내려가려고 닻줄을 잡고 몸을 밑으로 끌어당겨도 희한하게 자꾸 떴다 잠겼다 하기만 했다. 산소통에서 공기도 나오지 않는 것 같았다. 동료 중의 한 사람이 내가 하는 꼴을 보았다.

"무슨 문제 있어? 두려워?"

"응". 나는 갑자기 두려움을 느꼈기 때문에 작은 소리로 그렇게 대답했다. 위급한 상황에서 갑자기 솟구쳐 오를 때 숨을 내뱉지 않으면 폐가 터진다는 이야기를 자꾸 들었는지라 나는 겁을 먹고 있었던 것이다.

"좋아, 배 위로 올라와. 두려움을 느끼면 잠수할 수 없어." 그는 말했다.

"그렇지만……."

"아니, 괜찮아. 배 위로 올라와."

나는 비참한 모습으로 몸을 이끌고 배 옆으로 간 다음, 물가로 올라오는 물개처럼 배를 기대면서 배 위로 넘어 미끄러져 올라갔다. 동료들은 한데 모여 자기들끼리 뭐라고 수근거리다가 고개를 끄덕거리더니 배 가장자리에서 뒤로 몸을 젖히면서 물 속으로 떨어진 다음, 몇 번 푸덕거리더니 이윽고 물 속으로 사라져 갔다. 나는 물이 잔뜩 묻은 몸으로 조종실에 앉았다. 빗방울이 수면 위로 떨어지는 모습이 보였다. 쫓겨난 기분이 들었지만, 모두 내 잘못 때문이었으므로 위로받을 길이 없었다. 절호의 기회가 주어졌는데 두려워서 그 기회를 놓치다니.

나는 고함 소리를 듣고 공상에서 깨어났다. 물에 젖은 검은 물체가 물 위로 솟구치면서 마우스피스를 벗고 말했다. "준비 됐어? 한 시간 분량의 공기는 준비되어 있거든. 같이 가서 산호초 구경하지 않을 거야?"

이번에는 쉬웠다. 물 속으로 들어가고 숨쉬는데 문제가 없었다. 그제야 알게 되었다. 두려워서 폐에 공기가 가득 차 있었지만 그것을 내뱉을 줄 몰랐었던 것이다. 그래서 몸이 둥둥 뜰 수밖에 없었고, 탱크 속에 공기가 없어서가 아니라 폐 속에 공기가 차서 숨을 들이 쉴 수가 없었던 것이다.

나는 수면 아래로 내려갔고 눈앞에 산호초가 전개되었다. 동물학자로 훈련받은 사람에게는, 내가 느꼈던 것처럼, 이것은 숨막히는 경험일 것이다. 나는 작은 산호초를 구경만 하는데 여러 시간을 보냈는데, 공기의 공급이 있었기 때문에 그렇게 할 수 있었던 것이다. 갯지렁이는 몸을 활짝 펼치고 깃털과 같은 꽃 모양의 촉수를 펼쳤다 오므렸다 하면서 물 속의 작은 생물들을 걸러 먹고 있었다. 이들 사이에 숨어 있는 꼬마 게가 눈만 반짝거리고 있었다. 말미잘은 촉수를 늘어뜨린 채 물 흐름에 따라 하늘거리다가 그 위로 기어가는 동물을 움켜잡았다. 오렌지색과 흰색 줄무늬로 반짝이는 비늘돔은 말미잘의 촉수로 보호받고 있었다. 산호는 수많은 폴립으로 이루어져 꽃들처럼 보이고, 각각의 폴립은 골격 속으로 뚫린 원형질 통로를 통하여 서로 연결되어 있다. 이들의 세포 안에 공생하면서 광합성하는 단세포 남세균는 광합성으로 대기 중의 이산화탄소를 고정하고 양분을 숙주에게 공급하면서 숙주가 햇빛이 잘 쪼이는 위쪽으로 자라도록 한다. 동물과 식물의 공생, 삶의 동반자, 이렇게 하여 산호는 이산화탄소를 탄산칼슘으로 전환시켜 산호초를 형성할 수 있으므로, 이 두 생명체는 지구의 탄소 순환에 매우 중요하다. 노란색과 짙은 자주색으로 장식한 멍게는 어렸을 때는 활동적이고 잘 발달된 신경계를 지니지만, 자란 뒤에는 활동적인 모습을 잃고 몸을 바위에 붙인 채 움직이지 않는다. 이렇게 고착하고 나면 신경계는 더 이상 필요 없게 되어 퇴화되고 만다. 충분한 운동을 하지 않는 우리들에게 무시무시한 경고가 될 것이다.

2

압력을 받는 생물

사람들은 일을 하기 위해
배를 타고 바다 속으로 들어간다.
그곳에서 하느님이 하신 일을 보고
그 깊은 곳에서 하느님에 대한 경외감만 느낀다.
- 찬송가 107장 -

보스포러스(Bosphorus) 해협에서 알렉산더 대왕이 유리병을 타고 잠수하고 있는
전설적인 모습

우주에서 보면, 지구는 어둠 속에서 공중에 떠돌고 있는 아름다운 무지개 빛깔의 푸른 공과 같다. 좀더 자세히 지구를 살펴보면, 우리들이 수중 세계에 살고 있다는 것을 깨닫게 된다. 우리 인간이 점유하고 있는 땅덩어리는 지구 표면의 1/4에 불과하며, 그나마 대부분은 지구의 일부분에 집중되어 있다. 비록 우리가 해안에 살고 있지 않더라도 바다는 우리의 삶과 밀접한 관계가 있다. 왜냐하면, 바다가 기후를 좌우하고 태풍을 만들기 때문이다. 해류의 변화는 악명 높은 엘리뇨처럼 지구 전체에 많은 영향을 미친다. 어떤 지역에서는 가뭄과 기근을 유발하고 또 다른 지역에서는 폭우를 내리게 한다. 내가 살고 있는 영국은 푸르고 기후가 온화하고 쾌적한 땅이다. 육지를 따뜻하게 해주는 멕시코 난류 때문에 이런 기후가 오래 지속된다. 그러나 우리는 바다가 지구 표면에서 2억 6천만㎢나 차지하는 엄청난 크기임에도 불구하고 아직도 그 중요성에 대하여 잘 알지 못하고 있다. 우리가 알고 있는 대부분은 육지에서 가까운 얕은 곳에 불과하다. 달의 표면을 걷고 있는 오늘날조차도 바다의 깊은 곳은 미지의 세계로 남아 있다.

태평양의 마리아나 해구(Mariana Trench)는 수심이 10,914m로 바다에서 가장 깊은 곳이다. 이것은 에베레스트산이 수심 2,000m 아래로 잠기는 깊이다. 그곳은 사람들이 가볼 수

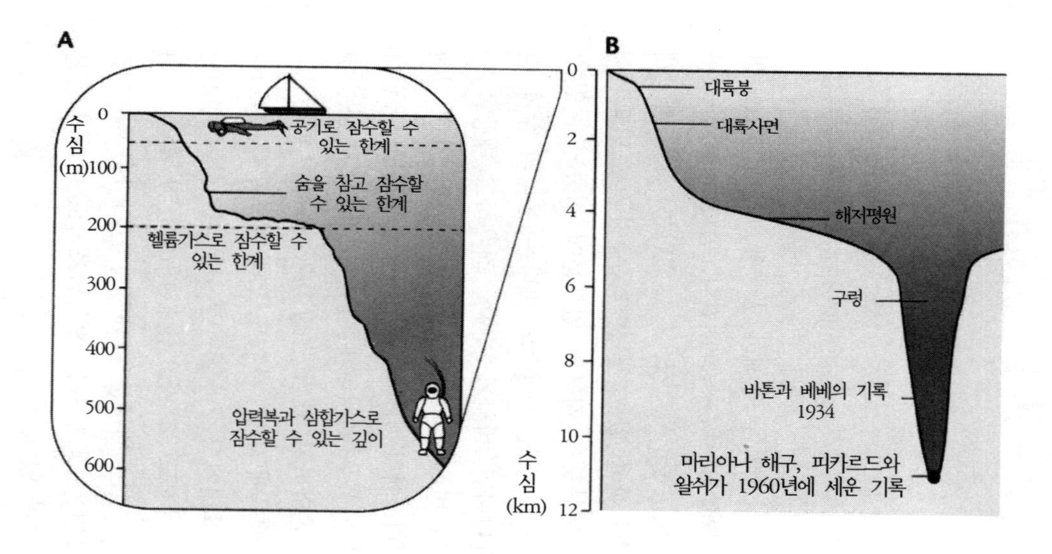

대륙을 둘러싸고 있는 대륙붕(continental shelve)은 태양 빛이 비춰지기 때문에 풍부한 동물과 식물들이 살고 있는 평원과 같다. 그리고 200~300m 깊이로 내려가면서 점차 경사가 심해진다(대륙 사면, continental slope). 그 다음에는 심연의 평지(abyssal plain)에 도달할 때까지 더 가파른 경사가 나타난다. 심연의 평지는 3~6km 깊이에 있으며, 그 바닥은 부드러운 진흙으로 되어 있다. 그리고 마지막으로 심연의 평지는 북태평양에 있는 마리아나 해구(수심 10,914m)나 북대서양에 있는 푸에르토리코 해구(수심 8,384m)와 같은 깊은 구렁(chasms)에 의하여 끊긴다.

없는 곳이다. 우리는 바다의 평균 깊이인 4,000m 정도도 너무 깊어서 가볼 수 없다. 아마도 이렇게 매우 접근하기 어렵기 때문에 우리들은 그 신비스러운 심연의 바다에 넋을 빼앗기게 되는 것 같다. 그렇기 때문인지 깊은 바다에서 살고 있는 신비스러운 생물들의 이야기도 여러 지역에서 다양하게 전해져 오고 있다.

이 구전에는 포세이돈 궁전과 인어의 집, 전설 속의 괴물 클라켄, 리바이어썬 등이 등장한다. 그러나 종종 있었던 것처럼 아직도 잘 이해할 수 없는 것들이 현실로 나타나곤 한다. 예를 들어 1938년에 화석 기록으로만 알려졌던 고대 어류인 실러캔드(*Coelacanth*)가 잡혔을 때 과학자들은 깜짝 놀랐다. 그리고 결코 살아 있는 상태로 관찰한 적이 없는 다리 길이가 18m 이상이나 되는 거대한 오징어의 몸체가 저인망에 걸리고 향유고래의 위 속에서 그 입의 일부분이 발견되어 이들이 존재함을 알게 되었다. 더욱더 신기한 것은 제7장에서 설명할 세균에 관한 것이다. 이 세균들은 바다 가운데 융기되어 100℃의 뜨거운 물이 솟고 압력이 1,000기압 이상이나 되는 열수구인 블랙 스모커(black smoker) 주변에서 번성한다.

비록 우리들은 영원히 물 속에서 살 수는 없을 지라도, 잠수부들은 방수 장비를 부착하고 북해에서 그들의 삶의 중요한 부분을 보내게 된다. 수천명이 휴일에 스쿠버다이빙, 스노클링 또는 스킨다이빙을 한다. 그들이 잠수를 할 때 직면하게 되는 문제는 무엇이며, 그들이 들어갈 수 있는 가능한 깊이는 얼마인가? 본 장에서는 인체생리학적 지식이 깊은 곳에서 보낼 수 있는 시간을 증가시킬 수 있는 능력과 밀접하게 관련되어 있다는 것을 알게 될 것이다. 그리고 다시 한번 수중 동물들이 사람보다 훨씬 적은 노력으로 어떻게 더 오랜 시간 동안 잠수할 수 있는 지에 대한 의문에 대한 해답을 얻게 될 것이다.

압력의 물리학

공기가 부족한 것은 그렇다 치고, 잠수부가 경험하는 가장 어려운 점은 압력이 증가하는 것이다. 물의 무게 때문에 바다 속에 깊이 들어가면 갈수록 압력은 더욱더 증가한다. 같은 수직 거리에서 물은 공기보다 약 1,300배 더 무겁기 때문에 압력의 차이는 공기보다 물에서 훨씬 크다. 에베레스트 정상의 압력은 해수면의 2/3 정도로 감소한다. 그러나 같은 거리의 깊이로 바다 속으로 들어갔을 때 압력은 885배 증가한다. 수용액 기둥 밑바닥의 압력은 기둥의 높이, 용액의 밀도와 중력에 의해서 결정된다. 따라서 바닷물에서 압력은 10m 내려갈 때마다 대략 1기압씩 증가한다. 잠수부들은 보통 바(bar)라고 하는 기압의 단위로 압력을 측정한다. 30m 깊이에서의 압력은 4바인데, 이것은 표면의 압력 1바와 물 속의 압력 3바를 합한 값이다. 기체의 부피는 압력에 따라 달라진다. 보일(Robert Boyle, 1627~91)은 이러한 현상을 옥스포드대학교 실험실에서 공식화한 유명한 법칙으로 설명하였다. 그는 주어진 온도에서 압력과 부피의 곱은 항상 일정(압력×부피=일정)하다는 것을 알았다. 따라서 30m 깊이에서 압력은 표면보다 기압이 4배 높기 때문에 그곳에서 기체의 부피는 표면 부피의 1/4로 감소된다. 뒤에서 살펴보겠지만, 깊은 곳에서 이와 같은 기체의 압축과 표면으로 올라갈수록 일어나는 기체의 팽창은 잠수부에게 매우 중요한 의미를 시사하고 있다.

최초의 잠수부들

잠수가 시작된 초기에는 전통적으로 어패류를 채집하거나 해난 구조, 군사적 목적으로 잠수를 하였다. 잠수에 대한 가장 최초의 참고 자료 중에 하나는 호머의 시「일리아드(*Iliad*)」에서 찾아볼 수 있다. 그것에는 그리스 전사 패트로크러스(Patroclus)가 헥터(Hector)의 전차를 몰다 전차에서 굴러 떨어지는 것과

물거미들은 물 속에 잠긴 수초의 줄기를 닻처럼 이용하여 거미줄을 칠 때 잠수종을 만든다. 뒷다리로 작은 물방울을 포착함으로써 종의 표면에서 종의 안쪽으로 공기가 들어오게 한다. 완전하게 공기를 공급하기 위하여 거미들은 이러한 일을 여러번 반복한다. 물거미는 사냥꾼이다. 그들은 거미줄로 된 공기가 채워진 둥근 천장에서 물 속으로 앞다리를 내밀고 숨어 있다가 그곳을 지나가는 먹이감을 낚아챈다.

조개를 잡기 위해 잠수하던 사람이 날카로운 돌에 부딪쳤을 때를 빈정거리며 비교하는 내용이 나온다. 또 다른 초기 그리스 작품들에는 해면을 채집하는 잠수부가 물 속에서 올라오고 내려가는 것을 빠르게 하기 위해서 납으로 만든 추와 밧줄을 이용했다는 내용들이 나온다. 진주층으로 조각한 장식품들을 보면, 사람들이 메소포타미아에서 BC 4500년 전부터 조개를 잡아왔다는 것을 알 수 있으며, BC 250년경에 쓰여진 것으로 생각되는 「기쉬－와진－덴(*Gishi－Wajin－Den*)」에 언급되어 있는 것으로 보아 최소한 2000년 동안 한국과 일본에서 여자들이 진주, 해초 및 조개를 채취하기 위해서 전문적으로 잠수를 해왔다는 것을 알 수 있다. 우리는 또한 BC 400～333년경에 그리스에서 일어났던 해전에 잠수부들이 훈련을 받고 참여한 것을 알 수 있다. 그리스의 역사가 헤로도투스에 따르면, 가장 유명한 사람은 스킬라(Scyllias)였는데, 그는 처음에 침몰한 배에서 보물을 회수하기 위해 페르시아 사람들에게 고용되었다. 그러나 그 다음에는 그리스로 가서 그리스 사람들이 페르시아와 전쟁을 할 때 그리스 사람들을 도왔다. 그는 그리스 사람들에게 페르시아 함대에 대한 중요한 정보를 알려주고, 물 속에 있는 페르시아 함대의 닻줄을 절단하는 일을 하였다.

잠수종과 밀폐된 잠수 용기들도 매우 오래전부터 사용하였다. 초기의 잠수종은 16세기에 발명되었지만, 이것은 1654년에 독일 사람인 구에리케(Otto von Guericke)가 손으로 작동하는 펌프를 발명하기 전까지는 거의 사용하지 못하였다. 이 펌프는 신선한 공기를 잠수종 속으로 공급할 수 있기 때문에 이 때부터 잠수종의 사용이 가능하게 되었다. 잠수종의 원리는 빈 병을 물 속에 거꾸로 세우는 것으로 쉽게 설명할 수 있다. 여러분들이 관찰할 수 있는 것처럼, 병 속에 공기가 있으면 물이 들어가지

1782년 영국의 와이트섬에서 침몰된 108 문의 대포를 장착한 HMS Royal George 호 난파선에서 일하고 있던 그 당시의 잠수 기사인 딘의 그림. 1832년 8월에 그는 그가 새로 발명한 잠수 장비를 착용하고 배 앞쪽에 있는 둥근 나무테를 뜯어내는 일을 하고 있다.

않는다. 이러한 단순한 형태의 잠수종이 지니는 문제점은, 만약 잠수종이 똑바로 서있지 않고 기울어진다면 잠수종의 가장자리에서 공기가 새나가면서 물이 잠수종 속으로 잠긴다는 것이다. 또 다른 문제점은 보일의 법칙에 따라 잠수종 속의 공기의 부피는 압력이 증가함에 따라 감소한다는 것이다. 예를 들어 수심 10m에서 공기의 부피는 원래의 부피의 절반으로 줄어들 것이다. 따라서 밖에서 손펌프를 이용하여 공기를 잠수종 속으로 공급해야만 한다.

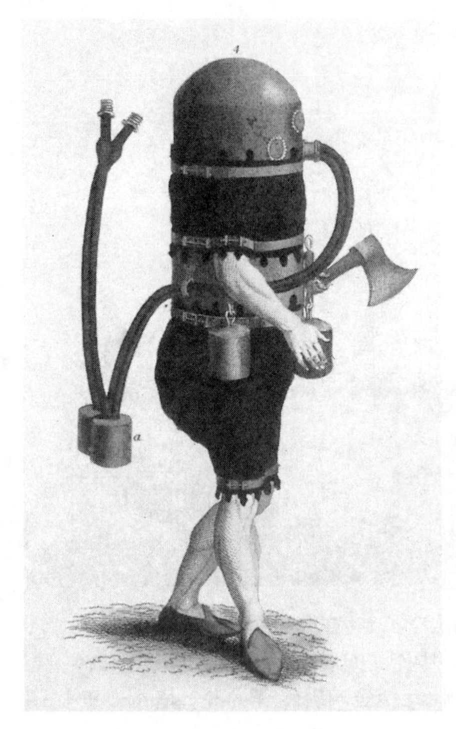

매우 특이한 형태의 초기 잠수복의 한 종류

잠수복은 해난 구조에 사용하기 위해서 처음 개발되었다. 잠수복의 초기 개발자 중에는 1832년경에 영국의 포쯔머쓰에서 잠수 기사로 일을 시작한 존 딘(John Deane)과 찰스 딘(Charles Deane)이라는 형제가 있다. 이들은 불이 난 마긋간에서 말들을 구출하려고 할 때, 호흡용 장비로 호스와 손펌프로 공기를 공급할 수 있는 밀폐된 헬멧을 이용해야겠다는 생각을 하였다. 그것은 매우 성공적이었고 그들은 그것으로 소화 장비의 특허를 획득하였다. 그들은 또한 이 장비가 잠수용으로도 이용할 수 있다는 사실을 깨닫고 1828년에 배의 갑판 위에서 호스와 펌프로 압축 공기를 공급하는 헬멧과 같은 잠수 장비를 완성하였다. 이 헬멧을 배 위에서 공급하는 공기로 헬멧 아래에서 물이 들어오지 못하게 하는 휴대용 잠수종으로 활용하였다.

이 장비는 수년 동안 30분 이상 10m 이상 깊이로 잠수하는데 매우 유용하게 사용되었다. 그러나 이것은 한 가지 문제점이 있었다. 즉, 만약 잠수부가 이 헬멧을 쓰고 물 속에서 쓰러지면 헬멧 속으로 물이 들어와 익사할 수도 있다는 것이다. 이러한 문제점은 헬멧을 방수복에 단단히 부착시킨 밀폐된 잠수복이 나오면서 해결되었지만 이것에는 또 다른 문제점이 있었다. 즉, 외부에서 공기를 공급하면 헬멧뿐만 아니라 잠수복까지 공기가 채워진다. 이렇게 되면 잠수부가 매우 빠르게 잠수할 때 밖에서 잠수를 도와주는 사람이 물의 깊이에 맞게 공기의 압력을 증가시켜 줄 수 없고, 결국 잠수복 내의 공기의 부피는 감소하게 된다.

잠수부의 머리는 구리 헬멧으로 보호할 수 있지만, 그가 입고 있는 잠수복이 외부의 물의 압력에 의해서 압착됨으로써 신체는 고통을 겪게 된다. 이것은 때때로 가슴을 심하게 압착하여 폐에 손상을 가져오기도 한다. 종종 잠수부는 온몸이 그의 헬멧 속으로 빨려들어 가는 느낌을 받기도 한다. 최악의 경우에, 공기 호스와 잠수복 사이의 밸브가 압력 때문에 작동하지 않으면 잠수복 속에 뼈와 일부 살점만 남기고 혈액과 대부분의 살점이 떨어져 호스 속으로 빨려 올라가게 된다.

잠수복 속의 공기의 양은 잠수부의 부력을 결정한다. 그래서 잠수할 때는 잠수복 속의 공기의 양을 약간 감소시키고 물 위로 올라올 때는 증가시킨다. 이것은 잠수부가 외부에서 공급하는 공기의 비율과 헬멧에 있는 배기 밸브를 통하여 배출하는 공기의 비율을 조정함으로써 일정하게 조절한다. 잠수복 속의 공기의 양이 너무 적게 되면 잠수부를 조이는 문제를 야기하지만, 잠수복 속의 공기의 양이 너무 많은 것도 또한 문제를 야기한다. 만약 잠수복의 다리 부분이 공기로 채워지면 가끔 바닥 주변을 느릿느릿 걷게 되었을 때 일어나는 것처럼 잠수부들의 몸이 갑자기 거꾸로 뒤집힌다. 이러한 상태에서는 과도한 공기가 쉽게 빠져나가지 못하고 잠수부는 어찌해 볼 수도 없이 밖으로 밀려 올라오게 된다. 이러한 어려움을 경험이 풍부한 잠수부와 그를 도와주는 노련한 팀은 극복할 수 있다. 현재 군사적으로나 해난 구조 활동에 뿐만 아니라 건설업에서도 잠수부의 수요가 크게 증가하고 있다.

19세기 중반에 증기 기관차의 발명은 위대한 철도 시대를 예고하였다. 멀리 떨어져 있던 각 지역이 서로 철로로 연결되자 주변 환경이 변화하기 시작하였다. 상상할 수 없을 정도로 도시가 팽창하였고, 새로운 도시가 건설되었다. 갑자기 많은 사람들이 매우 빠르게 이동하게 되었고, 수많은 양의 상품이 매우 빠른 속도로 유통되었다. 그 당시 사람들에게 이와 같은 갑작스런 교통 수단의 편리성의 증가는 틀림없이 오늘날의 인터넷의 성장과 같았을 것이다. 영국에서 시작된 철도 시대는 북유럽으로 퍼져나갔고 1850년에는 프랑스, 독일, 벨기에 및 영국의 주요 도시들을 연결하는 철도망이 건설되었다. 엔지니어들은 용기 있고 대단한 사람들이었다. 그들은 산과 강 밑으로 터널을 뚫었고 큰 강에 다리를 놓았다. 그러나 다리를 건설하고 터널을 뚫는 동안 많은 노동자들이 잠수병(diver's palsy), 또는 잠함병(caisson sickness)으로 죽어 갔다.

약 1840년에 프랑스의 엔지니어인 트리거(Triger)는 강에 다리를 놓을 때 수중 공사에 사용하는 잠함인 케송(Caissons)을 교각의 기반 공사에 사용하였다. 케송은 방수 처리된 두 겹의 강철관으로 밑이 뚫려 있기 때문에 교각 부분을 만들 수 있다. 관의 안쪽은 노동자들이 들어가서 불필요한 물질들을 제거할 수 있고, 물이 안으로 들어가지 못하도록 압축 공기로 채워진다. 원형의 외벽은 케송이 하상으로 가라앉도록 위에서부터 콘크리트로 점차 채워진다. 하상이나 항구 바닥에서 일하는데는 더 단순한 형태인 전통적인 잠수종을 사용하였다. 이것은 노동자들을 그 안에 실어 강 밑으로 내려보내고 압축 공기를 공급해 줌으로써 노동자들이 하상에서 일을 할 수 있게 하였다. 물 속에서 자유롭게 활동할 수 있는 사람이 필요할 때는 개별적인 잠수부를 고용하였다. 또한 공사를 하는 동안 터널 속에 있는 구멍난 바위를 통하여 물이 새어나오는 것을 방지하기 위하여 펌프를 통하여 압축 공기를 터널 속으로 들여보낸다. 따라서 다리나 터널 공사를 하는 많은 노동자들은 종종 매일 8시간 씩 압축 공기의 기압 하에서 일을 하였다.

노동자들이 터널과 케송에서 일을 하고 대기압 환경으로 되돌아왔을 때 그들은 자주 병에 걸렸다. 그들은 흔히 가려움증을 호소하였고, 가려움증보다는 덜 흔하기는 하지만 손발이 마비되어 펼 수 없는 심한 고통을 겪었다. 사람들은 이것을 잠수병(bend)이라고 불렀다. 이러한 잠수병은 압축된 공기압에서는 결코 발생하지 않으며, 그 환경에서 대기압 환경으로 되돌아왔을 때만 발생하게 된다. 폴(Pol)과 와텔리(Watelle)는 처음으로 이 케송병을 의학적으로 설명하였다. 발병의 위험과 증상의 심각성은 압력과 노출된 기간에 따라 증가한다. 그리고 항상 높은 압력을 받는 잠수부들은 케송의 노동자들보다 더 큰 고통에 시달린다. 최악의 경우에는, 밖으로 되돌아왔을 때 어지러움을 느끼고 바로 온 몸이 마비되면서 의식을 잃고 몇 분내에 모두 죽었다.

혈액 속의 기포

1878년 프랑스 과학자인 버트(Paul Bert)는 잠수병의 원인을 설명하였다. 그는 압축 공기로 호흡을 하는 잠수부나 수중 근로자들이 너무 급하게 압력을 줄임으로써 혈액 및 조직 세포에 용해되어 있던 가스들이 기포의 형태로 유리되어 혈관을 차단하게 될 때 잠수병이 나타날 수 있다고 설명했다. 깊은 물 속과 같이, 압력을 받는 조건에서 호흡이 이루어지면 가스는 체액에 훨씬 더 잘 용해되게 된다. 예를 들면, 10m 하강할 때마다 약 1ℓ의 질소가 더 용해되게 된다. 체액이나 조직 속에 여분의 가스가 용해되어 있다는 것 자체는 그리 큰 문제가 되지 않는다. 용해된 가스를 제거하기 위하여 압력을 줄여나갈 때 그 속도를 조절하기가 쉽지 않다. 어떤 잠수부가 천천히 수면위로 상승할 때는 자신의 혈액 속에 용해되어 있던 여분의 가스가 폐를 통하여 쉽게 배출되기 때문에 문제가 되지 않지만, 만약 폐를 통하여 용해된 가스를 충분히 배출할 수 없을 정도로 급속히 상승하게 되면 조직 세포와 혈액은 가스로 포화 상태가 된다. 어느 시점에서는 포화 상태의 가스들이 갑자기 기포 형태로 변하여 용액으로부터 빠져 나오는 경우가 있다. 우리가 청량 음료병이나 샴페인의 마개를 열 때, 병 속의 압력이 급격히 감소하면서 용해되어 있던 가스가 쉬잇하고 거품으로 변하는 것과 같은 원리이다. 이러한 현상은 병마개를 천천히 열 때 보다 급속히 열 때가 훨씬 더 극적으로 일어나게 된다. 청량 음료나 샴페인에 녹아 있는 가스는 이산화탄소이지만, 잠수부가 호흡하는 압축 공기는 이산화탄소의 농도가 매우 낮고 산소는 조직 세포가 신속

향유고래는 왜 잠수병에 걸리지 않을까?

상당수의 해양 포유동물들은 사람에 비하여 훨씬 더 깊이 잠수할 수 있다. 한때 대서양 횡단 해저케이블에 걸려 죽은 향유고래의 아래턱뼈가 해저 1,134m 깊이에서 발견되기도 했다. 바다코끼리는 훨씬 더 깊이 잠수하는 것으로 알려져 있는데, 놀랍게도 해수면보다 압력이 150여 배나 높은 1,570m까지 잠수한 기록이 있다. 이는 우리 인간으로 볼 때 상상을 초월하는 적응 현상이라 할 수 있다. 더욱이 바다표범들은 별다른 질병 없이 반복적으로 잠수할 수 있다. 실제로, 다른 잠수 동물이 평소 90% 이상을 수중에서 생활한다고 볼 때, 물 밖에서 더 많은 생활을 하는 바다코끼리는 지표 동물이라고 부르는 것이 더 정확할 것이다. 심지어 어떤 잠수 동물은 바다에서 생활하는 40여일 동안 6분 이상을 지상에서 보내지 않는 경우도 있다. 그렇다면, 향유고래나 바다표범은 왜 잠수병에 걸리지 않는 것일까?

이에 대한 답은 해양 동물들이 그들의 조직 세포에 용해되어 있는 질소의 양을 감소시키는 방향으로 적응해왔기 때문이라 할 수 있다. 우리 인간과는 달리, 향유고래나 바다표범은 잠수하기 전에 숨을 내 쉰다. 이것은 가능한 그들이 지니는 공기의 양을 최소화하기 위한 것으로, 약 50m 깊이에서는 폐포들이 완전히 쭈그러들어 더 이상 혈류 속으로 공기가 전달되지 않게 된다. 해저에서의 압력은 고래의 폐를 완전히 쭈그러지게 함으로써 모든 여분의 공기는 연골 조직으로 지지를 받고 있는 윗쪽 공기 통로로 빠져나가게 되며, 결국 압축을 덜 받게 된다. 폐로 가는 혈류의 양도 현저하게 감소된다. 이러한 적응 현상은 잠수하는 동안 더 이상 고래의 폐로부터 혈류 속으로 가스가 들어가지 못하게 한다. 이로 인해 체액 속에 여분의 질소가 거의 용해되어 있지 않기 때문에, 이들 동물들은 수면 위로 상승할 때 수압 감소에 따른 기포 형성의 위험으로부터 벗어날 수 있다.

히 이용하기 때문에 근본적으로 질소 기포가 형성되게 되어 있다.

혈중에 기포가 생기면 심각한 문제를 일으키게 된다. 일단 기포들이 생기면, 더 많은 가스들이 기포 속으로 확산됨으로써 기포의 크기가 확대되는 경향이 있다. 결국, 이러한 기포들이 크게 자라 모세 혈관을 막으면 조직 세포로 혈액이 전달되는 것을 방해하게 되며, 이는 곧 산소와 양분의 공급을 차단하게 되는 결과를 가져오기 때문에 조직 세포는 죽게 된다. 또한 기포가 생기게 되면 혈소판과 같은 혈구 세포들이 공기에 노출되었을 때처럼 혈액 응고 작용을 일으킬 수도 있다.

잠수부들은 조직별로 기포가 생기면서 일어나는 여러 증상에 대하여 각기 특이한 이름을 붙이고 있다. '초우크스(chokes)'라는 말은 커다란 기포가 폐의 모세 혈관을 차단하여 가스 교환을 방해함으로써 호흡 곤란을 느끼게 하는 것을 뜻한다. '스태거스(staggers)'는 몸의 평형 유지에 관여하는 내이의 전정 기관에 기포가 생기면서 비틀거리는 증상이 일어나는 경우를 말한다. 무릎이나 어깨 관절 부위는 케송병이 가장 흔히 나타나는 부위로써 케송병은 이곳에 기포가 생겨서 나타나는 잠수병의 일종이다. 기포가 척수에 생기면 마비 증상이 생기거나 심한 경우는 신경세포가 퇴화되기도 한다. 뇌에 기포가 생겨서 나타나는 잠수병은 시각 장애나 언어 장애를 일으키는 치명적인 질병이 된다.

영국의 테임즈강 지하 터널을 처음 뚫을 때 다음과 같은 일화가 있었다고 한다. 공사 책임자는 터널 공사가 일정한 지점까지 순조롭게 진행된 것을 축하하기 위하여 터널 내에서 점심 파티를 하기로 했었다. 아직까지 터널이 완성되지 않았기 때문에 터널 내부는 압축 공기로 채워져 있었으며, 따라서 초대받은 손님들은 공기압을 받는 상태에서 점심 식사를 해야만 했다. 그들에게 유감스럽게도 샴페인병 마개를 열었을 때, 여느 때처럼 거품과 함께 터지는 소리가 나지 않았는데 이는 샴페인병 속의 압력과 터널 속의 공기 압력이 거의 같았기 때문이다. 맛이 밋밋하였지만 그들은 샴페인을 모두 마셨다. 그러나 공사 책임자와 초대 손님들이 지상으로 돌아왔을 때, 그들이 마셨던 샴페인은 그제서야 뱃속에서 제대로 터졌다고 한다.

완만한 상승의 중요성

압축 공기에서 근로자들은 자신들의 증상이 그들이 일했던 높은 기압 상태로 다시 되돌아가면 사라진다는 것을 알았다. 이러한 사실을 통하여 모이어 경(Sir Ernest Moir)은 압축 탱크를 이용하면 케송병을 치료할 수 있을 것이라고 예견했다. 이러한 방법을 잠수병 치료에 처음으로 적용한 것은 1890년 경 테임즈강 지하의 브랙월 터널과 뉴욕에 있는 이스트리버 터널 공사 때였는데, 예상한대로 매우 성공적이었다. 그러나 잠수병을 앓고 있는 사람을 감압시키는데는 여러 시간이 소요되기도 했다. 버트의 연구 결과에서처럼, 분명한 것은 용액이 문제였다. 즉 잠수부나 케송 근로자가 지상으로 상승할 때는 반드시 천천히 올라가면서 용해된 가스가 폐를 통하여 배출할 수 있게 해야한다는 것이다. 안전을 위하여 어느 정도 감압을 해야할 지, 이를 결정하기가 매우 어려웠다. 1906년, 옥스퍼드대학교의 저명한 호흡생리학자인 할데인(John Scott Haldane) 교수는 영국 해군으로부터 이러한 문제점을 해결해 달라는 요청을 받았다.

다만트(G. C. C. Damant) 해군 대위와 할데인 교수는 공으로 영국에 있는 리스트 연구소에서 압력을 쉽게 조절할 수 있는 커다란 금속 탱크를 이용하여 일련의 연구를 수행했다. 염소를 실험 재료로 이용했을 때, 그들은 6기압에서 약 2.6기압으로 급속히 감압하더라도 별다른 질병이 나타나지 않는다는 것을 알게 되었다. 그러나, 만약 그들이 위와 같은 기압 차이이지만 4.4기압에서 1기압으로 급속히 감압했을 때는 문제가 발생했다. 즉, 단지 20%의 실험 동물만이 영향을 받지 않았고 나머지 대부분은 잠수병에 걸리거나 심한 경우 죽는 동물들도 있었다. 일련의 시행 착오 실험을 거치면서 그들은 절대 압력을 절반으로 급속히 감압하더라도 안전하다는 것을 알게 되었다. 그러나 이후에는 압력을 반드시 좀더 천천히 줄여나가야 한다는 것을 발견했다. 따라서 잠수부가 감압할 필요 없는 깊이는 10m(2기압) 정도로 볼 수 있다.

할데인은 신체 조직에 용해된 질소의 양이 다양하다는 것을 알게 되었다. 예를 들면, 지방 조직은 용해 능력이 높은 반면, 뇌조직에는 질소가 거의 용해되지 않는다. 다시 말하면, 여자들이나 비만인 사람은 감압하는데 더 많은 시간이 필요하다. 또한, 질소가 축적되는 정도는 조직에 공급되는 혈액량에 따라 달라지며, 혈액이 적게 흐르는 조직에서는 좀더 천천히 축적된다. 결과적으로 사람의 신체 조직이 모두 질소로 포화되는 데는 약 5시간 이상이 걸린다. 감압시에, 용해된 질소는 반드시 혈액을 통해 제거해야 한다. 잠수부들에게 가장 좋은 잠수 코스는 재빨리 물속으로 하강하여, 제한된 시간 동안만 바닥에서 일을 하고 천천히 수면위로 상승하는 것이다.

할데인과 그의 동료들이 권고한 급속한 하강은 이전에 행해지던 방법과는 다른 것이어서 논쟁이 되었으나, 물 속에서 단시간 지내는 동안 가스가 체내에 용해되는 것을 다소 줄여주는 생리적인 장점이 있다고 볼 수 있다. 그들은 또한 상승하는 순간, 잠수한 깊이의 절반 정도까지는 재빨리 올라가야 한다고 강조했는데, 이러한 점은 이미 그들이 실험적으로 확인했던 사실이기도 했다. 이후부터 잠수부는 감압을 위하여 가능한 천천히 수면위로 상승하는 것이 좋다는 것이다.

1908년, 할데인과 그의 연구팀은 잠수부들이 감압을 위하여 어느 깊이에서 얼마동안 멈추어야하는지를 자세히 기록한 감압 지침서를 왕실 해군에 제공할 수 있었다. 이러한 지침서가 공급된 이후부터는 잠수병의 발생 빈도가 급격히 줄어들게 되었다. 모든 사람이 곧바로 이러한 할데인의 연구 결과에 확신을 가진 것은 아니었으나, 점차 활용 빈도가 높아져 지금은 보편화되어 있다.

할데인과 그의 연구팀들이 예측한 바와 같이, 이전에 케송 및 터널 근로자들이 감압에 얼마만큼 시간을 할애하고 있었는지를 비교하면 도움을 얻을 수 있다. 케송 근로자들은 보통 대기보다 약 3배 가량 높은 압력에서 일하고 있으며, 감압하는 시간은 흔히 10분 이내가 된다. 그러나 이와 같은 압력 하에서 3시간 정도 일한 후라면, 모두 90분 가량 감압을 해야한다고 할데인은 권고하고 있다. 따라서 상당수의 케송 근로자들이 잠수병에 시달렸었다는 사실은 놀랄 일이 아니다.

또한 잠수부들은 잠수 후, 얼마동안은 비행기 여행을 피하는 것이 좋다. 왜냐하면, 비행기 기체내의 기압은 해수면에 비하여 더 낮기 때문에 추가적인 감압 현상에 의해 기포가 형성될 수 있기 때문이다. 일반적으로 잠수부들은 한번 잠수한 뒤에는 12시간 이내에 비행하지 않는 것이 좋으며, 여러 번 잠수했다면 그 이상 기간 동안 비행을 삼가는 것이 좋다고 권고하고 있다. 휴가를 보내기 위해, 오전에 스쿠버-다이빙을 하고 오후에 비행기를 타고 집으로 가는 경우, 잠수병에 걸릴 위험이 있다. 만약 공군 조종사가 기체 내의 기압이 조절되지 않는 비행기로 지나치게 급속히 고공 상승할 경우에도 잠수병에 걸릴 수 있다.

스킨다이빙과 잠수병

스킨다이버가 단 한번에 매우 깊은 곳에 잠수한 후, 물 속에서 그다지 오래 머무르지만 않는다면 그의 체내에는 질소가 많이 용해되지 않기 때문에 상승에 따른 잠수병의 위험은 거의 없다. 그러나, 반복하여 깊은 곳에 잠수하는 경우라면 상황이 다를 수 있다는 것을 덴마크 왕실 해군에 있던 폴리브(P. Paulev)가 알아내었다. 1960년대 초, 그는 해저 탈출 훈련용 탱크를 이용하여 20m 깊이의 바다에서 1~2분 간격으로 62분 동안 잠수했다. 그가 마지막으로 잠수한지 약 30분 정도 되었을 때, 그는 왼쪽 엉덩이에 심한 통증을 느꼈다. 그는 처음에 이를 대수롭지 않게 여겼으나, 2시간 정도 지난 후에는 심한 가슴 통증과 함께 눈이 흐려지고 오른손이 마비되면서 호흡 곤란을 겪게 되었다. 다행히 동료들이 그를 즉시 압력 탱크에 옮겨, 6기압의 압력을 가하자 이러한 증상은 사라지게 되었으며, 19시간 넘게 감압 과정을 거친 후에야 그는 완전히 회복되었다. 회복된 후에는 자신이 경험한 바를 기록으로 남겼다.

남태평양의 투아모튜 군도에 사는 진주조개 채취 잠수부들은 '타라바나(taravana)'라고 부르는 잠수병에 시달리고 있는데, 이는 폴리브가 설명했던 증상과 거의 유사하다. 이들 잠수부들은 40m(5 bar) 깊이까지 잠수하며, 잠수할 때마다 약 2분 동안 해저에서 일을 한다. 이들은 보통 한 시간에 6~14회 정도 잠수하는데, 잠수 중간 중간에 해면에서 약 4~8분 간격으로 휴식을 취한다. 그들은 잠수전에 해면에서 쉬는 시간이 너무 짧기 때문에, 잠수하는 동안 체액에 용해되었던 질소가 완전히 배출되지 않고 잠수가 반복되면서 계속 축적된다. 결국 타라바나 잠수병이 발생되게 되는데, 이 질병은 바다 속에 있을 때는 나타나지 않고 지상에 있을 때 나타나게 된다. 흥미로운 사실은 근처에 위치한 망가레바(Mangareva) 섬의 원주민들은 타라바나 잠수병이 시달리지 않는데, 이 섬에서는 전통적으로 매번 잠수 중간 중간에 지상에서 적어도 10분 이상은 쉬고 있기 때문이다.

물에 들어갔을 때의 생리적 변화

잠수병은 잠수부들에게만 나타날 수 있는 문제점이 아니다. 우리가 목욕탕에서 신체의 목 부분까지만 물 속에 잠기게 해도 생리적인 변화가 일어난다. 우리가 바닷가에 똑바로 서 있을 때, 중력에 의해 신체 아래 방향으로 압력 구배가 생기면서 혈액은 다리 부분으로 모여들게 된다. 만약 목 부위까지 바닷물 속에 잠기게 되면, 물 밖 외부와의 압력 차로 인하여 약 1/2ℓ 정도의 혈액이 다리부분에서부터 가슴 위쪽으로 치우치면서 대정맥과 우심방이 확장되고 심장의 혈액 분출량이 증가한다. 심방벽이 늘어나면서 일어나는 변화 중의 하나는 신장의 수분 흡수에 관여하는 2종류의 호르몬 분비량에 변화가 일어나면서 오줌 생성이 촉진되게 된다. 이러한 현상 때문에 우리가 물에 들어갔을 때, 귀찮게도 곧 오줌을 싸게 되는 것이다.

일본의 해녀 '아마'

가장 유명한 스킨-다이버로는 일본의 해녀, 아마(Ama)를 들 수 있는 데, 이들은 해저 정원에서 조개, 해삼, 문어, 성게를 비롯하여 해초 등을 수확한다. 이러한 해산물을 비록 서양에서는 특별한 경우가 아니면 잘 먹지 않지만, 일본에서는 전통적으로 애호하는 진미 식품들이다. 그들은 또한 아코야-가이(Akoya-gai)라는 진주 양식에 사용하는 진주조개를 채집하기도 한다. 아마는 2000년전부터 있었다. 전통적으로 이들은 모두 여자들이며, 주로 젊은 예쁜 소녀들을 묘사하는 유키요에(Ukioy-e) 화가들의 목판화에 오랫동안 전해 내려오고 있는데, 허리 위쪽 부분은 나체 상태로 상품성이 높은 전복을 따기 위해 잠수한다. 그러나 이 그림들이 소녀들만을 대상으로 그린 것은 약간 허구성이 있다고 본다. 왜냐하면 아마들은 약 50세까지 계속해서 잠수 활동을 하기 때문이다.

1921년 인구 조사에 의하면 일본에서 아마의 수는 13,000여명이나 되었으나 최근에는 급격히 감소하고 있다.

1963년에는 그 수가 6,000명 수준으로 감소했으며, 현재는 아마도 1,000명 이하일 것으로 추정된다. 현재 아마들은 대부분 나이들은 사람들이며, 과거에 비하여 활동

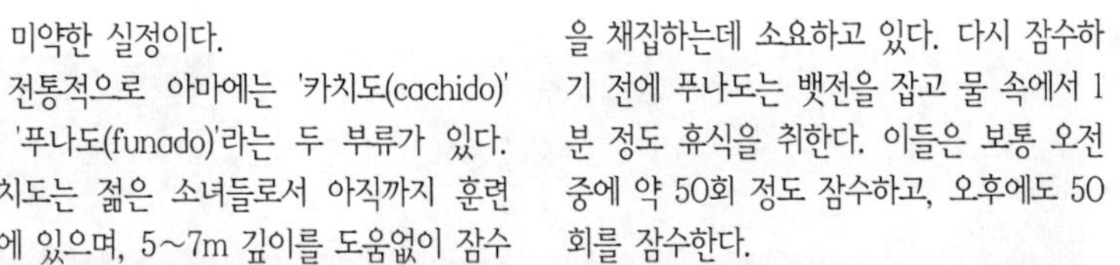

이 미약한 실정이다.

전통적으로 아마에는 '카치도(cachido)'와 '푸나도(funado)'라는 두 부류가 있다. 카치도는 젊은 소녀들로서 아직까지 훈련 중에 있으며, 5~7m 깊이를 도움없이 잠수하여 해저 바닥에서 약 15초 정도 있을 수 있는 사람들이다. 비록 이들은 한 시간에 60회 이상을 잠수하고 있지만, 얕은 바다를 잠수하기 때문에 잠수병에는 거의 걸리지 않는다. 가장 경험이 풍부하고 숙련된 다이버는 푸나도인데, 이들은 평균 20m 깊이를 잠수한다. 이들은 한 번 잠수하면 약 1분 정도 물 속에 있을 수 있는데, 이 사간의 거의 절반은 해저 밑 부분에서 해산물을 채집하는데 소요하고 있다. 다시 잠수하기 전에 푸나도는 뱃전을 잡고 물 속에서 1분 정도 휴식을 취한다. 이들은 보통 오전 중에 약 50회 정도 잠수하고, 오후에도 50회를 잠수한다.

아마들은 잠수병에 크게 시달리지 않으나, 다른 사람에 비하여 청각에 많은 문제점을 가지고 있다. 1965년도 조사에 의하면, 50세 이상 된 푸나도의 60% 가량은 청각을 잃은 것으로 나타났다.

남자들에 비하여 여자들이 잠수를 더 잘 하는 생리적 이유가 있다. 즉, 여자들은 숨을 오래 참을 수 있으며, 추위에도 더 잘 견디기 때문이다. 그러나, 이러한 이유 때문에 아마들이 모두 여자들로 이루어지게 되었다고는 생각되지 않는다.

1789년 경, 유명한 유키요에 화가인 '유타마로'가 그린 3폭 짜리 그림. 에노시마에서 전복를 따는 아마들을 지켜보고 있는 여자들

이탈리아 사진 작가 미라이니(Fosco Maraini)가 일본 서해안의 헤쿠라 섬에서 찍은 일본 아마의 잠수 장면.

심지어 우리가 얼굴만 물 속에 잠기게 해도 심장 박동이 느리게 되는 등, 생리적 반응이 나타나게 된다. 이러한 현상은 다이빙 반사와 관련이 있는데, 사람에서는 잘 발달되어 있지 않으나, 나중에 설명하겠지만 물개와 같은 잠수 동물에게는 매우 중요한 생리 현상이다. 우리 스스로 다이빙 반사를 시험해 볼 수 있다. 예를 들면, 친구로 하여금 심장 박동 수를 재도록 부탁한 다음, 정상적일 때의 심장 박동 수와 얼굴을 세수 대야의 찬물에 잠기게 한 후의 박동 수를 비교해 보면 알 수 있을 것이다. 그러나, 이러한 실험이 항상 같은 결과로 일정하게 나타나지는 않는다. 왜냐하면, 신경이 날카로울 때나 흥분했을 때는 아드레날린 호르몬이 분비되어 심장 박동을 증가시키기 때문이다.

우리가 물 속에서 나오게 되면, 우리 몸은 더 이상 물에 영향을 받지 않고 가슴에서 다리 부위로 혈액의 재분포가 이루어지게 된다. 헬리콥터가 조난자를 끌어올려 구조하더라도 구조 후에 급격히 조난자의 상태가 악화되는 경우를 흔히 볼 수 있다. 즉, 조난자가 물 속에 있을 때까지만 해도 생존한 상태로 고통이 그다지 심해 보이지 않았으나, 헬리콥터 안으로 끌어올려 구조된 후에 오히려 심장 기능에 이상이 생기는 수가 종종 있다. 그러나 우리는 인체 생리학적 지식을 통하여 이러한 문제점을 해결할 수 있다. 물 속에 있을 때는 다리 아래 부위로 혈액이 덜 분포하는 경향이 있기 때문에 몸의 중심 부위에 비하여 상대적으로 체온이 낮다. 몇 해전만 해도 바다에 빠진 조난자를 구조할 때, 겨드랑이 밑으로 벨트를 넣어 가슴 둘레를 묶은 다음 몸을 세운 채로 헬리콥터로 끌어올렸다. 결과적으로, 조난자를 이런 방법으로 물 속에서 끌어올리게 되면 다리 아래 부위로 혈액이 급격히 재분포하게 되는데, 이는 곧 다리 아래 부위에 있던 냉각된 혈액을 심장으로 급격히 되돌려보내는 결과를 초래하기 때문에 심장 경색과 같은 심장 기능에 이상을 초래하게 된다. 이러한 문제점을 해결하기 위해서는, 조난자의 다리 부위를 또 다른 벨트로 고정시킨 다음 바다와 수평이 되게 끌어올림으로써 혈액의 재분포를 가능한 억제하면서 몸 전체의 체온이 고루 따뜻해질 때까지 반듯이 누인 채로 유지시킨다. 영국 해·공군 합동 구조대가 이러한 구조 방법을 채택하면서 심장 이상에 의한 구조후 사망율이 급격히 감소하였다.

파열하는 기관

사람의 몸은 대부분 물로 구성되어 있는데 물은 실제로 압축되지 않는다. 따라서 몸은 주위의 물과 같아 깊은 곳에서도 파괴되지 않는다. 하지만 폐와 같은 체강에 있는 기체는 압축될 수 있기 때문에 압력이 높은 곳에서는 부피가 작아진다. 체강의 공기가 압축되면 여러 좋지 않은 결과를 가져온다.

스킨다이버가 물 속 깊이 들어가면 압력이 증가하기 때문에 폐 속의 공기의 부피가 감소한다. 이로 인해 보조 기구 없이 잠수부는 어느 깊이 이상의 물 속에는 들어갈 수 없다고 생각하였다. 수심 약 100m 지점에서는 가슴이 파열하거나, 밀폐된 빈 깡통 혹은 잠수함도 부서져 버릴 수도 있다고 했다. 또한 늑골은 그대로 남아 있지만 폐는 쪼그라들며, 이로 인해 얇은 늑막이 흉부의 벽으로부터 떨어져 찢어질 것이라는 견해도 있었다. 생리학자들의 경고에도 불구하고 잠수부들은 모험심을 발휘하여 좀 더 깊이 들어갔는데 다행히도 별 탈이 없었다. 이러한 점에서 볼 때 사람은 생각했던 것보다 고래나 돌고래와 좀 더 유사하다고 볼 수 있다.

구멍이 뚫린 갈대를 이용하여 호흡하면서 강이나 호수의 물 속을 잠수하여 도망을 쳤던 탈옥수들의 무용담이 있지만 실제로 이들은 깊이 잠수할 수 없었기 때문에 발각되지 않은 것이 행운이었다고 볼 수 있다. 일반적으로 1m 이상의 물 속 깊이에서는 우리 몸 자체가 호흡을 할 수 없다. 대부분의 사람들은 심지어 50cm 깊이에서도 호흡을 할 수 없다. 왜냐하면 흉부에 미치는 외부 물의 압력이 커서 호흡을 하는 것을 어렵게 만들기 때문이다. 더구나 호흡을 하는데 이용되는 호흡관의 공기는 교환되어야 한다. 호흡관의 직경이 감소하면 공기의 양이 감소되면서 물에 잠기게 된다. 이러한 사실은 수영장에서 빨대와 잠수부의 호흡관인 스노클을 이용하여 호흡하는 것을 비교하면 알 수 있다. 스노클관은 물 속 어떤 깊이에서도 거의 잠기지 않고, 표면 위로 솟아 올라와 잠수부들이 수면 아래의 면을 따라 이동할 수 있게 해준다.

50cm보다 깊은 곳에서는 잠수부에게 수면에서와 같은 압력의 공기를 제공하여야 한다. 이와 같은 공기를 공급하여도 가스의 밀도가 깊이와 함께 증가하여 그 만큼 호흡하는데 더 힘이 들므로 육지에서처럼 효율적으로 호흡을 할 수 없을지 모른다. 하나의 해결 방법은 공기 중의 질소를 밀도가 낮은 불활성의 헬륨 가스로 대치하는 것이다.

공기가 들어 있는 기관은 폐만이 아니다. 사람들이 잠수하면서 느끼는 공통된 현상은 귀가 압력을 받아 고통을 당하는 것이다. 이것은 중이에 있는 공기가 외부와 자유롭게 교환이 이루어지지 않기 때문이다. 하강할 때 공기가 수축하기 때문에 압력이 고막에 전달되고, 이 압력은 고막을 통해 안쪽으로 전해진다. 고막이 파열되는 것을 막기 위해서는 중이의 압력이 외부의 물의 압력과 같아야 한다. 이것은 중이와 목구멍을 연결하는 통로인 유스타키오관을 통해 공기가 들어가도록 함으로써 해결할 수 있다. 유스타키오관은 보통 닫혀 있으며 자극이 올 때 열린다. 이를 시험해 볼 수 있는 방법으로 손으로 코를 막고 코푸는 시늉을 해보거나 하품을 하는 것이다. 따라서 공기가 중이로 밀려 들어 올 때 중이의 안쪽을 더 부풀려 주면 성공적으로 조절할 수 있을 것으로 생각된다. 그러나 점막에 질환이 생겨 유스타키오관이 막히면 압력을 같게 할 수 없기 때문에 감기에 걸리면 잠수하지 않는 것이 좋다. 또한 같은 이유로 고도 2,000m 이상을 날 때도 비행기 안에서 불편을 느낀다. 공기의 압축 과정 중에 잠수부들은 급격한 회전이나 구부릴 때 고통을 받게 되며 3분 30초 안에 챔버의 압력이 6기압까지 도달하면 고막이 바로 파열된다.

잠수부에게 특히 안 좋은 것은 공기 방울이 치아 충전재 혹은 썩어가고 있는 이빨에 들어가면 깊은 물 속에서 가스가 압축될 때 치아 충전재나 이빨이 부서질 수 있다는 것이다. 반대로 높은 고도에서 나타나는 낮은 압력에서도 이빨이 망가질 수 있다. 이러한 불행을 피하기 위해서 레덴(Judy Leden)은 행글라이더 고공 비행 기록을 수립할 때 치아 충전재를 빼내었다.

압력이 감소할 때 가스가 팽창을 하게 되는데 이것도 문제가 된다. 매우 깊은 곳에 사는 물고기가 표면에 나올 때는 부레가 팽창하기 때문에 부레의 공기를 창자를 통해 밖으로 내보낸다. 부주의한 스쿠버다이버들은 물 위로 올라올 때 고통을 당할 수 있다. 10m 깊이에서의 압력은 수면보다 2배이며, 따라서 이 깊이에서 들여 마신 공기는 표면에 도달할 때 부피가 두 배로 팽창할 것이다. 따라서 폐에 공기가 가득 찬 상태로 위로 올라오면 폐는 터져 버릴 것이다. 폐포가 파괴되면 공기가 폐를 둘

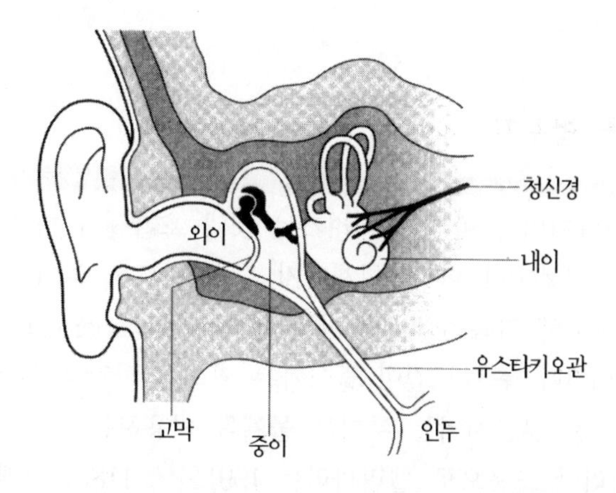

중이는 공기로 채워져 있고, 뼈에 의해 둘러 싸여 있으며, 외이와 내이를 연결시킨다. 중이는 고막에 의해 외이로부터 분리되어 있고, 난원창에 의해 액체로 채워진 내이로부터 분리되어 있다. 고막을 진동시키는 공기의 압력파인 소리의 파장은 세 개의 작은 뼈에 의해 내이로 전달된다. 잠수를 할 때 중이에 있는 공기가 팽창하므로 고통을 느끼게 되는데 다행히 중이가 완전히 봉합되어 있지 않아 고통의 정도를 매우 줄일 수 있다. 유스타키오관은 중이를 코 뒤쪽의 공기 통로로 연결시키며, 중이의 공기 압력을 외부의 압력과 같게 하는 기능을 한다.

러싸고 있는 흉막강 혹은 순환계로 빠져나간다. 이러한 공기는 위로 올라가 피가 뇌로 흘러가는 것을 막기 때문에 치명적이다. 폐가 팽창하는 공기를 감당하기에는 매우 한계가 있으며, 단지 2m 깊이로 잠수한 후 급부상할 때도 파열하는 경우가 있다. 하지만 이러한 기압 상해(barotrauma)는 예외적이다. 왜냐하면 잠수부가 부상할 때 정상적으로 숨을 내쉬고 들여 마시면 폐에서의 공기의 부피는 점진적으로 조절되기 때문이다. 만약 갑작스럽게 올라가야 한다면 올라가면서 계속해서 숨을 내쉬어야 한다는 것을 꼭 기억해야 한다.

호흡 멈추기

스킨다이버는 아래로 내려가는 것과 호흡해야 하는 두 가지 어려움을 극복해야 한다. 현재까지 장비의 도움 없이 한번의 호흡으로 잠수한 기록은 이탈리아의 펠리짜리(Umderto Pelizzari)가 세운 72m이다. 좀 더 깊이 들어가는 기록은 하강을 도와주고 압축한 공기를 분출시키는 무거운 물체를 이용하는 잠수부들이 세웠다. 이러한 도움으로 펠리짜리는 1991년에 118m 아래까지, 그리고 후에 쿠바의 페레라스(Francisco Ferreras)는 사람을 혼수상태까지 이르게 하는 133m까지 내려가는 기록을 세웠다.

사람의 몸은 물과 유사한 밀도를 갖고 있기 때문에 부력이 있다. 따라서 잠수하기 위해서 사람은 힘을 다해 아래로 내려가거나 물체를 이용해야 한다. 폐에 있는 공기에 의해 물 속 깊이와 부력 사이에는 양성피드백이 작용한다. 호흡을 멈춘 잠수부가 좀 더 깊이 들어갈수록 그의 폐에 있는 공기는 밀도가 높아져 부력이 낮아지므로 더 빠른 속도로 하강할 수 있다. 반대로 잠수부가 물 표면으로 올라올 때는 폐에 있는 공기가 팽창하여 부력이 높아지므로 더 빨리 올라올 수 있다. 따라서 처음 몇 피트를 내려가는 것은 상당히 힘이 들지만 내려갈수록 점점 쉬워져 약 7m쯤 내려가게 되면 잠수부들은 자연적으로 하강하게 될 것이다. 좀 더 깊은 물 속으로 내려갈수록 위로 올라오는 것이 점점 더 어렵게 되기 때문에 해녀와 같은 잠수부들을 보조 기구에 연결하는 있는 이유가 여기에 있다.

물론 스킨다이버들이 갖는 가장 큰 문제는 공기의 부족이다. 대부분의 사람들은 1~2분 이상 숨을 참을 수 없지만 훈련을 받게 되면 좀 더 긴 시간 동안 숨을 참을 수 있다. 세계의 기록은 1993년에 라벨로(Alejandro Ravelo)가 세웠던 6분 41초이며 이 시간 동안 그는 수영장의 바닥에 조용하게 누워 있었다. 이와 같은 기록을 얻기 위해서는 잠수하기 전에 충분히 신선한 공기를 마실 필요가 있다. 제1장에서 설명한 것처럼 과호흡을 통해 이산화탄소를 내보내어 이산화탄소가 다음 호흡을 자극하기까지의 시간을 늘려준다. 하지만 잠수하기 전에 과호흡은 위험하다. 왜냐하면 잠수부가 피 속에 있는 산소의 수준이 정상적인 뇌 기능을 하기에는 너무 낮게 떨어지는 것을 깨닫지 못하고 수중에서 죽어 가라앉아 버릴 수 있기 때문이다. 심지어 오늘날에도 이러한 익사 사고가 일어난다. 아이들이 누가 수중에서 오래 있는지 경쟁을 하는 중에 벌어지는 사고가 그 한 예라고 할 수 있다.

사람은 2~3분 이상 호흡을 멈추고 있을 수 없지만 잠수하는 포유류, 오리 및 거북류는 훨씬 긴 시간 동안 호흡을 멈출 수 있다. 코끼리바다표범은 2시간 잠수라는 최장 기록을 보유하고 있는데 이것은 인간의 한계를 20배나 넘는 것이다. 하지만 대부분의 잠수 시간은 이보다 훨씬 짧다. 바다표범이 물 속에서 오랫동안 있을 수 있는 것은 폐에 많은 산소를 갖고 있기 때문이 아니라 실제로는 물속에서 숨을 내쉬면서 계속 이산화탄소를 내 보내기 때문이다. 하지만 상대적으로 볼 때 바다표범이나 고래는 사람보다 더 많은 양의 피를 가지고 있고, 산소를 더 많이 보유하기 때문에 피로 운반되는 산소의 양이 훨씬 많다고 볼 수 있다. 뿐만 아니라 산소는 근육에 있는 산소 수송 단백질인 미오글로빈에 결합되어 저장되기도 한다. 미오글로빈은 혈액에서 산소를 운반하는 헤모글로빈과 구조적으로 유사하다. 향유고래는 사람보다도 근육의 단위 무게 당 10배나 많은 미오글로빈을 갖

부 력

동물은 바다 속에서 몸을 수직으로 유지하기 위해 여러 기관들을 이용한다. 몸의 밀도를 주위의 물의 밀도와 맞춤으로서 불필요한 에너지의 소비를 줄이는데 은색의 공기 주머니인 부레가 이러한 역할을 수행한다. 물고기가 살 수 있는 깊이까지는 부레를 이용하여 부력을 조절할 수 있다. 중립 부력은 물고기가 수평 위치를 유지하고자 할 때 에너지를 소비할 필요가 없기 때문에 유용하지만 내재적인 단점도 가지고 있다. 물고기가 보통 아래로 깊이 내려가면 부레에 있는 공기가 압축되므로 자신이 가라앉는 것을 방지하기 위하여 더 열심히 움직여야 한다. 반대로 물고기가 중립 부력에 해당하는 깊이보다 위에 있으면 가스가 확장하여 더 떠오르기 때문에 표면으로 올라가는 것을 억제하기 위하여 아래를 향하여 움직여야 한다. 물고기가 부레로부터 가스를 내보냄으로써 중립 부력을 조절할 수 있을지라도 이것은 느린 과정이므로 물고기는 대양의 극히 좁은 공간에 한정되어 머무를 수밖에 없어 결국 자신의 한계 유영 깊이를 갖게 된다. 많은 종의 물고기들은 밀폐된 부레를 가지고 있기 때문에 이들이 빠르게 표면에 도달하면 가스가 매우 빠르게 팽창하여 부레가 파괴되거나 입을 통해서 밖으로 튀어나온다. 상어 등은 부레를 가지고 있지 않아 물 속에서 몸을 유지하기 위해서 끊임없이 움직여야 하며, 그렇지 않으면 가라앉게 된다. 독물상어는 천천히 움직여도 되는데 이는 중립 부력을 이룰 수 있도록 커다란 지방성 간이 있기 때문에 가능하다.

부레는 거의 완전하게 산소로 차 있는데 이것은 부레의 표면이 구아닌 결정체의 여러 층으로 되어 있어 산소가 확산되지 못하기 때문이다. 이러한 결정체 층은 깊은 곳에서 산소의 독성으로부터 부레벽 세포를 보호한다. 구아닌은 물고기의 비늘이 반짝거리도록 해주기 때문에 매우 흥미로운 분자인데 새의 배설물에서도 많이 존재하며 새똥으로 이루어진 퇴적물인 구아노의 주성분이다. 무엇보다도 중요한 것은 구아닌이 DNA를 구성하는 염기라는 것이다. 진주만의 앵무조개는 고대의 암모나이트, 오늘날의 문어와 오징어를 닮은 두족류이다. 앵무조개는 많은 공간으로 나뉘어진 외부 패각을 갖는 격실 구조로 되어 있다. 앵무조개가 자라면 3~4개월에 하나씩 새로운 공간이 만들어진다. 각 공간은 격벽으로 알려진 벽에 의해 분리되어 있는데 격벽은 패각을 강하게 해주고, 물의 압력에 의해 파괴되는 것을 막아준다. 앵무조개는 조각의 마지막 공간에서 살며, 다른 공간은 대기 압력의 공기로 채워져 있고 부력 조절용으로 이용한다. 처음 형성되었을 때 공간은 염 용액으로 채워져 있지만 염은 점점 없어지고 삼투에 의해 물이 들어오고, 다시 가스가 안으로 확산해 들어와 액체를 대신하게 된다. 부력으로 이용하는 가스는 강한 패각 안에 들어 있기 때문에 앵무조개는 깊은 곳에서의 압력의 변화에 영향을 받지 않고 대양에서 수직으로 자유롭게 유영할 수 있다. 낮에는 400m까지 내려가지만 밤에는 먹이를 찾아 수심 150m까지 올라온다. 앵무조개는 600m나 되는 깊이에서도 잡혔는데 실험을 해본 바에 의하면 750m의 압력에서 패각이 부서졌다. 아마도 이것이 앵무조개가 견딜 수 있는 수중의 한계 깊이가 될 것으로 생각한다.

앵무조개

고 있으며 이 때문에 고래 고기는 매우 검붉은 색깔을 띄고 있다. 뿐만 아니라 잠수하는 포유류의 근육은 에너지 공급원인 인산크레아틴을 많이 함유하고 있다. 이러한 적응 결과 웨델바다표범과 고래는 약 20분 정도 혹은 때로 좀 더 긴 시간 동안 잠수할 수 있는 산소를 공급받을 수 있다.

때때로 웨델바다표범은 한 시간 이상도 잠수하는데 이것은 미오글로빈에 축적된 산소를 유기 호흡을 통해 소비한 후에도 근육에서 산소를 이용하지 않는 무기 호흡으로 에너지를 생산하기 때문에 가능하다. 그러나 무기 호흡을 통해 만들어지는 젖산은 산소를 필요로 하는 유기 호흡 과정을 통해 반드시 제거되어야 한다. 바다표범이 오랫동안 잠수해 있을수록 많은 젖산이 생기며, 이를 제거하기 위해서도 많은 산소가 필요하다. 이는 바다표범이 긴 시간 잠수 후에 다음 잠수를 하기까지 오랫동안 수면에서 휴식을 취하는 이유다.

코끼리바다표범은 수수께끼로 남아 있다. 웨델바다표범처럼 비축한 산소로는 약 20분 동안 밖에 지탱할 수 없지만 수중에서 한 시간 이상 버틸 수 있으며, 수면에 올라온 뒤에도 쉬지 않고 바로 잠수한다. 코끼리바다표범은 젖산을 생성하지 않기 때문에 산소가 예상했던 것보다 좀 더 오래 지속되는 것으로 보인다. 어느 누구도 코끼리바다표범이 어떻게 이러한 재주를 부리는지 알지 못하지만 한 가지 제시된 것은 대사 속도가 깊이 잠수할 경우 급격하게 떨어진다는 것이다. 코끼리바다표범을 비롯하여 잠수하는 많은 포유류가 수중으로 들어가면 바로 심장 박동 속도가 떨어지는데 이를 잠수 반사(diving reflex)라고 한다. 그리고 피부와 장의 혈관이 수축하는데 이는 혈액이 이러한 기관으로부터 뇌와 심장과 같은 좀더 중요한 기관에 가도록 도와준다. 관혈류 조직(perfused tissue)의 대사 속도가 떨어지므로, 산소

세계 최고의 잠수 포유동물인 코끼리바다표범(*Mirounga angusti*)

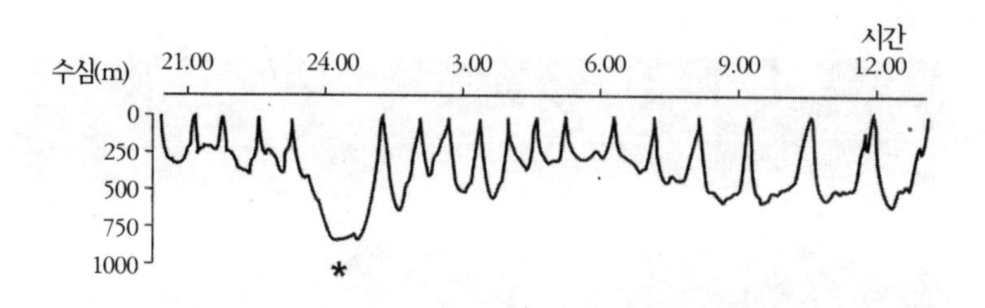

전파 추적 장치를 부착하여 추적한 코끼리바다표범의 1일 잠수 기록

요구량도 떨어진다. 이러한 혈액의 재분포는 한정된 산소를 긴요한 곳에 쓰기위해 보존하는데 도움을 준다. 하지만 이것은 하나의 추측이고 어떻게 코끼리바다표범이 긴 시간 동안 잠수할 수 있는지에 대해서는 아직 명확하지 않다.

오리너구리는 나무 뿌리 아래에 집을 짓고 상당 기간 동안 개울의 바닥에서 누워 있기 때문에 수중에서 잘 견디는 것으로 보인다. 청거북(*Chelonia mydas*)도 캘리포니아만의 바닥에서 거머리말류가 무성한 진흙 바닥에 누워 여러 달 동안 동면 상태로 겨울을 보낸다. 비록 동면시에 대사 속도가 훨씬 낮아진다고 하더라도 거북이 어떻게 필요한 산소를 얻는지 모른다. 동면 장소는 그 지역의 세리 인디안 집단에게만 알려져 잘 보존되어 왔는데 최근에 현대적인 장비를 갖춘 멕시코의 어부들에게 발견되어 거북들이 급속하게 사라져 가고 있어 더 이상 연구할 수 없게 된 것이 안타깝다.

스쿠버다이빙

20세기 중반에 스쿠버 장비의 개발로 잠수하는데 혁명적인 발전을 이룩하였다. 1943년 코우스티우(Jacques Cousteau)와 가그난(Emile Gagnan)이라는 2명의 프랑스인이 급기 조정 밸브(demand valve)를 개발하여 잠수 장비의 개선에 새로운 이정표를 세웠다. 이 기구는 잠수부에게 수면과 같은 압력의 공기를 제공해 준다. 스쿠버 장비의 나머지는 압축 공기 탱크로 되어 있으며 등에 짊어지고, 다른 장비로는 앞면 마스크와 오리발이 있다. 오리발은 수영을 돕는데 매우 훌륭한 효과가 있었는데도 1935년에서야 잠수에 사용했으나 그 당시에 만들어진 것은 매우 투박한 형태뿐이었다는 것이 놀랄만한 일이다.

스쿠버다이빙은 제2차 세계 대전이 끝난 후 처음에는 불발 어뢰를 제거하는데 이용되었으나 1960년대 코우스티우와 독일인 부부인 롯테(Lotte)와 해스(Hans Hass)가 스쿠버다이빙을 통해 멋있는 수중 세계를 필름에 담아내면서 이를 일반 대중에게 소개하였다. 그들은 산호, 돌고래, 상어, 그 외의 특이한 해양 생물을 촬영하여 다양하고 아름다운 수중 세계를 보여 주었다. 사람들은 매우 현란한 색깔을 지닌 물고기 떼 사이를 힘들이지 않고 나는 듯 유영하는 환상적인 세계에 사로잡혔다. 수중 세계에서 동물들은 잠수부를 두려워하기보다는 오히려 호기심을 느끼는 것 같았으며, 바닥에는 보물들이 깔려 있고, 바닷속은 전에 거의 탐사되지 않은 신천지처럼 보였다. 흥미를 느낀 사람들은 직접 가서 확인을 하였으며, 스쿠버 산업의 발달에 불을 당겼다. 그러나 수중 세계가 아름답기는 하지만 위험이 따르므로 자칭 스쿠버들은 수중을 탐사하기 전에 철저한 훈련을 받아야 한다.

스쿠버다이버로서 압축 공기를 이용하여 잠수할 수 있는 안전한 깊이는 약 30m이다. 압력 상태에 있는 질소와 산소는 독성이 있으므로 우리가 호흡하는 공기 속의 가스 때문에 이 깊이가 정해진다.

깊은 바다 속의 황홀감

가압한 질소는 코우스티우에 의해 '깊은 바다 속의 황홀감'으로 알려진 사람을 취하게 하는 효과가 있다. 증상이 나타나는 데는 어느 정도의 시간이 걸리며, 알코올이 유발하는 증상과 유사하다. 즉, 의기양양해 지고, 정신적으로 기민해지며 현실로부터 벗어나는 해방감을 느끼고 손재주가 무뎌지고, 초조해 지는 행동을 유발한다. 잠수부가 계속 하강한다면 그는 더욱더 취하여 자신감을 갖지만 육체의 잠수할 능력은 점점 줄어들기 때문에 이러한 비정상적인 쾌감은 환각을 일으키게 하며 위험을 초래할 수 있다. 수면 아래 약 50m에서는 질소 황홀감을 약하게 느끼게 되나, 점점 깊어지면서 증상은 증가하여 약 90m 지점에서는 의식을 잃게 된다. 질소에 자주 접촉함으로써 잠수부는 질소의 효과에 다소 적응하여 50m 깊이까지는 황홀감에 심하게 도취되지 않고 탐사를 할 수 있게 될 수 있다. 그럼에도 불구하고 질소에 의한 혼수 상태는 깊은 곳까지 잠수를 시도하는 많은 잠수부들을 죽음으로 이끄는 원인이 되고 있다. 이는 잠수의 한계를 알려주는 것으로 압축 공기를 이용하더라도 30m 정도가 안전 한계 수심이다.

할데인(J. S. Haldane)의 아들(J. B. S. Haldane)은 1941년 압력통을 이용하여 질소 황홀감의 효과에 대하여 과학적인 연구를 하였다. 자신과 약혼녀를 대상으로 하여 산술적인 것과 손테스트 방법을 고안하였는데 손테스트는 핀셋으로 한 그릇에서 다른 그릇으로 작은 볼 베어링을 옮기는 것이었다. 90m 수심에 해당되는 10 기압 하에서는 두 사람 모두 환각 상태가 되었다. 한 사람은 대기 상태에서는 철저하게 책임있는 과학자였지만 손테스트를 속이는 것으로 드러났고, 다른 사람은 한 순간 끔찍해 하면서 상황을 반전시켜 주기를 바라지만 바로 다음에 웃고 상대방의 손테스트를 방해하는 등 우울 증세와 조울 증세가 번갈아 나타났다. 어느 한 사람도 합산을 제대로 하지 못했는데 할데인은 "관찰은 원했던 것처럼 만족스럽지는 못했다"라고 간결하게 적었다. 또 다른 어려움은 테스트를 관장하는 사람 자신이 보통 실험 대상자처럼 도취되어 종종 객관적으로 기록하지 못하거나 스텁워치를 끄지 못하는 일이 벌어졌다. 이러한 연구는 질소 혼수 상태에 있는 잠수부는 책임 있는 행동을 할 수 없으며, 자신 혹은 다른 사람의 생명을 위협할 수 있는 방향으로 행동을 취할 수 있다는 것을 보여주기에 충분했다. 실제 어떤 도취된 잠수부는 호흡용 입마개를 지나가는 물고기에게 빼준 적도 있었다.

압력이 낮아지면 질소의 황홀감에서 매우 빨리 회복된다. 할데인의 실험에서 압력이 10기압에서 5기압으로 떨어질 때 바로 증상이 회복되었다. 대부분의 반응은 "오 하느님, 이제 제 정신으로 돌아왔습니다"라는 것이었다.

왜 고압의 질소가 혼수 상태를 야기시키는 것일까? 생리학자들은 아직까지도 이에 대한 해답을 찾지 못하고 있다. 알콜이 보이는 증상과 유사한 것으로 보아 혼수 상태를 야기하는 기작 또한 알콜에 의해 유발되는 것과 같은 것으로 생각되지만 술에 취하는 기작 자체도 아직 정확히 모르고 있기 때문에 고압 질소가 일으키는 기작을 이해하는데 큰 도움이 되지 않는다. 가장 최근의 연구에 의하면 알콜은 신경 세포의 흥분을 조절하는 세포막에 있는 이온 채널로 알려진 특정 단백질과 작용하는 것으로 보고되었다. 질소도 이러한 기작으로 작용하지 않을까 생각된다.

너무 많으면 해가 되는 것

순수한 산소는 유해한 물질이며, 압력이 증가할수록 그 독성이 증가한다. 대부분의 사람들이 1기압에서 별 탈없이 12시간 이상 순수한 산소만으로 안전하게 호흡할 수 있지만 약 24시간 후에는 폐포의 벽을 구성하는 세포들이 점점 파괴되기 때문에 폐에 염증이 생기기 시작한다. 첫번째 증상은 기침이 나며, 심한 경우에는 호흡 곤란으로 발전하고, 폐 속에 액체가 들어차며, 심지어 폐의 모세 혈관에 출혈이 일어나 폐가 피로 차게 된다. 2기압에서는 신경계까지 영향을 받고 현기증, 구토, 팔다리의 마비 등의 고통을 겪게 된다. 간질의 발작과 비슷한 경련이 수시간 안에 시작되며, 때때로 뼈를 부러뜨릴 정도로 격렬하게 진행된다. 기압이 증가하면 경련이 좀 더 빨리 일어난다. 수중에서 경련이 일어나면 죽을 수도 있다. 이러한 증상을 피하기 위해 제2차 세계 대전 중에 할데인은 신중하게 실험을 실시하여 관찰 결과를 다음과 같이 기술하였다. “경련이 너무 심해서 나 자신의 경우 1년이 지난 후에도 내 등에 입은 상처로 인해 아직까지도 고통스럽다. 경련은 약 2분 동안 지속되었다가 없어진다. 철제방에서 도망치려는 무모한 시도를 하면서 극단적인 공포 상태에서 깨어났다."

할데인과 동료들은 순수한 산소만으로 7기압 상태에 있으면 약 5분 안에 경련이 시작된다는 것을 알았다. 다행히도 그는 이런 고압의 산소는 대기 상태에서는 냄새가 없고, 맛이 없는 것과는 달리 생강 맥주 같은 혹은 약간 설탕이 들어 있는 묽은 잉크에서 느껴지는 것과 같은 달콤하고 신 향기가 난다는 것을 알았다. 산소는 맛과 냄새가 없다라고 단정짓는 교과서를 예로 들어 할데인은 교과서에 있는 모든 것을 믿어서는 안 된다고 말했다.

제2차 세계 대전 중에 영국 해군은 순수한 산소가 충전된 회로가 막힌 재호흡 기구를 이용했으며 사실 지금도 이용하고 있다. 이것은 흉부에서 작동하는 보조폐(counterlung)와 산소통으로 되어 있다. 보조폐는 크고 유연성이 있는 가죽 주머니로 잠수부가 호흡할 때 팽창했다가 다시 쭈그러든다. 입과 보조폐 사이에는 잠수부가 배출하는 이산화탄소를 제거하는 석회석으로 채워진 이산화탄소 가스 세정기가 있다. 잠수부가 소모한 산소를 채우기 위하여 산소를 보조폐로 들여 보낸다. 따라서 가스가 물속으로 방출되지 않으므로, 가스 누출에 의한 방울이 형성되지 않는다. 이 장치는 잠수부가 비밀리에 임무를 수행할 때에 큰 장점이 된다. 공기 방울이 어뢰를 폭발시킬 수도 있음으로 어뢰를 안전하게 해체할 때도 유용하다. 또 다른 장점은 공기 속에 산소가 단지 20%만 차지하고 있으므로 가스통이 스쿠버통의 크기의 1/5 정도 밖에 안되므로 잠수부의 활동 범위를 넓혀 줄 수 있다. 할데인의 실험 결과에 의하면 순수한 산소로 호흡을 할 때 잠수할 수 있는 깊이는 8m(1.8기압) 정도가 된다. 이것도 단지 수 시간 정도 견딜 수 있을 뿐이다. 개인에 따라 산소의 유해성에 대한 민감도가 다르므로 영국 해군은 산소만으로 되어 있는 잠수 기구에 적응할 수 있는지를 알아보기 위하여 산소를 2기압까지 압축한 새로운 잠수 기구를 테스트하고 있다.

수심 8m에서는 산소만을 이용할 수 없으며, 다른 가스가 혼합된 보조폐로부터 공기를 마셔야 한다. 25m 아래에서의 가스는 60% 산소와 40% 공기로 되어 있으며, 물 속 깊이가 깊어질수록 산소의 양을 줄여 50m에서는 33%까지 떨어뜨려야 한다. 혼합 가스의 단점은 공기 중에 있는 질소가 보조폐에 쌓이므로 자주 보조폐를 새로운 것으로 갈아주어야 한다는 점이다. 혼합 가스에는 질소가 거의 없기 때문에 회복 시간도 또한 매우 짧다.

깊은 곳에서는 공기 속의 산소와 같이 낮은 농도에서 호흡을 할 때에도 산소에 의한 독성 고려해야 한다. 잠수부가 하강할 때 호흡하는 공기의 압력은 물의 압력과 비례하여 증가한다. 예를 들면 90m 깊이에서는 압력은 10기압이 된다. 공기의 1/5은 산소이기 때문에 이때 산소 분압은 2기압이 된다. 이 기압하에서 잠시 동안은 견딜 수 있어도 오래 동안 잠수할 수 없으므로 혼합 가스 속에 산소의 양을 줄여야 한다. 고래나 바다표범과 같은 잠수 포유동물들은 산소에 의한 독성 혹은 질소에 의한 혼수 상태 같은 것을 겪지 않는데, 그 까닭은 이들이 압력하에서 공기를 들이마시는 것이 아니고 공기가 잠수하는 동안 폐를 떠나지 않기 때문이다.

일시적 의식의 상실과 할데인의 용기

질소와 산소의 압력만큼 극적이지는 않지만 이산화탄소도 압력에 따라서는 심각한 효과를 나타낸다는 점을 고려해야 한다.

제1장에서 설명했듯이 이산화탄소는 강력한 호흡 자극제로 작용한다. 이산화탄소의 상승은 호흡률을 증가시킬 뿐만 아니라 계속 증가하면 두통을 일으키고, 일시적으로 정신 착란과 의식 불명을 일으킬 수 있다.

20세기 초반에 수많은 영국의 해군 잠수부들이 깊은 곳에서는 어떠한 작업도 할 수 없었던 이유가 바로 이 이산화탄소의 독성 때문이라는 것이 밝혀졌다. 잠수부들은 지상에서 계속적으로 공기를 공급받고, 그 공기는 잠수부가 쓴 헬멧 측면의 호흡 밸브를 통해 빠져나간다. 이산화탄소는 대사 작용의 노폐물이며 호기를 통해서 배출된다. 따라서 이산화탄소의 농도는 잠수부의 호흡으로 인해서 들어오는 공기 속의 농도보다 높아지며, 그 양은 잠수부에게 들어오는 공기의 양에 따라 결정된다. 잠수 활동은 대사율을 증가시키며 이에 따라서 이산화탄소의 농도가 증가한다. 정상적인 대기압 상태에서 2%의 이산화탄소는 잠수부의 활동에 거의 영향을 미치지 않는다. 그러므로 잠수부에게 공기를 계산하여 공급하며 이 한계치를 초과하지 않도록 한다. 그러나 그 당시에는 이산화탄소의 영향이 압력에 의해서 더욱 증가한다는 사실과 압력이 5기압인 수심 60m에서는 2%의 이산화탄소가 표면에서 10%의 이산화탄소와 비슷한 효과를 나타낸다는 것을 알지 못하였다. 그래서 잠수부들이 무리하게 활동을 하다 지칠 뿐만 아니라 의식을 잃기도 하였다. 이와같은 문제의 원인이 확인되자마자, 그 문제는 외부의 수압에 비례하여 공기 유입 속도를 높여 공급함으로써 쉽게 해결하였다.

이산화탄소를 제거하는 소다-석회 가스 세정기가 제대로 작동하지 않거나 다 소모되면 위에서 설명한 폐쇄 회로 호흡 장치를 사용할 때와 같은 이산화탄소의 중독이 발생할 수도 있다. 이것은 제2차 세계 대전 중에 수많은 해군 잠수부들이 비록 얕은 수심에서도 작업 중에 일시적으로 의식을 잃고 익사한 이유 중 하나일 수 있다.

압력 하에서 이산화탄소 흡입 효과에 대한 추가 연구는 한 비극적인 사건의 결과에서 시작되었다. 제2차 세계 대전이 발발하기 석달 전인 1939년 6월, 영국 잠수함 테티스(*Thetis*)는 불행하게도 시험 운항 도중에 리버풀 항구에서 침몰하면서 99명의 생명을 앗아갔다. 생존자는 단 4명뿐이었다. 다시 한번 할데인이 불려왔다. 그는 사망 원인을 조사하기 위해 비과학 분야의 보조원으로 자원 봉사자 4명을 고용했다. 잠수함의 탈출구에서의 상황을 재현하기 위해 보조원들을 작은 강철제 방에 가두었다. 한 시간도 못 되어 증가한 이산화탄소 때문에 그들은 모두 편두통을 호소했고 그 중 몇 명은 구토까지 하였다.

내쉬는 공기의 3% 정도는 이산화탄소이기 때문에 사람들이 폐쇄된 좁은 공간에서 같은 공기를 반복적으로 흡입하게 되면 이산화탄소의 농도가 당연히 높아진다. 침몰하는 잠수함에서 탈출해야 한다는 긴박성을 인식하기도 전에 이미 이산화탄소가 치명적인 수준으로 증가할지도 모른다. 이 비운의 잠수함의 경우 이산화탄소는 약 6% 정도로 증가한 것으로 보인다. 대기 중의 정상적인 이산화탄소의 농도는 0.04%이다. 그러나 이것만이 문제가 아니었다. 왜냐하면 공기 중의 이산화탄소의 분압은 탈출구를 사용할 경우에는 더 높아지기 때문이다. 잠수함에서 탈출구는 바깥으로 열게 되어 있으며 외부 수압이 그 문을 봉쇄하고 있다. 그러므로 문을 열려면 탈출구에 바닷물을 채워서 잠수함 내부의 공기 압력을 바깥 바닷물의 수압과 같게 해야 한다. 그렇게 하여 기압 차이가 없어지면 탈출구를 열 수 있게 되고 승무원들은 호흡 장비를 착용하고 수면으로 올라온다. 그러나 탈출구에 있는 공기는 물이 들어오면서 압축되므로 이산화탄소의 분압

할데인(J. B. S. Haldane, 1892~1964)은 훌륭하고 영향력 있는 영국의 생리학자이자 유전학자였다. 압력 하에서 기체가 인체에 미치는 영향에 관한 그의 연구는 잠수의 관행을 바꾸어 놓았다. 그러나 그의 가장 위대한 연구는 집단유전학자로서 진화론에 대한 수학적 기초에 관한 것이었다. 활동적이고 논쟁을 좋아하는 성격을 지닌 그는 「*The Daily Worker*」에 정기적으로 과학 기사를 썼으며, 마르크스주의자이자 성공한 대중 과학자였다.

은 더욱 높아진다.

이어서 할데인은 캐이스와 함께 이산화탄소의 농도가 고압 하에서 증가되었을 때 나타나는 효과를 광범위하게 조사하였다. 0.04%에서 6%로의 증가는 1 기압 하에서는 별다른 효과를 나타내지 않았지만 10 기압 하에서는 민첩성 실험에서 수행 능력이 현저히 악화되었으며, 모든 피실험자들은 판단력이 흐려져서 5분이 지나자 대부분이 나가 떨어졌다. 수중에서 혼돈이나 무의식 상태가 되면 치명적인 결과를 초래할 수 있다. 따라서 할데인의 연구는 테티스호의 탈출구가 갑자기 감압되는 순간 남은 공기 중의 이산화탄소 농도는 승무원의 판단 착오를 일으키기에 충분하여 승무원이 제대로 호흡 장비를 착용하고 조절할 수 없었음을 의미한다.

이 정도 실험만으로도 확실하지만, 할데인은 매우 괴짜여서 극한 상황에서 그 자신이 동료들과 함께 몸소 그 상황을 체험해 보는데 쾌감을 느꼈다. 그는 또한 철저한 과학자였기 때문에, 이어서 바다 속에서와 같은 저온 상태에서 이산화탄소의 영향을 조사하였다. 그는 그 결과를 다음과 같이 기록하고 있다.

> "6.5%의 이산화탄소가 포함된 공기를 마시면서 35분 동안이나 얼음 물 속에 잠수하였으며, 그중 후반부에는 10기압 하에서 있었다. 나는 의식을 잃어버렸고, 동료 중의 한 명은 폐가 파열되었으나 회복 중이다. 동료 중 6명이 한두 번씩 의식을 잃었으며, 한 명은 경련을 일으켰다."

혹자는 이같은 연구에 대해 오늘날 보건 안전 담당관이라면 무엇인가 한마디 해야 할 텐데라고 생각할 것이다. 그러나 할데인과 그의 동료들의 희생적인 용기가 있었기 때문에 압력 하에서 이산화탄소가 인체에 미치는 영향에 대한 과학적인 이해에 필요한 중요한 자료가 확보되었다. 그들이 확보한 지식은 수많은 생명을 구하였으며 오늘날까지도 전 세계의 잠수부들과 잠수함 승무원들이 그 혜택을 받고 있다.

얼마나 더 깊이 잠수할 수 있을까?

질소 혼수 상태(nitrogen narcosis)에 대한 경고는 30m 이상의 깊이에서는 압축 공기를 사용할 수 없음을 의미한다. 다이버가 깊이 잠수하려면 질소를 다른 기체로 교체해야 하며, 산소량을 계속적으로 세심히 조절하여 산소압이 절대로 0.5bar를 초과하지 않게 해야 한다. 흡입 공기의 균형은 헬륨으로 보충해야 하며, 수심이 30m를 넘게 되면 헬리옥스(heliox)라고 알려진 헬륨과 산소의 혼합물을 사용해야 한다. 헬륨은 불활성 기체로서 질소에 비하여 몇 가지 이점이 있다. 먼저, 헬륨은 혼수를 적게 유발한다. 둘째로, 질소보다 밀도가 낮고 점성도 적어 숨쉬기가 더 용이하다. 질소의 분자량이 28인데 비하여 헬륨의 분자량은 4밖에 안 된다. 또한 헬륨은 질소에 비하여 물에 잘 녹아 들어가지 않기 때문에 혈액에 용해되는 가스의 양을 줄여주므로 감압에 소요되는 시간을 줄여준다. 단점이라면 헬륨은 열전도성이 크기 때문에 호기를 통한 열손실이 많다. 따라서 헬륨을 사용할 때는 다이버의 보온을 위한 부가적인 발열 장치가 필요하다. 그리고 헬륨은 밀도가 낮기 때문에 목소리의 음조가 높아져 만화의 캐릭터와 같은 앙앙거리는 억양을 나타내게 된다. 이러한 '도날드 덕' 같은 목소리는 가벼운 공기에서는 성대가 더 빠르게 진동하기 때문에 나타나는 현상이다.

수심이 200m 이상이 되면 인간이나 육상 동물들은 고압 신경 증후군(high pressure nervous syndrome, HPNS)에 걸린다. 이는 신경성 장애의 일종으로, 떨림을 야기하므로 구어체적인 표현으로 '떨림증'으로 알려져 있다. 현기증, 메스꺼움, 그리고 자신도 모르게 깜빡 조는 증상 등을 나타내는 증후군이다. HPNS의 원인은 잘 밝혀져 있지 않다. 그러나 분리한 신경 세포에 실험실적으로 동일한 깊이에 해당하는 압력을 가하였을 때 뉴런이 고흥분성을 나타내는 것으로 보아 압력이 직접적으로 신경계에 작용하여 나타나는 효과로 생각된다. 놀랍게도 압력과 혼수 상태는 서로 밀접한 관계에 있다. 올챙이를 낮은 농도(2.5%)의 알콜에 집어넣거나, 고압(20~30bar) 하에 넣어두면 헤엄을 못치는 반면에, 두 조건을 동시에 주면 유연하게 헤엄친다. 마찬가지로 압력을 높여주면 통상적인 혼수 상태에 빠진 생쥐가 의식을 되찾으며, 반대로 마취를 시키면 HPNS가 감소된다. 이와 같은 실험을 인간에게 직접 시행한 적은 없지만 동물 실험의 결과로 헬리옥스 혼합 가스에 소량의 질소를 첨가함으로써 HPNS를 부분적으로 극복할 수 있다는 것을 발견하는 계기가 되었으며 이를 삼합(trimix)가스라고 한다.

잠수 장비의 도움 없이는 잠수부는 HPNS 때문에 일정한 깊이 이하로 잠수할 없다. 헬리옥스를 사용할 경우 제한 깊이는 200~250m이지만, 삼합 가스와 같은 것을 사용할 경우 450m(압력 용기를 사용하면 600m)까지 잠수할 수 있다고 한다. 그렇기는 하지만 이러한 깊은 곳은 일반인들은 잠수하지 못하며 심해 산업 잠수부들만이 들어갈 수 있다. 그러나 해양 포유동물들은 수심 200m 이상인 지역을 자유롭게 드나들며, 향유고래는 1,100m까지 잠수할 수 있고 코끼리바다표범은 1,500m까지 잠수할 수 있다. 어류, 세균 및 갯지렁이와 같은 다모류에 속하는 동물들은 대양의 중심 지역에 있는 해구 주변의 훨씬 더 깊은 곳에서도 살 수 있다. 그러면 이들 동물은 왜 HPNS와 같은 증상에 걸리지 않을까? 이 동물들은 HPNS에 대한 압력 한계치가 훨씬 더 높다. 게다가 이들은 높은 압력하에서만 정상적인 생리 기능을 수행할 수 있으며, 오히려 저압력 때문에 HPNS와 유사한 증상이 발생한다. 그러므로 이들은 원래 그러한 환경에 적응하여 진화한 '고압 생물(barophiles)'로 봐야 할 것이다. 요즘은 생물학자들이 이들 동물의 체세포가 어떻게 그런 극한적인 압력 하에서 제기능을 발휘할 수 있는지에 대한 의문을 풀기 위해서 노력하고 있다.

깊은 곳에서의 생활

이처럼 깊은 곳에서는 압력이 증가하기 때문에 더 많은 가스가 우리 몸의 체액 속으로 녹아 들어간다. 극히 깊은 곳은 잠시 잠수를 한다고 하더라도 감압 시간이 몇 시간이 걸릴 만큼 길기 때문에 곧바로 수표면으로 돌아오는 것은 죽음을 의미한다. 그래서 깊은 곳에서 잠수부들은 주변의 수압과 동일한 압력을 유지하는 잠수정을 드나들면서 생활하고 작업을 한다.

이것은 신체의 조직이 질소로 완전히 포화되는 것을 의미하기 때문에 포화 잠수(saturation diving)라고 부른다. 최근에는 포화 잠수가 비교적 일반화되었고, 수주 동안 심해에 머물다가 수면으로 돌아오기도 한다. 북해의 유정 굴착 장치에서 해저 송유관 건설이나 보수 작업을 하는 잠수부들에게 한 달 정도의 잠

해저 탐험

잠수부들에게 문제가 되는 것은 압력만이 아니다. 깊은 곳에서의 극심한 추위와 물 속에서 느끼는 무중력 상태가 어려움을 가중시키고 있다. 시력, 청력 그리고 방향 감각도 역시 영향을 받는다.

거의 모든 잠수부들은 보안경과 안면 마스크를 쓰고 있다. 그렇지 않고는 물 속에서 초점을 맞출 수가 없어 모든 것이 희미하게 보이기 때문이다. 이것은 광선이 하나의 매질에서 다음 매질을 통과할 때, 즉 물로부터 눈으로 들어오는 동안 굴절하기 때문이다. 이 성질은 광선이 눈의 뒤쪽에 자리잡고 있는 망막에 위치한 빛에 민감한 시세포에 초점을 맞추는 데에도 이용된다. 물 속에서는 눈의 표면에서 광선이 굴절하는 정도가 공기에서 보다 훨씬 적기 때문에 망막에 초점을 맞출 수가 없다. 보안경이나 안면 마스크를 쓰면 눈 앞쪽에 공기로 채워진 공간을 만들어 주기 때문에 그 문제를 해결해준다. 그러나 광선이 마스크의 유리와 물의 경계면에서 굴절하기 때문에 공기 속에서 보는 것에 비하여 물체의 크기가 30% 더 크게 그리고 더 가깝게 보인다. 잠수부들이 보았다고 하는 거대한 상어 이야기를 들을 때 이 사실을 잘 기억해 두고 새겨들어야하다.

물은 빛을 흡수하기 때문에 빛의 강도는 깊이에 따라 감소하고, 해양에서 수심 600m 아래는 완전히 암흑이 된다. 적색광은 청색광보다 쉽게 흡수되기 때문에, 물은 또한 컬러 필터로 작용한다. 수심이 깊어짐에 따라 처음에는 적색광과 황색광이, 나중에는 녹색광이 사라지고 마지막에는 청색광만이 남게 된다. 비베(William Beebe)는 이와 같은 색상 변화를 시적 용어로 표현하였다. 수심 15m의 잠수정에서 바깥 풍경은 '찬란한 청록 안개', 내려가면서 '옅은 여명과 오싹하는 초록', 100m 수심에 이르면 '순수한 담청'이 된다. 수심이 200m에 이르면 그 빛은 지상에서는 볼 수 없는 '뭐라고 형언할 수 없는 투명한 청색이어서 혼돈에 이를 만큼 시신경을 자극한다.' 탐조등을 비추면 '그 샛노란 광선'이 청색의 현란함을 더해준다. 천천히 더 깊은 곳으로 내려가면 쓰리도록 아름답던 청색이 사

비베(왼쪽)와 바톤(Otis Barton; 오른쪽) 이 '반마일의 잠수' 대장정을 가능하게 한 잠수구 옆에서 포즈를 취하고 있다. 비베는 유명한 자연주의자였으며, 여러 인기 과학서적의 저자이다. 바톤은 탐험에 열의를 가지고 있는 부유하고 젊은 청년 탐험가였다. 그는 잠수구를 설계했으며 그 건축비를 부담하였다. 잠수구는 거의 4cm 정도의 두꺼운 강철 벽으로 만들어졌으며 1,067m의 강철 케이블로 모선에 묶여 있었다. 그 입구는 지름이 단 35cm밖에 안되기 때문에 출입시에는 머리부터 들여 밀어야 한다. 잠수구의 창문은 두께 7.5cm로 석영을 녹여서 만들었다. 잠수구 안에는 생존을 위한 시스템으로 산소탱크와 염화칼슘(수증기 흡수용)과 소다라임(이산화탄소 흡수용)을 담은 통이 있었다. 심해로 하강하는 동안 비베와 바톤은 그동안 단지 그물에 끌려서 올라와 죽은 상태로만 보아왔던 물고기들의 살아 있는 표본을 보았을 뿐만 아니라 새로운 발광 생물들도 관찰하였다. 비베는 그 자신이 갑자기 시간을 초월하여 화석이 살아 있는 시대를 보는 고생물학자가 된 것처럼 느꼈다고 술회하였다.

라지면서 어두운 잉크 색깔로 바뀌지만 이는 이미 잊지 못할 추억으로 뇌리에 각인된다. 다른 탐험가들은 청색이 짙은 바이올렛으로 바뀐 다음 벨벳 흑색, 밤보다 더 캄캄한 암흑으로 변한다고 보고했다.

환상적인 비베의 이 설명을 독일의 소설가 만(Thommas Mann)이 ▶

읽고 그의 소설 「화우스트(*Dr Faust*)」에 인용하였다. 아드리안(Adrian)은 미국인 학자 애이커콕(Akercocke)과 함께 새로운 심해 잠수 기록을 세웠다. 그는 '그와 애이커콕 교수와 함께 마치 기구와 같은 내부 직경이 1.2m인 탄환 모양의 잠수정에 들어간 다음 갑판의 크레인으로 바다에 떨어뜨려 졌다'고 설명하고 있다. '물 속에 풍덩 빠지자 햇볕을 받아 처음에는 수정 같은 투명색,' 그러나 그 조명은 '57m까지 밖에 이르지 못하고' 더 깊이 내려갔을 때 '여행자들은 석영 창문을 통하여 묘사할 수 없는 검푸름을 보았으며' 그 다음에는 '수세기 동안 한오라기의 빛조차 침투하지 못한 칠흙같은 암흑이었다.'라고 술회하고 있다.

물체의 색깔은 반사되는 빛의 파장에 의해서 결정된다. 예로서 붉은 장미는 붉은 빛을 반사하고 다른 모든 파장은 흡수하기 때문에 붉게 보인다. 지중해에서 수심 20m에 이르면 반사할 적색광이 없기 때문에 붉은 장미도 검게 보인다. 더 깊이 내려가면 빛의 강도가 너무 낮아서 망막에 있는 색깔을 감지하는 원추 세포들이 빛을 감지할 수가 없다. 그렇기 때문에 모든 것이 회색으로 보인다. 심해에 이르러 매우 어둡게 되면 망막의 다른 세포들이 빛을 감지한다. 이 세포는 색깔을 감지할 수는 없지만 빛에는 아주 민감한 간상 세포들이다. 이 세포들은 빛에 너무나 민감하여 아주 밝은 대낮의 빛을 받고 나면 불활성화되고 빛이 약한 곳에서 20~30분이 걸려야 회복된다. 극장에 들어가면 얼마간 앉아 있어야 묘한 그림자 같은 물체가 서서히 시야에 들어오는 것을 경험해 본 사람이면 이를 알 수 있을 것이다. 대부분의 잠수부들은 깊은 곳에 들어갔을 때 어두움에 완전히 익숙해질 정도로 그 자리에서 기다리지는 않는다. 그러나 간상 세포는 적색광에 전혀 민감하지 않기 때문에 잠수부들은 잠수하기 전에 탈착 가능한 적안경이 달린 안면 마스크를 착용하여 시각을 돕는다.

잠수의 매력 중 하나는 촬영한 사진이나 개인의 경험을 통하여 얻는 수중 세계의 침묵에 있다. 음파는 밀도가 높은 곳에서는 빠른 속도로 약화되기 때문에 공기 중에서

보다 물 속에서는 소리를 듣기가 훨씬 더 어렵다. 게다가 음파가 물 속에서는 더 빠른 속도로 전파되기 때문에 양쪽 귀에 거의 동시에 도착하므로 소리가 나는 방향을 감지하기 어렵다.

해양은 인간이 단열재를 사용하지 않은 체 오랜 시간동안 살아가기에는 너무나 춥다. 찬 물은 몸에서 열을 아주 효과적으로 빼앗아 가기 때문에 단열재는 잠수부에게 있어서 필수적이다. 잠수용 습식복은 몸과 고무옷의 라텍스 사이에 얇은 물층이 있어서 단열재 역할을 한다. 50m 이상의 수심에서는 호흡에 헬리옥스 가스를 사용하기 때문에 열 손실이 더욱 빨라진다. 헬륨은 열전도가 높기 때문에 체열의 상당 부분을 호흡을 통해 잃게 된다. 그러므로 심해 잠수부들에게는 잠수복에 따뜻한 물을 회전시키는 개인용 가열 장치를 사용하거나 경우에 따라서는 호흡용 기체를 따뜻하게 하여 공급해야만 한다.

잠수부들은 물의 부력 때문에 거의 무중력 상태가 된다. 이 같은 중력의 구속으로부터의 해방은 잠수의 큰 즐거움 중의 하나이긴 하지만, 그에 따르는 어려움이 없는 것은 아니다. 특히 회전력을 필요로 하는 도구를 사용하기가 어렵다. 왜냐하면 단단히 박힌 나사를 풀기 위해 스패너에 힘을 가하게 되면 그 반대 방향으로 온몸이 돌기 때문이다. 또한 해류가 흐르고 있을 경우에는 동일 지점에 머무르기가 어렵다. 수심이 깊은 곳에서는 물의 밀도가 증가하여 몸을 움직이는 데 더 많은 노력을 들여야하며 따라서 일을 오래할 수가 없다.

육상에서는 중력과 시각적 신호로 우리 몸의 자세를 알수 있다. 무중력 상태에서 시각이 빈약한 잠수부들에게는 이와 같은 정보를 평형 감각기가 활용하지 못하기 때문에 방향 감각을 잃게 된다. 어느 쪽이 물 바깥인지 즉각적으로 알아내지 못하므로 공포감에 빠지기가 쉽다. 다행스럽게도 그나마 실마리는 있다. 공기 방울은 항상 위를 향해 올라가고, 무게 벨트는 항상 아래 방향으로 늘어지기 때문에 잠수부들은 공기 방울을 지표로 삼아 위아래를 구분한다.

수 생활은 일상적이다.

포화 잠수부들은 대개 호흡에 헬리옥스를 사용하며, 이 혼합 가스의 조성을 그들이 활동하는 수심에 따라 조절한다. 헬리옥스 호흡의 큰 단점 중의 하나는 언어에 미치는 영향이다. 하지만 헬리움 언어 해독기로 알려진 전자 장비를 사용하여 잠수부들의 말을 보다 알아 듣기 쉽게 되었다. 헬리움의 높은 열전도율로 인하여 신체의 열을 빼앗기게 되므로 생활 공간은 30℃ 정도의 온도를 유지해야 한다. 그 이외에는 압력하에서 생활하는데 어려움은 거의 없다. 가장 고통스러운 점은 긴 감압 시간 때문에 겪는 지루함이다. 100m의 포화 잠수에는 4일간의 감압 시간이 필요하고, 300m 깊이에서 올라오는 데는 10일이 소요된다. 이 시간 동안 잠수부들은 단지 앉아서 기다릴 수밖에 없다. 최종적으로 대기압에 도달했을 때조차도 직업 잠수부들은 혹시나 일어날지 모르는 잠수병에 대비하여 수시간 동안 감압실 옆에서 대기하여야 한다. 공인된 계획에 따라서 시행한 경우에도 잠수부의 1% 정도는 모종의 취한 것 같은 증세를 보이며 압력실에서 치료를 받아야 한다.

포화 잠수정에서 의학적 응급 상황이 발생했을 경우에는 생활 캡슐까지 의사를 데려오는 데만도 여러 시간이 소요되기 때문에 심각한 문제가 대두된다. 그러므로 모든 포화 잠수부들은 고압증(hyperbaric illness)의 처리에 익숙해야 할 필요가 있으며, 잠수팀이 클 경우에는 몇 명은 정맥 주사나 국부 마취를 할 줄 아는 등 고급 기술을 훈련받은 사람이어야 한다. 정말 심각한 문제는 잠수부를 후송시켜야 하는 경우이다. 가장 빠르고 안전한 길은 스코틀랜드의 아버딘에 있는 국립고압센터(National Hyperbaric Center)가 운영하는 고압 수송 용기를 사용하여 환자를 저장압 상태로 후송하는 것이다. 그들은 병에 걸리거나 부상당한 잠수부를 심해에 있는 그들의 생활 공간에서 해수면까지 1인용 용기를 사용하여 후송한다. 그런 다음 용기를 헬리콥터에 옮겨 싣고 육지로 이동하는 동안 환자를 돌보기 위해 대기중인 잠수 의사가 대기하고 있는 더 큰 2인용 용기에 연결시킨다. 도착 즉시 잠수부는 동일한 압력을 유지한 채로 안전하게 치료할 수 있는 큰 병원용 용기로 옮겨지게 된다. 북해에서 작업하는 모든 포화 잠수정에는 어떤 이유에서건 생활용 캡슐을 후송할 경우에 대비하여 몇 명의 인원을 수용할 수 있는 고압 구명정을 갖추고 있다.

장기 위험

정상 이상의 압력이 미치는 곳에서 일할 때 나타날 수 있는 장기적인 악영향이 압축 공기로 채워진 작업 환경에서 일하는 근로자들에게서 나타난다는 사실이 거의 백년 전쯤 밝혀졌다. 그들 중 몇 사람은 은퇴한 지 한참 후에 어깨나 엉덩이의 관절염으로 운신하기조차 힘든 고통을 호소하였으며, 엑스선 검사 결과는 이 사람들의 관절염으로 퇴행성 징후가 일어남을 보여주었다. 잠수부들에게서 뼈에 이상이 일어난다는 첫번째 사례는 그 후 30년 정도가 지나고서야 학계에 보고되었지만, 그 이래로 같은 사례들이 끊이지 않고 줄을 이어 보고되었다.

1960년대 중반에 들어서면서 그와 같은 증거는 논쟁의 여지가 없어졌다. 10여년에 걸쳐 131명의 독일인 잠수부를 대상으로 한 한 연구는 72명에게서 방사선 검사 결과 뼈에 괴사가 진행되고 있음을 보여주었으며 오직 22명만이 증세를 보이지 않았다.

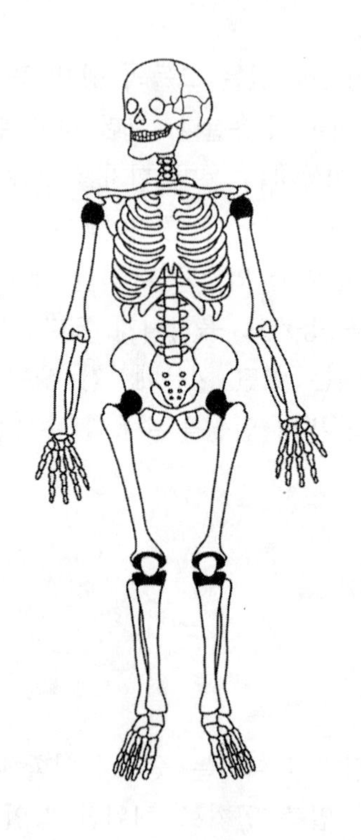

독일의 키일(Kiel)에서 잠수부 131명을 대상으로 한 연구에서 밝혀진 잠수부의 골격 결함의 위치

마찬가지로 스코틀랜드에 있는 클라이드강 하저 터널 공사장의 방수 상자 속에서 일했던 인부 중 20%에서 뼈에 손상이 있는 것으로 나타났다. 뼈의 손상은 팔과 다리에 있는 긴 뼈의 끝에서 주로 나타났으며 그 원인은 뼈 세포 주변에 분포하는 모세혈관이 작은 공기 방울에 막혀 뼈 세포를 죽게 하는 것으로 판명되었다. 이렇게 작은 공기 방울이 특히 뼈 세포에 치명적인 이유는 뼈 자체는 팽창할 수 없으므로 뼈 세포가 공기 방울에

의해 일그러지기 때문이다. 일부 사람들의 경우에는 뼈의 관절 표면이 영향을 받아 어깨나 엉덩이 부위에서 심한 관절염을 일으키는 것으로 밝혀졌다.

예상할 수 있는 바와 같이 골질환의 빈도와 그 심한 정도는 잠수 깊이와 상관성이 있다. 예를 들어 30m 깊이 이하로 잠수를 한 적이 없는 사람들에게서는 피해가 나타나지 않는데 반해 200m 이하로 잠수한 사람들 중 20% 정도에서는 괴사의 징후가 나타난다. 요즈음 직업적인 잠수부들은 정기적으로 뼈 스캔 검진을 받고 있으며 뼈에 이상이 나타나기 전에 잠수를 그만두도록 하고 있다.

잠수부들은 장기적인 청력 상실로 고통을 받기도 한다. 그 이유가 아직 명확히 밝혀지지는 않았지만 가압과 감압시 기체가 작업실로 급히 들어오거나 빠져나갈 때 발생하는 소리나 기체가 잠수 헬멧 내부에서 계속하여 움직일 때 생기는 소리 등이 매우 시끄럽고, 또한 수중 건설 장비가 육상 건설 장비 못지 않게 많은 소음을 발생하기 때문이라는 생각도 제시되었다. 그러나 소음이 청력 상실의 유일한 원인이 될 수는 없다. 귀에서 외부와 내부 압력의 평형을 맞추는데 있어 일어나는 어려움이나 감압 과정에서 발생하는 미세한 기포에 의해 발생하는 손상이 청력 손실을 가져올 수 있는 또 다른 가능성으로 꼽히고 있으며, 특히 조개류를 채취하는 일본인 잠수부들 사이에서는 이 가능성이 거의 기정 사실로 간주되고 있다.

잠수가 뇌손상을 가져오는지에 대한 많은 연구가 진행되어 왔다. 그 결과 심한 잠수병으로 고생하는 사람들이 지속적인 신경 기능 장애를 가지고 있으리라는 견해가 일반적으로 받아들여지고 있다. 그러나 감압에 따른 문제를 경험하지 않은 사람들에게서도 질병 수준에는 미치지 못하지만 일종의 장애가 나타날 수 있다는 주장에 대해서는 의견의 일치가 이루어지지 않고 있다. 일부 연구는 이런 사람들에게서 경련이 자주 일어나고, 수족의 감각 능력이 떨어지며 신경 기능의 저하 증세가 나타난다고 보고하고 있지만, 또 다른 연구들은 뚜렷한 증거가 없다고 주장하고 있다. 취미 생활로 잠수를 하는 사람들의 수가 점점 늘어나는 요즈음의 상황에서 볼 때 이 방면에 대한 보다 많은 연구가 꼭 필요하다.

1997년 「영국의학학회지(*British Medical Journal*)」에 우려할만한 보고서가 발표되었다. 핵자기공명 영상 기법으로 조사해 본 결과 일부 스쿠버다이버들의 뇌에서 작은 손상 부위가 발견되었다. 이 손상 부위는 뇌세포가 죽어 있는 부위와 일치하였고 이와 같은 손상은 작은 공기 방울이 혈액의 흐름을 막음으로써 나타난다. 그러나 스쿠버다이버 모두가 뇌에 손상 부위를 가지고 있지는 않았다. 좀 더 면밀한 조사 결과, 이러한 문제는 심장의 좌심방과 우심방 사이에 작은 구멍을 가진 사람들에게서 나타남이 밝혀졌다. 심장 내부에 작은 구멍을 가지고 있다는 사실이 놀랍게 들릴는지도 모르겠지만 실제로 이러한 현상은 전체 사람 중 약 1/4에서 흔하게 나타나는 현상이다. 이러한 현상이 나타나는 이유는 발생 과정에서 압력이 비교적 적게 미치는 우심방과 좌심방이 난원공(foramen ovale)이라고 불리는 구멍에 의해 연결되어 있기 때문이다. 보통 난원공은 태어나면서 막히지만 일부 사람들의 경우에는 불완전하게 막히는 경우가 있다. 이런 사람들의 경우 감압시 혈류에 발생한 작은 기포는 잠수병을 가져올 만큼은 못되지만 뇌의 순환계에서 정체되어 문제를 일으킬 수도 있다. 일부 잠수부들의 경우에는 기포가 폐의 모세 혈관 내에 정체되기도 하지만 그리 큰 문제를 일으키지는 않는다. 비록 이 연구에서 이러한 뇌 손상이 뇌신경 기능에 뚜렷한 문제를 유발한다는 증거를 제시하지는 못했지만, 난원공이 완전히 닫히지 않은 사람은 스쿠버다이빙을 하지 않는 것이 좋을 것이다.

심해로

헬리옥스 혼합 가스를 이용하여 호흡을 하는 경우 신체가 건강하고 잘 훈련받은 사람이라면 수심 200m까지 잠수할 수 있다. 좀더 새로운 혼합 가스를 이용하면 거의 400m까지 잠수할 수 있다. 단, 이 경우에는 화이버글라스로 만든 헬멧을 쓰고 열을 발생하는 특수 잠수복을 입어야 한다. 이보다 더 깊이 잠수하려면 특수하게 고안한 장치를 이용해야 한다. 잠수정에서는 탑승자가 정상적인 대기압 하에서 활동할 수 있으므로 지루한 감압 과정이 불필요하므로 부상과 하강이 신속하게 이루어 질 수 있다는 큰 장점이 있다. 그러나 외부의 압력을 충분히 견디어 낼 수 있을 만큼 벽이 견고해서 잠수정이 파괴되지 않아야 하며, 시료를 채취할 수 있는 기계적 장치나 미세 조정이 가능한 로봇 팔과 같은 것이 필요하다.

수중에서 움직이는 선체는 오래전에 다빈치(Leonardo Da Vinci)가 이미 설계하였지만 세계 최초의 잠수함은 1620년 드레벨(Cornelius van Drebbel)이 건조하였다. 드레벨은 시대를 훨씬 앞선 인물이었다. 왜냐하면 1800년대 중반 미국의 독립 전쟁에서 '데이비드'라고 명명한 잠수함을 만들기 전까지 이 방면에서는 눈에 띄는 진보가 없었기 때문이다. 심해 탐사는 훨씬 뒤에 이루어졌다. 아주 깊은 바다 속에서 짓누르는 엄청난 압력을 견딜 수 있도록 고안된 최초의 심해 탐사용 잠수정은 심해 탐사용

세계 최초의 잠수함

세계에서 최초로 실제로 사용된 잠수함은 1620년 당시 런던에 살고 있었던 네델란드의 연금술사 드레벨(1572~1634)이 건조하였다. 그는 통산 3척의 잠수함을 건조했는데, 그 중 제일 뒤에 만든 것이 가장 크고 또 정교했다. 놀랍게도 이 잠수함은 제임스 1세가 친히 보는 앞에서 웨스터민스터에서 그리니치까지 테임즈강 물속을 항해했다. 이 잠수함은 마치 거대한 호두 껍질처럼 보였는데, 외부는 방수를 위해 그리즈 칠을 한 가죽으로 덮어 씌웠다. 이시대에 그린 그림들은 이 잠수함의 양쪽에 6개씩의 노가 장착되어 있었음을 암시하고 있다. 그러나 한가지 불명확한 점은 어떻게 물이 내부로 스며들지 않도록 하면서 노를 저을 수 있었는가 하는 점이다. 또 하나의 수수께끼는 어떻게 노를 젓는 사람들과 탑승객들이 호흡을 할 수 있었는가 하는 점이다. 분명한 점은 이 잠수함이 산소의 저하와 이산화탄소의 상승으로 불편을 느낄만한 수준에 도달하는 1시간 반 정도까지만 잠수할 수 있었다는 것이다.

산소 부족과 이산화탄소 과다에 대한 현대적 해석에 관한 참고 문헌으로부터 분명히 알 수 있는 사실은 드레벨의 잠수함에서 공기가 실제로 악화되었음을 알 수 있다. 그러나 그가 이 문제를 어떻게 해결했는지는 불분명하다. 어떤 작

트위데일(G. H. Tweedle)이 그린 드레벨의 잠수함

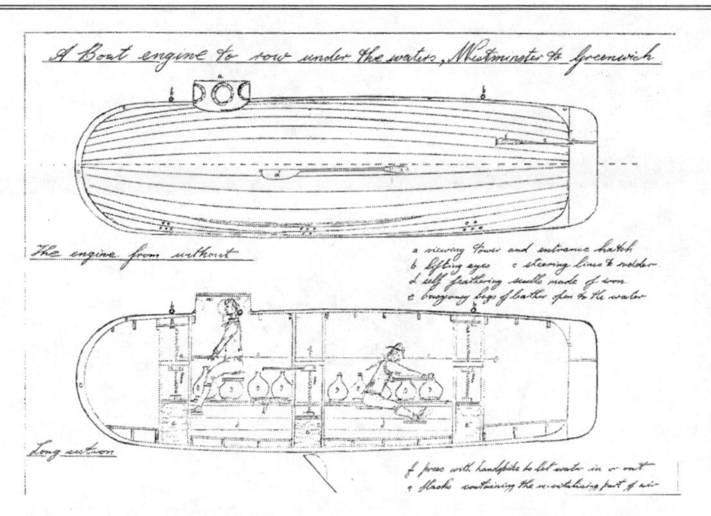

당시의 기술에 기초하여 드레벨 잠수함의 모조선을 건조하기 위해 역사적 선박 건조가인 에드워드(Mark Edwards)가 고안한 설계도

가는 잠수함이 관을 통해 수면 위쪽과 연결되어 있었다고 주장했다. 그러나 잠수함이 건조된 지 40년 후인 1660년 드레벨의 사위를 만나본 당시의 과학자 보일은 다음과 같이 기술하고 있다. '드레벨은 액체성 화학 물질이 가득 담긴 용기의 마개를 열어 악화된 공기를 다시 호흡에 적합한 상태로 신속히 회복시켰을 것이다'. 산소가 화학적으로 분리된 것은 그로부터 150년 뒤이므로 당시로서는 그 화학 물질의 정체를 몰랐다. 그러나 드레벨이 1610년 폴란드인 연금술사였던 센디보기우스(Sendivogius)를 만나기 위해 프라하를 방문했었다는 사실로부터 한 가지 가능성을 생각해 볼 수 있다. 센디보기우스는 초석(질산 칼륨)에 대해 깊은 조예를 가지고 있었는데, 그는 이것을 '생명의 비밀 양식'이라고 했고 이것이 연소할 때 발생하는 기체가 사람을 생존할 수 있도록 한다고 했다. 그의 관찰은 아주 정확했다. 왜냐하면 질산 칼륨은 가열되면 산소를 방출하기 때문이다. 따라서 드레벨은 아마도 질산칼륨이 담긴 용기나 초석을 연소시킴으로써 공기를 정화했을 것으로 추측된다. 그러나 어떻게 이산화탄소의 농도가 상승하지 않아 노를 젓는 사람들이 질식하지 않았는지는 규명되지 않았다. 모르긴 해도 항해 자체가 매우 짧았는지도 모른다.

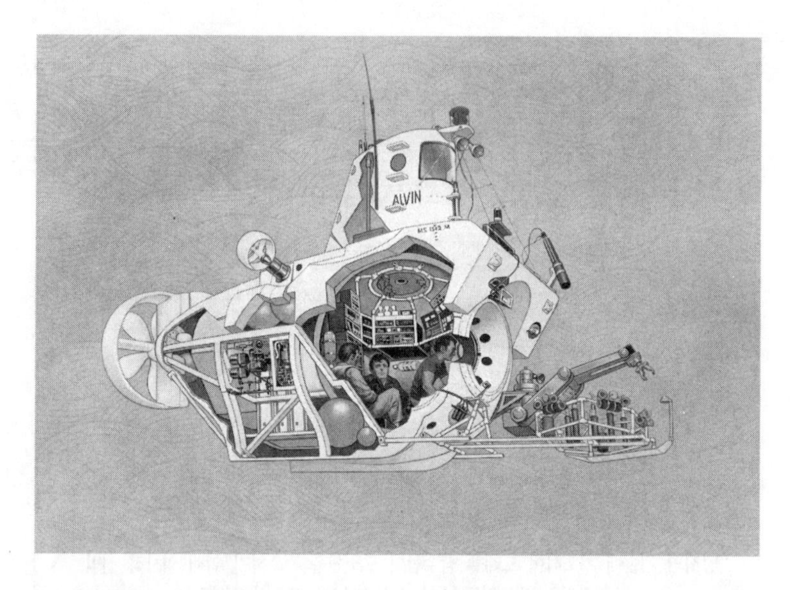

우드홀해양연구소가 운용하는 심해 탐사용 잠수정 앨빈호. 이 잠수정에는 조종사 1명과 2명의 과학자 모두 세 사람이 탑승할 수 있다. 보통 4,500m까지 잠수하여 활동하는데 잠수와 부상 시간 4시간을 합해 도합 8시간 동안 탐사할 수 있다.

구형 잠수 장치로서 이것은 매우 두꺼운 벽으로 둘러싸여 있으며 선박에서 줄에 매달아 바다 속으로 내렸다. 직경이 1.4m밖에 안 되는 이 구형의 장치에 탑승하여 비베와 바톤은 1934년 8월 15일 버뮤다해에서 세계 최초로 923m까지 하강하는데 성공했다. 그러나 이 장치로는 직하강 또는 직상승만이 가능했기 때문에 심해의 모습을 한번 보는데만 만족해야 했다.

1940년대 스위스의 과학자인 피카르드(Auguste Piccard)가 고안한 잠수정의 일종인 베디스케이프(bathyscaphe)는 잠수정의 운용을 위한 조작 장치가 완벽하고 모선으로부터 독립적으로 운용할 수 있었기 때문에 해저 탐사를 혁명적으로 바꾸어 놓았다.

이 잠수정의 이름은 그리스어로 깊다는 의미를 지닌 '*bathy*'와 선박을 뜻하는 '*scaphos*'를 합성한 합성어이다. 이 잠수정은 기구를 거꾸로 한 것과 같은 방식으로 작동하였다. 6만 갤런의 석유로 채워져 상대적으로 가벼운 위쪽의 부양 장치는 잠수정의 상승을 가능케 하였고 아래쪽에는 모래 주머니를 매달아 하강을 할 수 있도록 하였다. 따라서 바닥의 모래 주머니를 바다로 투하하면 잠수정은 다시 부상할 수 있었다. 부상 장치의 아래쪽에 있는 아주 두꺼운 벽으로 이루어진 구형의 철제 선실에 승무원이 탑승했다. 1960년 1월 23일 '트리스테(*Trieste*)'라고 명명된 베디스케이프를 타고 피카르드의 아들인 자쿠스 피카르드(Jacques Piccard)와 미군 해군 중위인 왈쉬(Don Walsh)가 마리아나 해구의 밑바닥에 안착하였다. 10,914m나 되는 이곳은 지구상에서 제일 깊은 곳이며, 그곳의 압력은 무려 1,100기압이나 되었다. 아직까지 어느 누구도 그들의 기록을 갱신하지 못했으며, 1995년 '카이코(*Kaiko*)'라는 일본의 로봇 잠수정이 사람이 탑승하지 않은채 그곳에 도달했을 뿐이다.

트리스테의 잠항은 인간이 해저 바닥까지 내려갔다가 아무런 상해 없이 되돌아올 수 있음을 입증하였고, 이것을 계기로 거추장스러운 부상용 탱크 대신에 필요한 부력의 대부분을 확보할 수 있는 가압 선체로 된 새로운 스타일의 잠수정이 출현하게 되었다. 일본, 프랑스, 러시아 및 미국은 모두 각국의 독자적인 잠수정을 보유하고 있다. 이들 중 가장 유명한 것은 아마 '앨빈(*Alvin*)'호 일 것이다. 앨빈호는 1964년 우드홀 해양연구소가 건조하였으며 스페인 연안의 지중해에서 실수로 투하된 수소 폭탄을 탐색하는데 이용되었고, 대양의 습곡에 있는 열수의 방출 지점인 열수구(hydrothermal vent)를 발견하거나 침몰한 타이타닉호의 선체를 찾는데 기여하였다. 가장 최근의 잠수정은 혹스

(Graham Hawkes)가 설계한 날개 달린 전기가오리와 흡사한 빠르고 대단히 기동력이 좋은 '딥플라이트(*Deep Flight*)호'인데 이 잠수정은 수중을 그야말로 나는 듯이 헤쳐나간다. 그러나 아직까지 딥플라이트는 심해를 잠수한 적이 없다.

압력하에서의 생활

오늘날 직업적인 잠수부들은 송유관 점검, 해저 유정 관리, 선체 하부 점검 및 보수, 침몰 선박의 회수, 심지어는 수사 증거물 확보와 같은 각종 해저 업무에 정기적으로 종사하고 있다. 또한 많은 사람들이 여가를 즐기기 위해 잠수를 하곤 한다. 사람이 잠수할 수 있는 물의 깊이는 어떤 종류의 기체를 사용하는가에 달려 있는데 특수 혼합 기체를 사용하여 산소 독성과 질소 중독 문제를 극복할 수는 있지만 결국 고압에 의한 신경 장애의 발생 가능성 때문에 통상적으로 잠수할 수 있는 깊이에는 한계가 있다. 이와 더불어, 잠수를 하는 사람은 추위에 의해 제한을 받게 되며 감압시 발생할 수 있는 잠수병은 최고 상승 속도를 제한한다. 이것은 잠수부가 대륙붕에서는 안전하게 작업을 할 수 있지만 대륙사면 아래쪽에 위치하는 평원까지는 내려갈 수 없음을 뜻한다. 따라서 심해 탐사를 위해서는 압력에 견딜 수 있는 잠수정이나 원격 조정할 수 있는 탐색 장치가 필요하다. 현재 어떤 것이 가장 적합한 것인가에 대해서는 상당한 논란이 있지만 해저 탐사로부터 얻을 수 있는 보상 즉, 엄청난 양의 원유나 광물 자원, 생명공학과 의학에 혁명적인 변화를 가져올 수 있는 해저 생물이 지닌 효소와 자연산물, 그리고 아직 과학자들이 연구해 보지 못했던 독특한 생태계 때문에 심해 탐사와 최신 잠수정의 개발은 계속 발전할 것이 틀림없고 자신의 눈으로 직접 그 환희와 도전을 목격할 수 있다는 점 또한 이러한 발전을 촉진시킬 것이다.

일본의 재래식 온천

뜨거운 물 속에서

몇 년 전, 일본인 동료가 열기에 대한 동양적 경험을 할 수 있도록 나를 초대하였다. 그는 일본의 남부에 있는 작은 온천 마을인 이부스키로 나를 초대했다. 그곳은 사꾸라 지마라고 하는 거대한 활화산을 볼 수 있는 바닷가에 있었다. 나는 무명 기모노 외에는 아무것도 걸치지 않은 채 검은 모래 사장으로 나갔다. 그곳에서 나는 놀랄만한 광경을 목격하였다. 모래밭에 열을 맞추어 규칙적으로 사람의 머리가 양배추나 축구공과 같이 나와 있었다. 하지만 이 신기한 광경은 한 일본인 노인이 삽으로 구덩이에 나를 묻고 나서 풀렸다. 내가 긴 고랑에 눕자 그 노인은 조심스럽게 내 머리만이 모래 위로 나오도록 온몸을 모래로 덮었다. 바닷가의 모래는 내가 어렸을 때 영국에서 경험했던 것처럼 습기차고 차갑지 않았다. 물은 근처의 화산재로 뜨거웠고 바닷가의 모래도 뜨거웠다. 내가 지금까지 경험하지 못하였던 그 열기는 나를 감쌌던 얇은 무명 옷을 뚫고 나의 근육 속까지 파고들었다. 나는 곧 잠에 빠지고 말았다. 일본인 친구가 바닷가에 있는 시계탑 위의 큰 시계를 가르치며 나를 깨울 때까지 곤히 잠에 빠졌다. 우리는 오십 분이나 모래 찜질을 하며 시간을 보낸 것이었다.

그후 우리는 근처의 건물에서 물로 모래를 씻어내고, 비누로 온몸을 깨끗이 씻었다. 이제서야 우리는 온천에 들어갈 준비를 마친 것이었다. '앗 뜨거워' 나는 참을 수 없어 소리치고 말았다. 나는 평상시에 목욕물도 아주 뜨겁게 하여 목욕을 하고 차도 뜨겁게 끓여 마셔 왔으므로, 나 스스로는 열에 강하다고 생각해 왔다. 나는 다시 용기를 내어 발을 탕에 넣었다가 바로 뺐다. 그 물은 화상을 입을 정도로 뜨거워 적어도 45℃ 이상 되는 것 같았다. 내가 태어나 처음으로 경험하는 뜨거운 온도였다. 나는 태연히 탕 안에 앉아 있는 일본 여인들을 놀란 눈으로 쳐다볼 수밖에 없었다. 그들은 어떻게 이렇게 뜨거운 것을 참고 있을까? 그러나 그들은 미소지으며 용기 있게 높은 플룻 소리와 같은 목소리로 서로를 격려하고 있었다. 조심스럽게 나도 천천히 물 속에 들어가 뜨거운 열을 참아보려 시도하였다. 탕 주위로 팔을 펼쳐 공기로 식힐 수 있는 면적을 최대한 넓히도록 하였다. 그리고 나는 주위를 둘러보았다. 그곳은 열대 식물로 가득 찬 큰 온실 안 같았고, 여러 가지 종류의 탕들이 있었다. 나는 나르니아 이야기 속에 나오는 여러 가지 목욕탕을 머리 속에 떠올렸다. 그곳은 다른 온도의, 다른 성분의 물들이 각각 채워져 있었다. 나는 5분쯤 후에는 피부가 익은 바다 가재와 같이 새빨갛게 되어 탕에서 나왔다. 나의 모든 피가 피부로 몰려서 반대로 몸은 차갑게 식는 것 같았다. 나는 빨리 다시 탕으로 들어갈 수밖에 없었다. 탕에서 나와 탕 가에 앉은 나의 피부에서는 땀이 줄줄 흘렀다. 그러나 놀랍게도 뜨거운 열기는 몸과 마음의 모든 아픔을 풀어주는 것처럼 느껴졌다. 앞으로 일본에 가면 나는 꼭 다시 온천을 방문하리라.

가장 기억에 남는 일은 겨울에 일본 알프스의 고산 온천에서의 경험이었다. 그것은 바쇼라는 일본 시인의 가장 유명한 시구에 등장하는 자오산이라는 곳이었다. 눈이 두껍게 나무를 덮어 마치 초가 녹아 내린 것 같았다. 그늘진 회색 산이 멀리 겹겹이 구름에 덮여 있었다. 그 모습은 검은색과 흰색만의 혼합으로 작가의 상상을 그려내는 동양화의 부드러운 풍경 그대로였다. 산기슭에는 작은 나무집들이 깊은 눈에 덮인 채로 옹기종기 모여 있었으며, 그 사이의 길을 따라 지옥의 뜨거운 구름 속을 흐르는 것 같은 뜨거운 냇물이 흐르고 있었다.

온천은 일부분이 나무울타리로 둘러싸인 것 외에는 개방되어 있었으며, 돌로 만들어진 오래된 탕이 있었다. 온천은 일본식 정원에 둘러싸여 있었으며, 산 너머로 멋진 경치를 즐길 수 있었다. 자연의 뜨거운 냇물에서 탕으로 끊임없이 뜨거운 물이 흘러 들어오고 있었다. 차가운 공기는 눈 속의 벌거벗은 우리를 얼어 붙게 하였으나, 온천의 열기는 우리를 따뜻하게 하여 주었다. 그러나 냇물의 물은 유황 냄새가 심하여 역겹게 나의 목을 자극하였다. 나는 온천의 열기에 반쯤 취한 채로 물 속에 누워 벽에 쓰여 있는 경고문을 발견하고 나의 친구에게 번역하여 달라고 부탁하였다. 그것은 내가 추측하였던 '금연'이 아니라 온천물이 강한 산성이기 때문에 옷을 상하게 하니, 온천을 사용한 후에는 잘 씻어 내라는 경고문이었다. 나는 깜짝 놀라, 그러면 나의 피부는 어떻게 되는가 하고 걱정을 하였다. 그러나 사실은, 너무 뜨거운 온천물의 열기는 해롭지만, 잠시 물에 몸을 담그는 것은 놀랄만한 효험이 있으며, 오히려 뜨겁지 않은 온천물이라도 너무 오래 동안 목욕하는 것이 더욱 해롭다는 것이었다.

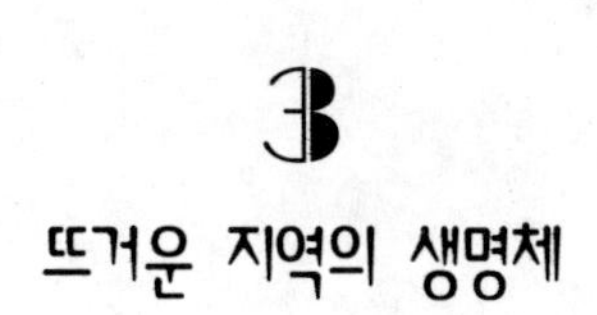

3 뜨거운 지역의 생명체

'나의 힘은 질그릇 조각처럼 말라버렸고, 나의 혀는 턱에 달라붙었으며, 그대는 죽음의 먼지 속으로 나를 이끌었다.'

- 시편 22 -

사하라 사막의 모래 언덕

18세기 말의 어느 날 새벽, 런던왕립원(Royal Society of London)의 비서였던 블에이든(Blagden)은 온도가 105℃인 방에 몇 개의 달걀과 생고기 조각 그리고 살아 있는 그의 개를 넣는 모험을 하였다. 15분 후 달걀은 딱딱하게 익었고 고기는 바삭바삭하게 요리가 되었으나 개는 무사히 걸어 나왔다. 발의 화상을 방지하기 위하여 발은 양동이 안에 넣었었다. 물이 끓는 온도를 넘는 뜨거운 온도에서 생명체가 견딜 수 있는 능력은 참으로 인상적인 것이었다. 일반적으로 단백질이 변성되고 세포가 치명적인 타격을 입는 온도는 41℃ 이상이며, 사람은 체온이 43℃를 넘으면 죽고, 50℃ 이상이 몇분간 지속되면 대부분의 세포들은 죽게 된다. 그러나 블에이든의 모험적인 실험 결과는 사람의 몸이 약 15분 정도는 105℃의 온도에 노출되어도 살 수 있다는 것을 생생히 증명하였던 것이다. 어떻게 이렇게 될 수 있는가가 이 장의 주제이다.

지구의 생명체들은 지구에 빛과 열을 공급하는 1억 4,880만 km 밖의 원자로인 태양에 의존하며 살아가고 있다. 태양의 표면 온도는 6,300℃이다. 반면 우리가 살고 있는 지구의 표면 온도는 오랜 시간 동안 점점 식어 왔으나, 아직은 인간이 견딜 수 없는 온도까지는 냉각되지 않았다. 지구상에서 관측된 가장 높은 온도는 1992년 9월 리비아의 엘 아지지아의 그늘진 장소에서 측정한 58℃였다. 중부 오스트레일리아와 중동의 걸프만 제국들 그리고 수단에서는 여름에 기온이 보통 45℃를 상회한다. 태양이 내려 쬐는 곳에서는 더욱 온도가 올라가 달구어진 금속을 만지거나 맨발로 모래 위를 걸으면 화상을 입는다. 태양열은 추운 환경에서도 사물을 데워 준다. 태양열은 에베레스트의 눈밭을 30℃까지 데워 주며, 극지 탐험가가 동상과 일광에 의한 화상을 동시에 입게 한다. 그리고 태양 광선은 냉동 진공 상태에 있는 우주 공간의 물체를 더욱 빨리 뜨겁게 한다.

지구의 가장 높은 온도는 일반적으로 사막에서 관측된다. 사막은 일년 중 강수량이 250mm 이하의 건조한 장소이다. 그러나 대부분의 사막은 이보다 훨씬 강수량이 적으며 전혀 비가 오지 않는 곳도 있다. 이런 곳은 구름도 끼지 않아 하늘에서 내리쬐는 강렬한 햇빛에 공기와 땅은 빨리 데워지며, 반대로 밤에는 극도로 차갑게 식는다. 또한, 이런 곳은 물이 부족하여 일년 중 대부분 땅은 메마르고, 무더워 낮에는 아지랑이와 신기루가 어른거린다. 극심한 열기와 덥고 건조한 바람은 사람의 피부와 코를 통하여 수분을 빼앗아 간다. 또한 뜨거운 모래와 사막을 휘몰아치는 바람은 사물을 깎아 내고 숨막히게 한다. 그리고 피부를 그을리게 하는 햇볕의 자외선과 강렬한 빛은 눈을 부시게 한다. 이런 기후는 인간이 생존하기에 적합하지 않으나 수천년 전부터 인간은 이곳에서 살아왔으며, 연간 수천명의 관광객이 강한 바람과 모래 언덕과 장엄하게 채색된 바위의 아름다운 장관을 보기 위해 방문한다. 이런 혹독한 환경에서도 인간은 생리적으로 적응하여 살고 있다.

체온

사람이 어떻게 극심한 열을 견디어 내는 가를 이해하기 위해서는, 먼저 체온의 의미와 건강한 상태에서 어떻게 체온이 조절되는가를 알아야 한다. 우리 몸의 모든 부분이 모두 같은 온도를 유지하는 것은 아니다. 일반적인 정상 체온은 가슴과 배 조직의 깊은 곳의 온도를 말한다. 체온은 약 37℃로 하루 동안 약 0.5℃의 변동을 보이며, 늦은 오후에 높고 새벽에 가장 낮다. 여성의 체온은 월경 주기에 따라 영향을 받는데, 배란 전에 올라가서 28일 주기의 15일째부터 25일째까지 높다. 이와 같은 체온의 변화로 여성이 언제 임신할 수 있는 가를 알 수 있으며, 산아 제한의 한 방법으로 활용할 수 있다.

열 감지 카메라로 확실히 볼 수 있듯이 우리 몸의 바깥 온도는 몸 속의 온도와 상당히 다르다. 차가운 방안에서 벌거벗은 사람의 피부 온도는 20℃ 이하이며 팔과 다리의 온도는 몸 속의 온도보다 낮다. 반대로 고된 훈련을 하는 동안에 근육의 온도는 41℃ 이상 올라가는 반면 몸 속의 온도는 1~2℃ 정도 밖에 올라가지 않는다. 얼굴을 붉히며 화를 낼 때 얼굴이 뜨거워지듯이 혈액이 빨리 많이 흐르는 장소는 역시 따뜻하다.

의학적으로 몸 속의 정상 온도는 36℃에서 38℃ 사이이다. 저체온은 35℃ 이하이며, 고체온은 40℃ 이상을 말한다. 사람의 체온이 42℃ 이상 올라가면 열사병으로 죽게 된다. 그러므로 사람은 극히 추운 특수한 상황에서 살기 위하여 체온을 5℃ 이상 올릴 수는 있으나 치명적이다. 포유류의 정자는 특히 높은 온도에 민감하다. 그러므로 포유류의 정소는 차갑게 유지할 수 있는 몸 밖의 고환에 들어 있다. 몸에 꽉 끼는 바지는 섹시하게 보일지 모르지만 사실은 정소의 열을 식히지 못하여 정자 생성이 잘 되지 않아 남성의 생식 능력을 떨어뜨린다.

열의 감지

오래 동안 과학자들은 어떻게 몸이 온도를 감지하는가에 대해 궁금해 하였다. 주로 신경의 말단이 닿아 있는 피부가 온기와 추위를 감지한다. 그러나 우리의 생존과 직결되는 온도는 피부의 온도가 아니라 뇌의 온도이다. 논리적으로 우리가 사는 건물의 중앙 난방 시스템이 중앙의 온도 조절기로 건물의 내벽에 붙어 있는 수백 개의 라디에터를 조절하듯이, 우리 몸도 표면이 아니라 뇌의 온도를 인지하여 체온을 조절한다.

몸의 체온 조절기는 1885년 아론슨(E. Aarinsihn)과 삭스(J. Sachs)가 발견하였다. 그것은 두개골의 깊은 곳인 뇌의 해마 부위에 있다. 이 발견이 있은 후에도 오랫동안 체온 조절에 보다 중요한 것이 뇌인가 피부인가에 대한 논란이 계속되었다. 이 문제를 풀기 위해 실험에 자원한 과학자의 뇌 안에 온도 감지기를 이식하고, 추위에 대하여 몸이 뇌의 온도에 반응하는가 피부의 온도에 반응하는가 실험을 하였다. 피부에 영향을 주지 않고 차가운 혈액을 빨리 뇌에 도달하게 하기 위하여, 피실험자는 아이스 크림을 먹었다. 실험 결과 추위에 대하여 몸의 온도를 조절하는 핵심 조절자는 뇌에 있다는 것으로 결론이 났다.

그러나 온도에 대한 감수성은 뇌에 제한적이지는 않다. 뜨거운 커피를 마시다가 부주의로 입안에 화상을 입게 되거나, 뜨거운 커피를 쏟아 펄쩍 뛰는 것은 피부, 혀, 입안과 식도에 열 감지기를 갖고 있기 때문이다. 이들은 피부 속에 묻혀 있어 주위의 온도를 직접 감지할 수는 없다. 전기 손 건조기로 손을 말릴 때, 손이 젖어 있을 때는 시원하게 느끼나, 손이 말라가면서 뜨거움을 느끼는 것으로 이를 확인할 수 있다.

우리의 피부에는 두 종류의 온도 감지기가 있다. 한 종류는 13℃에서 35℃ 사이의 추위와 더위를 감지하는 것으로, 이들은 온도가 떨어지는 정도에 따라 뇌에 전달하는 전기 신호가 증가하므로 추위 수용체로 알려져 있다. 이것은 인간의 최적온도와 비슷한 28℃ 근처에서 가장 민감하도록 진화한 것으로 추정된다.

다른 종류의 수용체는 열에 의한 자극과 고통을 느낀다. 생물학자들은 수용체가 고추의 매운 맛을 내는 캡사이신과 높은 결합력을 갖는 성질을 이용하여 최근에 이 수용체를 순수하게 분리하였으며, 그들의 DNA 염기 서열도 알아냈다. 동부 인도나 멕시코 요리를 먹어본 사람은 누구나 입안이 얼얼하고 화산이 폭발하는 듯한 붉은 고추의 캡사이신 맛을 경험했을 것이다. 일반적으로 처음에는 고통스럽다가 고추가 몸의 온도를 높이기 때문에 잠시후에는 몸에 땀이 나게 된다.

캡사이신이 열로 감지되는 까닭은 열을 감지하는 막에 존재하는 단백질과 캡사이신이 상호 작용을 하기 때문이다. 캡사이신 수용체는 강력한 열기와 피부 자극을 일으키는 등대풀(*Euphoria resinifera*)의 유화 수액에 포함된 등대풀독(resiniferatoxin)에 의하여도 활성화된다. 평소 매운 음식을 많이 먹는 사람은 캡사이신에 반응하지 않는다. 캡사이신에 오래동안 노출이 되면 캡사이신 수용체의 숫자가 줄어드는 것으로 설명할 수 있다. 다른 놀라운 가설은 고농도의 약물이 신경 세포를 죽게 하는 것처럼 고통 감지 뉴론이 파괴된다는 것이다. 어떤 이유이든지 고통 신경

온도계의 개발

천문학자로 더 잘 알려진 갈릴레이가 1619년 경 처음으로 온도계를 만들었다. 갈릴레이는 파두아대학에서 수학 교수로 재직했으며, 부족한 수입을 과학 기기를 제작 판매하여 보충하였다. 그의 온도계는 단순한 형태로 긴 유리관의 일부에 물을 채워, 한 쪽 끝을 비이커 안의 물에 담그고, 다른 한 쪽 끝에서 온도를 잴 수 있는 것이었다. 온도가 올라가면 관 안의 공기가 팽창하여 관 안의 물을 밀어 내린다. 그러므로 가장 높은 온도에서 물의 높이가 가장 낮게 된다. 관의 옆에 눈금을 표시하여 계량할 수 있게 만들었다. 이 온도계의 가장 큰 문제점은 액체의 높이가 공기 압력에 민감하여 온도가 일정한 상태에서도 변동을 보인다는 것이다. 이 문제는 관의 양쪽 끝을 밀봉함으로 해결되었다.

다음의 큰 진전은 암스테르담에서 일하던 독일인 과학 기기 제작자인 화렌하이트(Gabriel Daniel Farenheit)가 1724년 온도계에 물 대신에 수은을 도입한 것이었다. 수은은 온도에 잘 팽창되고 기포가 생기지 않으며 잘 볼 수 있는 장점을 갖고 있었다. 화렌하이트의 온도계 눈금은 잘 알려지지 않은 프랑스 과학자 레오뮈르(Réaumury)의 것을 개조한 것이었으며, 세 개의 기준점에 기초를 두었다. 즉, 물이 어는 온도(32℉), 물이 끓는 온도(212℉) 그리고 건강한 남성의 겨드랑이 밑의 체온(98.4℉)을 기준점으로 삼았다. 이 온도계는 지금까지도 미국에서 사용하고 있다. 그리고 화렌하이트는 기압에 따라 물의 끓는 온도가 다르다는 것을 처음으로 발견한 사람 중의 한 명이다.

화렌하이트와 레오뮈르 외에도 많은 사람들이 온도계를 개발하였으나, 눈금의 척도를 각기 다르게 사용하였다. 그래서 같은 고정된 온도를 세계의 여러 다른 지방에서 공통적으로 적용할 수 없었다. 1742년

셀시우스(Anders Celsius) 교수가 100℃ 온도계 눈금을 개발하여 이와 같은 혼란을 없앴다. 그는 스웨덴에서 가장 오래된 웁살라대학에 재직하였으며 그의 온도계는 이 대학 박물관에 현재 보관되어 있다. 그 온도계에는 아직도 그가 손으로 직접 그은 눈금이 남아 있다. 셀시우스는 이 온도계를 사용하여 스웨덴의 북부 고지에서나 온화한 남부 지방에서 눈이 항상 온도계의 일정한 눈금에서 녹는 것을 확인하였다. 더욱이 그는 레오뮈르의 온도계를 이용하여 얼음이 어는 온도는 레오뮈르가 파리에서 측정한 것과 스웨덴에서 측정한 것이 같다는 것을 밝혔다. 셀시우스는 눈이 녹는 온도를 100℃로 물이 끓는 온도를 0° 로 고정하였으나, 그가 죽은 후에 오늘날 우리가 사용하고 있듯이 반대로 바꾸어 사용하고 있다.

이들 초기의 선구자들 이후, 영국의 물리학자 캘빈(Lord Kelvin, 1824~1907)이 과학자들이 사용하는 온도 척도를 고안하였다. 이 척도는 모든 온도의 가장 차가운 온도를 완전 제로로 하여 시작하였다. 완전 제로는 0도K(Kelvin)로 정의하며 －273℃에 상응한다.

인체의 온도를 과학적인 방법으로 처음 측정한 사람은 1612년 「*Ars de Medicina Statica*」라는 의학서를 출판한 산토리오(Venetian Santorio Santorio)였다. 그는 갈릴레오의 온도계로 측정치의 변화가 공기에 의해서가 아니라 몸의 온도에 의하여 변화한다는 것을 밝혔다. 그는 강의 중에 환자가 온도계를 붙잡던지, 입김을 온도계에 불던지, 온도계를 입안에 넣던지 하여 건강한 사람의 체온과 비교하여 환자의 상태가 좋은지 나쁜지 알 수 있다고 하였다. 산토리오 시대에는 아직 모든 정상인의 체온이 같다는 것을 알지 못하였다.

섬유가 캡사이신에 의하여 무감각하게 되는 것은 관절염의 고통을 없애는 데 향신료를 이용하는 근거가 된다.

캡사이신의 함량은 고추의 종류에 따라 다르다. 이 사실은 1912년 미국이 수입하는 향신료의 질을 표준화하기 위한 방법을 고안한 스코빌(Wilbur Scoville)이 확인하였다. 그는 고추의 추출물을 희석하여, 희석 정도를 혀로 찾아낼 수 있는 가를 검사하였다. 스코빌의 검사 척도에 의하면, 순한 벨 고추는 1열 단위(heat unit) 이하이며, 매운 잘라페노는 1,000열 단위, 아주 매운 하바네로는 100,000열 단위이고, 순수한 캡사이신은 천만 열 단위이다.

칠레 고추가 열 수용체를 자극하듯이 다른 화학 물질도 추위를 감지하는 수용체와 상호 작용하여 몸이 춥다고 느끼게 한다. 박하유의 주성분인 멘톨이 그중의 하나이다. 멘톨을 의학용으로 사용할 수 있다고 믿고 1930년대 영국의 미챰 지방에서 많이 경작하였다. 프랑스와 이탈리아 등 유럽에서도 대규모 박하 농장을 운영하였다. 일본인들도 멘톨의 의학적 가치를 믿고 작은 은상자에 멘톨을 넣어 허리띠에 매달고 다니기도 하였다. 현재도 담배, 껌과 치약 등에 시원한 맛을 내기 위하여 멘톨을 사용하고 있다.

피부에 있는 뜨겁고 차가움을 느끼는 온도 수용체의 신호는 몸의 부위에 따라 다른 효과를 낼 수 있다. 만약 손을 차가운 물에 넣으면, 몸의 중심 체온은 변하지 않더라도, 손은 피부를 따뜻하게 하기 위하여 혈액을 더욱 더 공급하여 붉게 될 것이다. 더욱 중요한 것은 신호들이, 몸의 열을 생산하거나 열을 발산하는 속도를 조절하는 중앙 온도 조절 부위인 뇌에 있는 해마로 전달된다는 것이다.

사람과는 달리 일부 동물들은 적외선 카메라와 같은 기능을 갖는 특수한 열 감지 기관을 지니고 있다. 가장 많이 연구가 된 것은 뱀이 갖고 있는 특수 기관이다. 방울뱀과 같은 독사는 머리의 양쪽에 구멍으로 되어 있는 기관인 한 쌍의 열 감지 기관을 갖고 있다. 이것은 가느다란 바늘구멍 크기 정도의 입구 속에 직경 수 mm의 공동으로 이루어져 있다. 이 기관은 온혈 동물의 체온을 감지할 수 있어, 어둠 속에서도 정확하게 설치류와 같은 먹이를 공격할 수 있다. 이 기관이 어떠한 기작으로 어떻게 작동하는지는 아직 분명히 밝혀지지 않았다. 보아왕뱀, 아나콘다와 비단뱀도 극도로 민감한 열 감지 기관을 갖고 있다. 보아왕뱀은 cm^2 당 천만분의 1 Cal의 미미한 열도 순간적으로 감지할 수 있다. 이와 같은 열 감지 능력은 약 40 m 거리에 있는 100 와트 전구를 감지하는 것과 같은 능력이다. 특수화된 적외선 감지기를 배면에 갖고 있는 개똥벌레(*Melanophila*)는 새로 불에 탄 숲에 알을 낳는다. 성충들은 열에 이끌려 불에 탄 숲으로 몰려드는데, 그들은 50 km 밖의 열기도 감지할 수 있다.

불 위를 걷는 의식

불은 어떻게 사용하는가에 따라 인간의 생명을 지켜줄 수도 있고 앗아갈 수도 있다. 어린이들은 체험을 통해 불의 섬광이 위험하다는 것을 배운다. 예로부터 수많은 종교는 타오르는 불길을 현세와 내세에서 탄원자의 복종을 확인하는 수단으로 사용하여 왔다. 스페인의 종교 재판소는 불은 회개하지 않는 자의 죄를 정죄하고 저주로부터 그들의 영혼을 구원하는 한편 지옥이란 단순한 말만으로도 영원한 연옥의 불을 불러낸다고 믿었다. 다치

불의 생물들

불사조는 500년 이상 사는 화려한 붉은 자주색 깃털을 지닌 전설적인 아라비아의 새이다. 이 새는 죽음이 가까워 올 때 태양을 향해 미트라나무와 유황수 향료로 적신 화장용 장작더미를 만들어 불꽃을 피우고 타버린다. 그리고 9일 후에 새로운 불사조가 그 잿더미에서 다시 태어난다. 고대 사회에서는 불사조는 예수의 부활을 지지하는 강력한 존재였다. 그 이유는 하나의 작은 새가 죽어 다시 살아날 수 있는 능력을 갖고 있는데 하물며 하느님의 아들인 예수가 부활했다는 사실을 어떻게 의심할 수 있었겠는가?

불사조에 대한 신화의 기원은 분명하지 않다. 화이트(T. H. White)는 불사조의 기원은 헬리오폴리스(Heliopolis)의 이집트 제사장에 의해 자주색 백조의 제물로부터 유래한 것이라고 주장하고 있다. 그 이유는 밤에는 죽고 다음날 아침에 다시 살아나는 태양에 대한 신성한 표상이 백조를 닮았다고 믿었기 때문이다. 또 다른 기원은 까마귀 종류 중 어떤 새들은 불길 끝에 앉아 날개 털을 불길의 시원한 부분 쪽으로 펼치는 현상에서 유래한 것으로 보았다. 이러한 행동은 기생충들을 태워버리고 피부를 열로부터 보호하는 역할을 한다.

비록 불사조의 명성은 화려하지만 그 자체는 신화이다. 그러나 불도룡뇽은 피부색이 밝은 노랑과 검정으로 얼룩져 번뜩이는 실존의 양서류이다. 이 화려한 도룡뇽은 독이 있고 불을 끌 수 있는 능력이 있는 것으로 믿었기 때문에 고대 사회에서 공포와 두려움의 상징이었다. 폭풍이 몰아친 후 대낮에 나타났기 때문에 도룡뇽은 습기와 관련되어 있는 것으로 보았다. 또 불 위에 놓인 통나무나 장작으로부터 도룡뇽이 나타나는 것을 미루어 고대인들은 도룡뇽이 불을 끈다고 믿었다. 12세기의 라틴의 동물우화집인 「동물의 세계(*The Books of Beast*)」책은 도룡뇽을 다음과 같이 서술하고 있다.

> "이 동물은 불을 끄는 유일한 생물이다. 이 동물은 불 속에서 타지 않고 상처도 받지 않고 사는데 그 이유는 이 동물이 불을 끄기 때문이다."

아리스토텔레스도 매우 유사한 주장을 했다. 플리니(Pliny)는 도룡뇽을 불길 속에 넣어 시험한 결과 도룡뇽이 타서 죽는 것을 관찰했다. 그러나 그는 도룡

뇽이 불을 끌 수 있다는 신화를 계속해서 선전하였다.

화이트는 「동물의 세계」 주석에서 인도의 황제는 수천 마리의 도룡뇽 가죽으로 된 옷을 입었고 알렉산더 Ⅲ세는 도룡뇽 가죽으로 만든 미사용 제복을 입었다고 서술하였다. 그들은 도룡뇽 가죽으로 만든 옷이 불에 타지 않는다고 믿었다. 그리고 석면이 발견되었을 때 석면이 불도롱뇽의 섬유로 되어 있다고 생각하였다.

폭격딱정벌레는 열에 대한 내성이 아니라 열을 방어 무기로 사용한다. 매우 놀랐을 때 이 벌레는 공격자에게 부식성이 강한 과산화수소 분무를 분출한다. 이 과산화수소 증기는 딱정벌레의 복부에 있는 한 쌍의 선에서 생성된다. 복부의 한 실(室, chamber)은 과산화수소와 히드로퀴논 용액으로 충만해 있고 다른 실에는 효소 혼합물이 저장되어 있다. 딱정벌레가 놀라게 되면 한 실로부터 다른 실에 효소를 분사하고 이는 과산화수소와 히드로퀴논 사이의 열 방출 반응을 촉매하고 이 에너지는 용액을 끓는 점까지 가열시킨다. 복부의 끝을 회전시켜 딱정벌레는 공격자에게 과산화수소 화염을 정확하게 분사할 수 있다. 이 곤충의 선명한 검정색과 오렌지색 그리고 자극성의 방출 소리를 들을 수 있는 정도의 폭발음으로 딱정벌레는 적들로부터 자신을 보호한다.

지 않고 뜨거운 석탄 불 위를 맨발로 걷는 사람의 능력에 대한 환상은 오랜 문화적 전통에서 파생했다. 실제로 불 위를 걷는 행위는 죄인의 죄를 판단하거나 또는 수련자의 정직성과 정신적 강인함을 시험하는 수단으로 시작하였을 것으로 본다. 그러나 불 위를 걷는 행위 그 자체가 어떤 초자연적인 힘이나 또는 특별한 정신적 훈련을 요구하는 것은 아니다. 불 위를 걸을 수 있는 숨은 비밀은 사람의 발이 뜨거운 숯과 접촉하는 시간이 상대적으로 짧고 나무의 열전도가 비교적 낮기 때문이다. 냄비의 손잡이가 나무로 되어 있는 것처럼 나무는 열의 전도가 매우 낮은데, 숯은 4배 정도 더 낮은 절연체이다. 이 때문에 뜨거운 재의 열기가 발에 거의 전달되지 않고 800℃나 되는 잿불 위를 52m나 걸어갈 수 있는 것이다. 즉 불 위를 걸을 수 있는 것은 생리학적 현상의 문제라기보다는 물리적 현상의 문제이다.

사람은 특수 보호복을 입으면 고열에 잘 견디어 낼 수 있다. 군인들은 여러 겹의 펠트 양털로 만든 방열 장비를 갖추고 있다. 이 옷은 폭발에 의한 화상과 고열로부터 병사를 보호한다. 펠트 양털로 만든 장갑을 끼면 뜨겁게 달군 금속 덩어리를 잡을 수도 있다. 자동차 경주자와 석유 굴착 인부들은 내열성 합성 섬유로 만든 옷을 입는다. 이 옷을 입으면 뜨거운 불 속에서도 몇 초간 안전하게 보호받을 수 있다.

그러나 보호복을 입지 않은 상태에서는 웬만한 열에도 세포는 죽게 된다. 우연히 뜨거운 다리미에 손가락이 닿을 경우 피부 세포가 죽어서 살갗이 하얗게 변색된다. 이러한 사소한 표면 화상으로도 피부 세포의 표피 세포는 죽는다. 만약 열에 지속적으로 노출되면 피부 세포 아래의 조직도 화상을 입게 된다. 화상 부위에 저장된 열을 냉수나 또는 얼음 덩어리로 신속하게 냉각시켜야 더 이상의 화상의 피해를 방지할 수 있다.

대부분의 포유동물 세포는 50℃ 이상에서 몇 분 동안 가열하면 죽으나 인체는 공기가 매우 건조할 경우 50℃이상의 대기 온도에서도 어느 정도 견딜 수 있다. 많은 사람들은 90℃나 되는 사우나 목욕을 통해 이러한 현상을 실제 체험한다. 실험에 의하면 인체는 127℃나 되는 건조한 대기 온도를 20분간 견딜 수 있고 더 높은 온도에서도 짧은 시간 동안 견딜 수 있다는 보고가 있다. 이러한 현상은 땀을 많이 흘리게 되면 대기 온도보다 피부 표면을 훨씬 더 시원하게 만들 수 있기 때문에 가능하다. 극도로 높은 온도는 매우 위험한데 그 이유는 뜨거운 공기가 폐의 섬세한 내부 조직을 손상시키고 피부의 냉각 시스템을 압도하여 결국 심각한 화상을 초래하기 때문이다. 다행히도 지구의 대기 온도는 50℃ 이상을 거의 넘지 않으며 피부에 화상을 입히는 강력한 열은 불이 났을 때만 일어난다.

사람은 끓는 점보다 더 높은 건조한 공기 온도를 짧은 시간 동안 견딜 수 있지만 물론 계속 버틸 수는 없다. 시간이 지나면서 체온은 결국 상승하게 된다. 뇌세포는 열에 매우 민감한데, 42℃가 최대한 견딜 수 있는 온도이고 만약 혈액의 온도가 몇 도 상승하면 뇌는 심각한 손상을 받는다. 결국 우리는 체온을 42℃보다 낮게 유지하여야 생명을 유지할 수 있다.

뜨거운 물질

사망 후 체온이 급속히 냉각되는 것처럼 열은 생명 활동 과정의 부산물이다. 1666년 철학자 록(John Locke)은 "호흡이 멈추면 체온은 떨어진다."고 서술하였다. 우리의 세포에 활력을 주는 생화학적 반응은 자동차 엔진처럼 소량의 열을 부산물로 방출한다. 더운 날씨에 쉬고 있을 경우 우리의 몸으로부터 발생한 열은 우리가 필요로 하는 내부 열을 충족시키는데 충분하다. 그러나 추운 기후에서는 외부 환경으로 나가는 열 손실이 커져 열이 보충되어야만 한다. 이와는 반대로 운동을 하면 5배 이상으로 열을 생산하게 되고 열 손실의 증가는 필연적인 현상이 된다. 지구상에는 주변의 온도가 체온보다도 더 높은 곳이 여러 곳이 있기 때문에 주위 환경으로부터 열 획득을 최소화하여야 한다.

열대에 사는 사람의 체온은 추운 지대에 사는 사람보다 더 높다. 1578년 하스럴(Johannis Hasler)은 위도에 따라 사람이 필요로 하는 열 또는 냉기가 얼마나 되는지 조사하였다. 중세 유럽에서는 인간의 몸이 4가지의 체액으로 이루어져 있다는 갈렌(Galen)의 이론에 기초한 의술을 펼쳐왔다. 4가지 체액은 혈액, 담, 검은 쓸개즙과 노란 쓸개즙을 뜻한다. 각 개인의 기질이나 성질은 이 체액의 혼합에 의해 결정된다고 믿었다. 혈액이 많으면 다혈질 성격이 되고, 담이 많으면 냉담한 성격이 되고, 검은 쓸개즙이 많으면 우울한 성격이 되며, 노란 쓸개즙이 많으면 화를 잘 내는 성격이 된다는 것이다 이 체액의 균형이 조화롭게 형성되어 유지되면 건강한 사람이 된다. 각 개인의 체액의 평형은 매우 독특하기 때문에 신체에는 일정한 온도가 존재하지 않는다고 믿었다. 1618년 라레이(Walter Raleigh)는 사람의 체온은 개인에 따라 매우 다르다고 서술하였다. 이와 유사하게 베이컨(Francis Bacon)은 여러 종류의 체온을 소유한 사람들도 있다고 주장하였다. 따라서 온혈 인간이니 냉혈 인간이니하는 사람의 기질에 관한 단어들은 중세 신앙의 유산이라고 볼 수 있다.

그러나 다른 포유동물처럼 인간은 정온 동물이고 외부 온도와 무관하게 안정된 체온을 유지하고 있다. 이는 열 생산율과 열 손실률이 균형을 잘 유지해야 한다는 것을 의미한다. 열대 지방에서의 생명 유지는 열 생산의 감소와 열 손실의 증가에 달려 있다.

체온을 떨어뜨리기

인간을 비롯한 모든 동물은 그늘진 곳을 찾아가는 행동 적응을 통해 열 스트레스를 감소시킨다. 물질 대사는 열을 생산하기 때문에 적게 먹으면 당연히 열생산은 감소한다. 근육 활동은 상당한 양의 열을 생성하기 때문에 육체 노동은 선선한 이른 아침이나 저녁에 주로 해야한다. 그러나 어리석게도 한낮의 태양에 대한 사랑의 풍자로 유명한 인도의 영국 지배자들은 육체적 운동이 열대병을 예방하는데 필수적이라고 믿었고 남녀 모두 한낮에 운동을 하였다. 한낮에 폴로나 테니스를 하면서 말을 타고 전속력으로 달리면 심장 마비에 걸릴 위험이 증가한다.

물론 고온 지역에 사는 사람은 열에 대해 의상, 주택과 노출 정도를 조절한다. 관광객과는 달리 사막의 원주민들은 몸 전체를 완전히 감싸는 여러 겹의 느슨한 옷을 입고 산다. 마찬가지로 낙타와 다른 사막 동물들의 등은 두터운 털가죽으로 덮여 있다. 언뜻 보기엔 이러한 현상을 이해하기 어렵다. 그러나 주변의 온도가 신체보다 훨씬 더 뜨거울 때 털가죽과 옷은 매우 효과적인 열 보호막과 절연층으로서 작용한다. 털을 깍은 낙타는 열을 더 빨리 흡수하기 때문에 훨씬 더 많은 물을 마셔야 한다. 옷을 벗게 되면 체온이 더 빠른 속도로 증가하게 된다. 따라서 헐렁한 옷이 가장 좋은데 그 이유는 바람이 잘 통해 땀이 잘 증발하도록 하는 한편 작열하는 사막의 태양열로부터 보호하기 때문이다.

사막에 서식하는 동물은 열 스트레스를 피하기 위한 나름대로의 적응 능력을 갖추고 있다. 사막에 서식하는 양서류의 하나인 나미비아두꺼비는 낮에는 모래 표면보다 훨씬 더 온도가 낮

사막에 거주하는 대부분의 부족들과 같이 투아레그족도 열 스트레스를 막기 위해 온 몸을 감싸는 긴 옷을 입는다.

은 몇 십 cm 아래의 모래 밑에서 쉬다가 선선한 밤에만 나와 활동한다. 꿀벌들은 다른 전략을 사용한다. 그들은 35℃에서 애벌레를 기르는데, 필요한 온도를 일정하게 유지하기 위해 증발냉각 방법을 사용한다. 벌통 속이 너무 뜨거워지면 벌통 입구에 일벌들이 물을 물어다 물방울을 분산시킨 다음 선풍기를 작동하듯 날개질로 물을 증발시켜 벌통의 온도를 떨어뜨린다. 일부 동물들은 하면(夏眠)이라고 알려진 동면과 같은 휴면 상태를 취함으로써 무더운 여름의 더위를 견디어 내는데 동면과 같이 이때 대사율은 현저히 감소한다. 그리고 그늘진 곳이나 또는 선선한 지하 굴속에 움크리고 앉아 기온이 선선해질 때까지 기다린다.

에어컨디션이 일반화되기 전에는 사람들은 더위를 피하기 위해 지하 주택을 짓고 살았다. 사하라 사막의 마트마타(Matmata)족의 집은 지하 10m 아래 있고, 호주의 사막에 살고 있는 사람들도 지하 집에서 거주하고 있다. 좀 덜 더운 기후에서도 열 스트레스를 감소시키는 방향으로 각 지방 특유의 집을 짓고 산다. 예를 들어 파키스탄의 하이데라바드지방의 집 지붕에 설치한 바람잡이 장치는 선선한 오후의 미풍을 방안으로 들어오도록 하는 기구이다. 그리고 전통적인 일본 가옥의 내벽은 앞뒤로 열리도록 지어져서 통풍이 잘되므로 집을 시원하게 만든다. 내가 성장했던 돌셋셔(Dorsetshire)시골의 작은 집의 벽은 2피트 두께의 점토와 짚을 섞어 만든 벽토로 되어 있다. 여름철에 이 벽토는 더위로부터 열을 흡수하는 냉방 역할을 했다. 대부분의 사막에서 사는 사람처럼 투아레그(Tuareg)족은 온몸을 완전히 감싸는 긴 옷을 입는다.

땀을 흘리며

사람이 행동으로 환경으로부터 열을 흡수하는 속도를 감소시킬 수는 있을지라도, 몸 자체로부터 생성되는 열은 자의로 줄일 수 없으므로 제거하여야 한다. 사람에서 체온을 조절하는 가장 주요한 기관은 피부라 할 수 있다. 근육과 다른 내부 기관으로부터 발생하는 열은 혈액에 의해서 피부로 전달된다. 피부는 몸 표면에 가장 가까이 존재하는 모세 혈관들의 혈액량을 조절하여 외부로 열을 방출해 체온을 조절한다. 체온이 증가하면 피하 혈관들이 팽창하여 피부 표면에 고온의 혈액이 노출되어 열 배출량을 증가시키기 때문에 더울 때 몸이 달아오르는 것이다. 반대로 체온이 감소하면, 피하 모세 혈관이 수축하여 혈관이 피부 표면으로부터 멀어져 혈액이 좀 더 몸 깊숙이 있는 혈관을 흐르게 되어 열이 보존되는 것이다. 몸에 있는 체온 조절 시스템은 자동차의 엔진 냉각 시스템의 업그레이드 형태라고 보면 된다. 자동차의 워터 펌프에 해당하는 심장이 있고 피는 순환하는 냉각제로, 피부는 라디에이터로의 기능을 한다고 보면 된다.

몸에서 열을 방출하는 방법에는 네 가지가 있다. 즉, 복사, 전도, 대류와 땀의 증발이다. 바람이 불지 않는 곳에서 휴식을 취할 때 60%는 방사에 의해서, 20%는 전도와 대류에 의해서 열의 방출이 일어난다고 보면 된다. 피부 온도가 몸의 중심 온도보다 낮으면 방사, 대류와 전도에 의해 몸을 식히는 것이 가능하다. 그러므로 몸의 중심 온도가 최고 42℃를 넘지 않는 것이다.

그러나 체온보다 고온인 기후에서는 오히려 방사와 전도에 의해 외부로부터 열을 흡수하므로 열 스트레스가 증가하게 된다. 걸프전 당시 호르무즈 해협을 통해 페르시아의 걸프만으로 항해하는 선박들이 많았다. 기온은 무려 47℃였고 습도는 매우 높았다. 구름 한 점 없는 맑은 하늘 아래의 땡볕에서, 또 물에 반사되는 빛도 받아 거의 견딜 수 없을 정도의 조건이었다. 빛을 반사하는 특수복을 입고서도 선원들은 갑판에서 10분 이상을 견디기 힘들었다. 또 다른 예로는 매년 수천명의 순례자가 메카로 가는데 이곳의 평균 온도는 40℃ 이상이다. 많은 사람들이 열기를 견디지 못하고 쓰러지는 경우가 많다.

체온보다 공기의 온도가 더 높을 경우 열을 방출하는 유일한 방법으로는 땀을 내는 것이다. 액체 상태인 땀을 기체 상태로 전환시키는데는 많은 열을 소모하기 때문에 몸이 식는다. 체온으로 1mℓ의 물을 증발시키는데는 2,400 Cal가 소비된다, 이는 같은 양의 물을 빙점에서 끓는점까지 올리는데 필요한 칼로리와 같은 양이다. 이 때 사용되는 열은 대부분 몸에서 나오는 열이기 때문에 땀의 증발로 몸이 식는다. 그러므로 피하를 통과하는 혈액의 온도가 감소하고 고온의 혈액이 흐르는 몸 중심으로 저온의 혈액이 순환함으로써 전체적으로 체온이 감소한다.

우리의 몸에는 약 300만 개의 땀샘이 있는데 그 중 절반은 가슴과 등 쪽 피부에 존재한다. 또한, 많은 땀샘들이 이마와 손바닥에도 있다. 피부에 썬텐 오일을 바르고 뜨거운 햇빛 아래 몇 분 동안 앉아 있으면 땀구멍을 자세하게 관찰할 수 있다. 피부가 열을 받으면 땀구멍 하나하나에 조그마한 땀방울이 맺히게 된다. 오일의 얇은 막은 땀이 증발하는 속도를 감소시켜 눈으로 땀방울을 보기 쉽게 해 준다.

체온이 증가하면 아드레날린 호르몬이 분비되는데 이 호르몬이 땀의 생성을 자극한다. 아드레날린은 스트레스를 받을 때

열전도의 물리학

열이란 분자들이 움직임으로써 생기는 에너지의 한 형태이다. 기체 온도는 이를 구성하는 분자들의 평균 속도에 의해 결정된다. 즉, 더욱 빠른 속력으로 분자들이 움직일수록 온도가 높고, 보다 느린 속력일 때 온도가 낮다. 고체 상태에서는 구성하는 분자들이 서로 붙어 있다. 과학자들은 이러한 모습을 각각의 분자들이 스프링으로 서로 연결되어 있는 상태로 생각한다. 온도가 높을수록 스프링이 진동하는 폭이 클 것이고, 온도가 낮을수록 진동의 폭이 더욱 작을 것이다. 절대영도(－273℃)에서는 진동이 거의 없다고 보면 된다. 진동이 전혀 없는 것이 아니라 '거의' 없다고 보는 것에 대하여, 절대 영도의 정의 따라 어떠한 움직임도 없어야 하지 않은가라는 의문이 생길 수 있다. 그 이유는 하이젠베르크(Heigenberg)의 유명한, '불확정성 원리(uncertainty principle)' 때문이다. 이것은 어떤 물체의 위치와 그 물체의 운동량(물체의 질량과 속도의 곱), 두 가지 모두를 정확히 동시에 알 수 없다는 원리이다. 입자가 가진 운동량의 범위를 좁혀서 그 운동량을 정확히 알아내려고 하면 할수록, 그 입자가 위치해 있을 범위는 넓어져 위치를 정확히 알아맞추는 것은 더욱 어려워진다. 따라서, 이 원리에 의하면 분자가 고체 상태일지라도 절대 영도에서 조금은 진동하고 있다는 것이다.

열이 한 물체에서 다른 물체로 전달되는 방식에는 '전도', '대류', '복사' 라는 세 가지가 있다. 전도란, 피부와 공기같이 직접 접촉하는 두 물체간의 열 전달 방식을 말한다. 두 물체 사이에 온도차가 존재하면 고온의 물체에서 저온의 물체로 열이 전달된다. 구체적으로 말하면, 온도가 높은 물체를 구성하는 분자들이 온도가 낮은 물체의 분자들을 세게 쳐서 그 분자들의 속력을 증가시키는 반면, 온도가 높은 물체의 분자 속력은 감소하게 된다. 물체가 열을 얼마나 빠르게 많은 양을 전달하는가의 정도를 '열전도율'이라 한다. 예를 들어 나무의 열전도율은 구리보다 낮기 때문에 구리로 된 후라이팬의 손잡이는 나무로 만드는

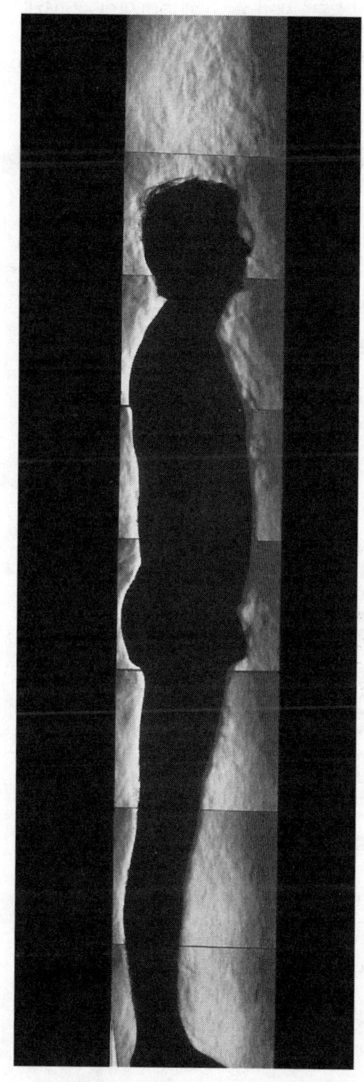

우리의 몸을 감싸고 있는 따뜻한 공기층을 보여주는 슈리렌(Schlieren) 사진

것이다. '절연'(열 흐름에 대한 저항성)은 전도율과 반대의 의미를 가진다. 공기나 깃털은 낮은 열전도율을 가지지만 반대로 높은 절연성을 갖는다. 그래서 깃털로 된 이불을 덮으면 매우 따뜻한 것이다.

액체에서는 열이 주로 대류에 의해 전달된다. 먼저 목욕탕을 차가운 물로 가득 채운 후 물 속으로 들어간다고 상상해 보자. 몸 주위를 감싸고 있는 물이 서서히 따뜻해지는 것을 느낄 수 있다. 물이 순환을 하면서 차가운 물은 체온에 의해 따뜻해지고 몸은 물에 의해 차가워진다. 몸을 덮고 있는 물이 계속적으로 순환하는 것은 따뜻한 물은 차가운 물보다 가벼워서 위로 올라가기 때문인데, 이를 '대류' 현상이라 한다. 따뜻한 물은 위로 올라가고 차가운 물은 아래로 내려오기 때문에 목욕물의 온도차가 생기고, 이렇게 물이 계속해서 순환하기 때문에 몸 주위 물이 바뀌어 열전달이 진행된다.

전도와 대류는 그 원리를 쉽게 설명할 수 있지만, 과학자들이 복사의 원리를 이해하는 데는 오랜 시간이 걸렸다. 모든 물체는 전자기파를 복사하여 내보내고 물체의 온도가 높을수록 더 많은 양을 복사한다.

전자기파 스펙트럼은 모든 범위에 걸쳐 복사한다고 보면 되지만, 복사되는 전자기파 세기의 최대값에 해당하는 스펙트럼 범위는 물체의 표면 온도에 의해 결정된다. 즉, 물체가 열을 받아 표면 온도가 높아질수록 복사되는 전자기파 세기의 최고점에 해당하는 스펙트럼은 짧은 파장 범위 쪽으로 이동하게 된다.

복사되는 전자기파를 색깔로 보느냐, 아니면 열로 느끼느냐는 그 파장의 크기에 의해 결정된다. 파장이 길면 눈으로는 볼 수 없고 열로 느끼게 된다. 예를 들어, 나무토막이 타는 동안에는 빛을 내지만, 다 타고 난 후에는 불빛은 없고 그 열만을 계속 느낄 수 있는데 이것은 파장이 긴 적외선이 복사되어 나오기 때문이다. 어떤 물체의 표면 온도가 증가할수록 가장 많이 복사되는 전자기파의 파장은 가시광선 쪽에 해당하기 때문에 그 물체가 빛이 나는 것으로 보이게 된다. 처음에는 붉은 색으로 보이고 표면 온도가 높아질수록 노란색으로 변하며, 온도가 더욱 증가하면 흰색으로까지 보이는데, 이것은 평균적으로 복사되는 전자기파의 파장이 계속 짧아지기 때문이다. 혹시라도, 표면 온도가 높아질수록 색깔이 스펙트럼색의 순서대로 빨간색, 노란색, 초록색, 파란색으로 변하지 않을까라는 생각을 가질 수도 있으나, 철로 된 부지깽이를 불에 달구어 그 변하는 색깔을 보면 그렇지 않음을 확인할 수 있다. 부지깽이에서는 스펙트럼 전 범위의 파장을 가지는 전자기파들이 동시에 나오며, 가해진 열에 의해 달라지는 것은 그 세기가 최대인 전자기파의 파장일 뿐이다. 또한 온도가 높아지면 복사되는 양이 폭발적으로 증가하므로 보다 긴 파장을 가지는 전자기파도 함께 나온다. 결국, 흰색으로까지 매우 밝게 보이는 부지깽이에서 복사되어 나오는 빛은 여러 파장의 전자기파가 모여 있는 것으로 보면 되는데, 햇빛도 이와 같이 다양한 파장을 가지는 전자기파가 모여있는 것이어서 매우 밝게 흰색에 가깝게 보이는 것이다. 흰색을 띠는 부지깽이가 붉은 색의 부지깽이 보다 더 뜨겁게 느껴지는 것은 이러한 이유 때문이다.

태양의 표면 온도는 약 6,300℃이고 복사되어 나오는 전자기파 중, 최대 세기의 전자기파 파장이 0.5㎛이기 때문에 눈이 부실 정도로 밝게 보인다. 그리고 보다 긴 파장의 전자기파도 방출하기 때문에 지구의 모든 생명체가 살 수 있도록 열을 공급해 준다. 37℃를 유지하는 사람의 몸에서 나오는 전자기파는 최대 세기의 파장이 10㎛이다. 이것은 가시 광선의 파장 범위 밖이어서 보이지는 않지만 절연이 잘 된 환경이라면(예를 들어 침대에서) 타인에 의해 방출되는 열을 느낄 수 있을 것이다. 절대 온도로는 태양의 온도가 체온의 약 20배(태양 : 6,600K, 사람 : 300K)이고, 방출되는 전자기파 중 최대 세기의 전자기파 파장은 체온에 비해 20배가 짧다. 이로 보아 최대 세기의 전자기파 파장과 온도 사이 관계는 반비례함을 알 수 있다.

열은 빛과 같이 파장 또는 광자라는 입자로 볼 수 있다. 복사열의 전달이 어떻게 일어나는가 또, 어떻게 진공 상태인 우주를 통해서 지구까지 올 수 있는가를 이해하기 위해서는, 우리 몸을 구성하는 원자가 열을 흡수하거나 방출하는 것에 대해 생각하면 쉬울 것이다. 원자와 미시 은하계 사이에는 다른 점이 있지만 유사한 점도 많다. 가장 핵심에는 핵이 있고 그 주위에는 하나 또는 다수의 전자가 공전을 한다. 행성 궤도와 유사하게 전자들은 핵으로부터 불연속적으로 떨어져 있다. 전자들의 궤도는 그들의 에너지 상태에 의해 결정되는데, 전자들은 에너지를 흡수하느냐 방출하느냐에 따라 그 궤도가 다르게 된다. 우리는 이 에너지를 광자, 다시 말해 빛 알갱이로 생각할 수 있다. 바깥 궤도로 나가는 전자는 광자를 흡수했기 때문이고 안쪽 궤도로 들어올 때는 광자를 방출했기 때문이라고 볼 수 있다.

원자와는 다른 방법으로, 분자는 진동량을 증가시키거나 감소시켜서 복사로 열을 흡수 또는 방출한다. 진공 상태의 우주에서 1초당 299,000km의 속도로 태양으로부터 오는 광자는 우리 피부의 분자에 의해 흡수되어 분자의 진동 상태를 증가시켜 우리를 따뜻하게 해 준다. 분자의 진동량이 감소하면 열은 복사되는 광자에 의해 방출된다. 현재 이 책을 읽는 동안 당신은 광자를 몸 주위로 복사하고 있다. 당신은 주위의 사람들 그리고 앉아 있는 곳에 있는 물체와 광자를 계속적으로 교환하면서 무언의 대화를 하고 있는 셈이다.

더 많이 분비되기 때문에 두려울 때 손바닥과 이마에 땀이 난다. '말은 땀을 흘리고(sweat), 남자는 땀이 나고(perspire), 여자는 그저 얼굴이 환해진다(gently glow)'라는 옛말이 있다. 비록 이 옛말은 빅토리아 시대에 점잖은 자리에서 하는 말이라고 여겨지기는 하나 같은 양의 열에 노출되더라도 여자는 남자에 비해 땀을 절반 정도 흘리는 사실로 보아 이 옛말에는 어느 정도의 진실이 섞였다고 볼 수 있다. 다시 말해 성별에 따라 땀의 분비에 차이가 있다는 것이다. 또한 종족에 따라서도 상당한 차이가 있다. 예를 들어 나이지리아나 스웨덴 사람에 비해 뉴기니 원주민은 땀을 적게 흘린다.

한 시간에 3ℓ 정도의 땀을 흘릴 때는 땀을 흘리지 않을 때보다 거의 20배나 많이 열을 방출할 수 있다. 장시간 동안 그렇게 많은 땀을 흘릴 수는 없으므로 고온에서 일하는 사람일지라도 하루에 흘리는 땀의 양은 약 10~12ℓ 정도로 보면 된다. 건조한 사막 공기에서는 땀이 너무 빨리 증발하기 때문에 땀은 흘리지 않는 것처럼 피부가 건조하다고 느낄 것이다. 그러나 손바닥을 팔에 얹고 조그만 있으면 곧 땀이 나고 있는 것을 발견할 것이다. 덥다고 느껴지지 않는 상태에서도 하루에 약 0.8ℓ의 땀에 의한 열방출이 일어나고 있다.

땀으로 열을 방출하는 것은 운동 선수들에게 매우 중요하다. '투어 디 프랑스(Tour de France)'의 자전거 경주에 참가하는 선수들은 언덕을 12시간씩 계속해서 달릴 수 있다. 그러나 실험실에서는 같은 양의 운동을 한 시간도 유지하는 것이 어렵다. 밖에서는 움직임으로 일어나는 바람에 의해 피부 바로 옆 공기층이 계속 바뀌게 되므로 땀의 증발로 열이 빨리 식을 수 있다. 그러나 실내의 엑서사이스 바이크에서는 대류가 훨씬 적게 일어나 열방출이 적어 빠른 시간 내에 지치게 된다. 그러나 선풍기를 틀어 준다면 훨씬 긴 시간 동안 지치지 않고 운동을 계속할 수 있다. 자전거 선수나 육상 선수가 운동을 멈추면 갑자기 열사병에 걸리는 현상은 땀의 증발에 의해 열이 식는 것이 갑작스럽게 감소했기 때문이라고 보면 된다. 몸 주위를 흐르는 바람이 갑작스럽게 멈췄기 때문에 열방출이 안 되었고 이 때문에 체온이 순간적으로 오른 것이다. 말이 운동을 하고 나서 그냥 멈추지 않고 계속 가벼운 운동을 함으로써 '몸을 식히는' 시간이 꼭 필요하다는 것도 같은 원리이다.

호주 동물 중 몇 종은 열을 물의 증발로 식히는, 보다 능동적인 방법을 개발해 냈다. 땀을 흘리는 대신 계속적으로 자신을 핥고 그 침의 증발로 몸을 식히는 것이다. 보다시피 이 방법은 그다지 효과적인 방법이라고는 할 수 없고, 마지막 수단으로만 사용하는 것처럼 보인다. 학의 경우 약간 색다른 방법을 사용하는데, 학은 다리에 오줌을 지려서 열을 식힌다. 또 다른 예로는 개가 있다. 개가 혀를 내미는 것은 열방출을 위한 것이다. 이 때 헉헉거리는 것은 기관지를 식히고 증발에 의해 기도의 열을 식히는 것을 용이하게 하기 위해서이다.

사람은 공기가 건조한 상태이면 체온보다 높은 온도에서도 편안한 생활을 할 수 있다. 그러나 습도가 75% 이상이 되면 땀이 증발하지 않는다. 이런 환경에서는 땀을 흘리는 것이 냉각효과는 전혀 없고 오히려 탈수만 유발한다. 그러므로 습하고 고온인 환경에서는 살기가 매우 힘들다. 서인도 제도와 자마이카의 기후에 대해 엘리스(Ellis) 지사는 이렇게 말했다. "사는 것이라고 보기가 힘들다. 단지 숨을 헐떡일 따름이며, 활력이 없는 몸으로 밥이나 먹고 견딘다. 이는 6월 중순에서 9월 중순까지의 우리의 생활 모습이다."

대다수의 사람들은 습도가 포화 상태일 때 50℃를 견디기 힘들지만 건조한 상태에서 90℃는 단시간 동안은 꽤 편하게 느낀다. 체감 온도가 같게 느껴질지라도 사우나에서의 온도가 증기탕보다 더 높다. 물에 들어가 있을 때는 땀을 흘리는 것이 열을 방출하는 데 아무런 영향을 미치지 않는 것을 알 수 있다. 이는 체온보다 고온에서 목욕을 하면 열이 제대로 방출이 되지 않아 위험할 수도 있다는 것이다. 가장 뜨거운 일본의 온탕은 46~74℃인데 아무리 신체가 건장한 사람이라도 3분 이상 견디기 힘들다. 대부분의 사람들은 43℃에서도 견디기 힘들어 한다.

비록 사람들이 열대 지방에 오면 처음에는 매우 힘들어 하지만 시간이 지나면서 열대 환경에 어느 정도는 적응을 한다. 걸프전 때 북유럽에서 사우디로 공수된 군인들이 처음 며칠 동안은 기운이 없고 피로해 했다. 그러나 한 일주일이 지나고는 열에 적응을 하고 활력을 되찾았다. 열대 지방에서는 염분이 적은 땀을 많이 흘리게 됨으로써 환경에 적응하게 된다.

머리를 차게 유지할 것

아프리카나 중앙아세아의 영양은 척박한 환경에서도 잘 살아가고 있다. 그늘이 거의 없는 고온 건조한 평지에서 생활을 하고, 살아남기 위해서는 포식자로부터 재빨리 도망쳐야 하는데 그러기 위해서는 그들보다 빨리 달리는 길 밖에 없다. 그러나 뛴다는 것은 보통 때보다 약 40배나 많은 양의 열을 내게 한다. 결론적으로 말하면 달리는 영양은 열 때문에 생명이 위험해질 수도 있다는 것이다. 앞에서 언급한 바와 같이 특히 포유류의 뇌는 열에 민감해 중심 온도가 오르면 가장 먼저 기능을 잃는 기관이다. 그러므로 열이 과도할 때는 뇌를 저온으로 유지시키기 위해 열은 나머지 부분으로 분산시켜야 한다. 따라서 뇌를 제외한 체온은 증가한다. 이는 오릭스와 가젤영양이 사용하는 방법이다. 이들은 체온이 45℃까지 오르는 것을 견딜 수 있다. 이런 동물들은 뇌에 공급하는 피를 식히는 열교환기와 같은 특수한 혈관계를 갖고 있다. 뇌에 피가 공급되기 전에 경동맥이 수백 개의 혈관 가지로 나뉜다. 이 혈관은 비강에서 심장으로 저온의 혈액을 공급하는 유사한 혈관 가지와 교차된다. 열이 고온의 동맥에서 저온의 정맥으로 이동하므로 뇌로 들어가는 혈액의 온도가 낮아진다. 따라서 체온은 평균 온도에서 4℃ 이상까지 오를 수 있으나 뇌의 온도차는 1℃ 이하를 유지한다. 전력 질주를 하는 가젤영양은 이 방법으로 열을 몸에 저장하면서 뇌는 저온으로 유지시킨다. 저장된 열은 밤에 대류나 전도에 의해 대기로 빠져나간다. 이 방법은 땀을 흘려서 체온을 유지하는 것보다 물을 절약할 수 있다.

크기와 모양의 중요성

신체의 크기는 열 조절에 매우 중요하다. 얼음이 잘게 부서진 상태보다 덩어리로 존재할 때 더 천천히 녹듯이 작은 동물보다는 큰 동물이 천천히 열을 잃는다. 뾰족뒤쥐나 벌새 같은 작은 동물들은 열을 너무 빨리 잃어서 밤에 체온을 유지하지 못하는 경우가 있다. 반대로 큰 동물들은 무더운 기후에서 운동을 하면 과열이 될 위험이 있어 아프리카 평원에서는 대부분의 동물들이 단시간만 달리는 성향이 있다.

인류학자와 고고학자는 예전부터 인체와 여러 인종의 진화와 기후와의 관계를 연구하고 있다. 북극의 이누이트족과 같이 한랭한 기후에 적응해 생활하는 사람들은 키가 작고 땅딸막한 체구에 팔, 다리, 손가락, 발가락이 짧은 편이다. 이러한 체형은 부피에 대해 표면적이 작아서 열을 보존하는데 도움이 된다. 적도 부근의 아프리카 평원과 같은 고온 건조한 환경에서 진화한 종족들은 장신에 날씬하고 사지가 훨씬 길다. 현대의 마사이족과 삼부르족이 이러한 체구일 뿐만 아니라 동아프리카에서 기원한 인류의 조상도 비슷한 체구를 가졌었다. 워커(Alan Walker)와 십만(Pat Shipman)이 자세히 설명했듯이 화석으로 발견된 직립원인인 나리오코톰(Nariokotome) 소년은 현존하는 아프리카인보다 더욱 긴 사지를 갖고 있다. 키가 크면 표면적이 넓으므로 땀샘이 상대적으로 많아져서 열방출을 촉진하고 피하 지방이 적으므로 심피 조직의 열 전도가 더욱 활성화된다. 그러므로 키가 크고 마른 체형이 열대 기후에 적합하고 사냥감을 잡기 위해서 달려야 하는 사냥꾼에게 이러한 체형은 매우 중요하다. 동물도 열방출을 촉진하기 위해 표면적을 넓히도록 진화하였다. 코끼리의 큰 귀와 깃털이 없는 타조 다리의 주요 기능도 열방출을 촉진하기 위한 것이라고 보면 된다.

사막에서는 먹이가 부족한 경우가 많기 때문에 사람이나 다른 동물은 먹이가 풍부할 때 이를 지방 상태로 저장을 해 놓는다. 그러나 지방은 매우 효과적인 절연체로 피하에 골고루 저장하면 열방출에 방해가 될 것이다. 그러므로 사막에 사는 동물은 지방을 몸의 한 장소에 모아 저장한다. 낙타의 혹은 물을 저장하는 곳이 아니라 지방을 비축하는 기관이다. 유사하게 남아프리카의 호텐토트(Hottentot)족은 지방을 주로 엉덩이에 저장하고 사지가 길고 가늘어 열방출에 효율적이다.

열사병

미국에서는 매년 약 250명이 열사병으로 사망하며 특히, 무더운 해에는 1,500여명이 사망하는 경우도 있다. 1998년 7월, 미국 중서부 지방의 기온이 38℃를 넘어선 채로 24일간이나 지속되었으며, 이 기간 동안 150여명이 사망하였다. 다음해에도 비슷한 고온 현상으로 인하여 시카고에서만 하루에 50여명의 사망자가 발생하기도 하였다. 이렇듯 극심한 고온 상태에서는 자기 전까지 건강하던 사람이 다음날 아침에 죽어 있거나 혹은 심하게 앓는 경우가 발생하기도 한다. 특히, 그러한 더운 날씨에서는 안전을 위해 창문을 닫아놓는 것이 오히려 열사병의 위험을 증가시키는 결과를 가져오기도 한다. 노인들은 체내의 수분이 부족하므로 특히 열사병에 걸릴 위험이 높다. 그러한 까닭에서 1998년에 고온 현상이 발생하였을 때, 시 당국은 노약자들은 낮 동안 냉방 시설이 되어 있는 쇼핑몰 등에 피신해 있도록 권유하였다. 같은 해, 아이들의 외부 출입이 통제되고, 근로자들에게 야간 근무를 권장하는 등 열사병에 의한 피해를 줄이기 위한 많은 노력이 행해졌다.

20세기 초반에는 열사병을 태양에 의한 뇌졸중의 한 형태로 생각하였다. 태양 광선 중에 두개골을 뚫고 들어가 뇌에 치명적인 손상을 일으킬 수 있는 화학 작용을 가진 광선이 포함되어 있으리라 여겼기 때문이다. 그 결과, 태양빛을 피하기 위해 모자와 망토를 착용하는 유행이 생겨나기도 하였다. 심지어, 어떤 경우에는 모자 위에 가벼운 금속판을 부착해야 한다는 주장이 나오기도 했다. 헉슬리(Elspeth Huxley)는 제1차 세계 대전 이후 케냐에

의 젊은 시절의 삶을 회고하는 「얼룩도마뱀(*The Mottled Lizzard*)」이라는 회고록을 출판하였다. 이 책에서 그는 다음과 같이 여행자들의 모습을 묘사하였다.

> '사람들은 붉은 천으로 짠 망토를 항상 셔츠에 걸쳐 입고 있었다. 낮의 태양을 위험한 야수와 같이 여겼는데, 항상 주의를 기울이지 않으면 작열하는 태양이 언제 사람을 덮쳐 쓰러뜨릴지 모르기 때문이었다.'

그녀는 케냐에 막 도착한 힐러리 이모의 모습을 더욱 놀라운 광경으로 묘사하고 있다. 그녀는 다음과 같은 보호용 천으로 온몸에 두르고 있었다.

> '이모는 기다란 보라색 스카프가 등까지 드리워진 커다란 모자를 쓰고, 그 아래로는 플란넬 천으로 라인이 들어간 붉은색의 커다란 망토를 두르고 있었다. 얼굴은 커다란 검은색 안경로 가려져 있었고, 거기에 덧붙여 줄무늬가 있는 큰 양산까지 쓰고 있었다. 양산을 접자마자 그녀는 재빨리 베란다의 그늘로 숨어들었고, 그 때에서야 비로소 그녀가 착용하고 있던 것들을 조심스럽게 벗기 시작했다. 그리고 다음과 같이 말했다. "철판 위의 초가 지붕이라… 바른 선택이기는 하지. 하지만 철판과 지붕 사이에 역청을 바른 두 겹의 방열판이 더 들어가야 할 것 같군. 내 생각에는 머리 보호 장비를 쓰고 있는 편이 더 안전할 것 같군."'

그녀의 염려는 그 자신에게만 한정된 것이 아니었다. 그녀의 사촌인 엘스페트(Elspeth)의 어머니에게도 다음과 같이 충고했다.

"이 베란다 아래에서 모자 없이 서 있는 것이 안전하다고 생각하나? 그리고 그 블라우스… 예쁘고 유행하는 것이지만, 유해 광선을 막아줄 만한 어떤 것도 없잖나? 좀 더 조심해야 할 필요가 있어, 틸리. 당신도 알다시피 태양은 척수에 영향을 미치고, 신경절에 손상을 입히니까 계속 그렇게 있다간 결국에는 태양이 당신을 미치게 만들고 말거야."

당시, 태양의 위험한 유해 광선에 대한 두려움을 가지고 있는 사람은 힐러리 이모뿐만이 아니었다. 인도에 있었던 영국 사람들은 낮 동안에는 항상 헬멧이나 차양 달린 모자를 쓰고 있도록 명령받았다. 그리고, 규정을 어길 경우 14일간 구류라는 엄벌이 내려졌다.

일사병이 적도 지방 태양의 직접적인 영향에 의해 발병하는 것이 아니라, 체온 조절의 문제로 인해 일어난다는 것이 밝혀진 것은 1917년이 되어서였다. 하지만, 태양의 유해 광선에 대한 널리 퍼진 두려움은 쉽게 사라지지 않았고, 1927년까지도 그 유해성에 대한 논란이 계속 되었다. 요즘은 그 병의 원인이 밝혀지면서 일사병(sun stroke)은 '열사병'으로 그 이름이 바뀌게 되었다.

무더운 날에 운동을 하면 열사병에 걸리기 쉽다. 열사병을 일으킬 수 있는 위험 요인에는 준비 운동의 부족, 오랜 시간의 갈증 및 운동의 빠른 중단 등이 있다. 마라톤 경기에서 아마추어 선수들은 위와 같은 이유에서 특히 위험에 노출되어 있다. 따라서 경기 관리자들은 단지 날씨가 너무 좋다는 이유만으로도 경기를 중단해야 하는 상황에 처하기도 한다. 프로 선수들 역시 이러한 문제에서 예외가 될 수는 없다. 1999년 6월, 윔블던 테니스 경기 대회에서 역사상 두번째로 긴 4시간 27분의 경기 끝에 승리한 쿠리어(Jim Courier)는 탈수 증상과 열사병으로 쓰러졌다. 그러나, 그 경기를 관람했던 수많은 관중들은 전혀 이상이

제2차 세계 대전이 한창이던 1942년 사하라 사막에 주둔한 영국군에게 공급할 사막전용 군모를 점검하고 있는 병참 관계자.

없었다. 왜냐하면 영국의 여름 날씨는 좀처럼 더운 일이 없고, 그 날 역시 지나치게 더운 날이 아니었기 때문이다. 쿠리어가 쓰러지게 된 원인은 더운 날씨가 아니라, 그 날의 긴 경기에서 비롯된 체내의 열이었다.

쿠리어는 좀 더 많은 수분과 휴식이 필요했다. 영화 배우인 로렌스(Martin Lawrence)도 열사병으로 인해 혼수 상태에서 3일을 보내야 했다. 새 배역에 맞게 무리하게 체중을 감량하기 위해, 그는 38℃라는 높은 온도에서 몇 겹으로 옷을 껴입고 조깅을 하러 나갔다. 로스엔젤리스의 여름 날씨는 그에게 큰 대가를 치르게 했다. 그는 체온이 42℃까지 올라간 채로 집 밖에서 쓰러졌다. 그가 살아남은 것은 행운이라 하지 않을 수 없다.

땀의 증발에 의한 열의 발산이 일어나지 못하면, 열사병의 위험은 더욱 증가한다. 덥고 습한 날씨는 기분을 나쁘게 할 뿐만 아니라, 실제로는 더한 위험을 감추고 있다. 방수복에 사용하기 위해 개발한 '숨을 쉬는' 신소재는 땀을 밖으로 배출할 수 있으므로 예전의 고무 소재의 방수복보다 그 착용감이 훨씬 뛰어나다. 공기가 통하지 않는 옷을 입은 채 격렬한 운동을 하게 되면, 매우 위험한 상황에 놓일 수도 있게 된다. 크로스 컨트리 훈련 과정에 참여했던 한 젊은 영국 병사는 입고 있던 고무 소재의 잠수복으로 인해 열사병으로 사망했다. 그 옷은 그가 흘린 땀을 밖으로 배출하지 못하고 안에 품고 있음으로 땀의 증발에 의한 체온 조절을 막는 결과를 초래했던 것이다. 스스로의 가치를 증명하기 위해 애썼던 한 젊은이는 그렇게 비극적인 죽음을 맞이하게 되었다.

열사병은 앉아서 일하는 사람들의 경우에도 땀 흘리는 기능에 문제가 있으면 발생하게 된다. 또, 낭포성 섬유증(cystic fibrosis)을 앓고 있는 사람들의 경우에는 땀을 제대로 흘릴 수 없기 때문에 특히, 열사병에 걸릴 확률이 높다. 이들은 영국의 일반적인 기후에서는 무난하게 살아갈 수 있지만, 열대 기후에 노출될 경우 열사병으로 고통받게 된다. 다시 말해, 낭포성 섬유증을 앓고 있는 영국의 어린 환자가 미국의 플로리다 주에 있는 디즈니랜드로 여행을 가면 열사병에 걸릴 수 있다. 흥미롭게도 낭포성 섬유증 환자의 열사병에 대한 민감성은 열사병 연구에 있어서 중요한 열쇠가 되고 있다. 1951년에 뉴욕에서 이상 고온 현상이 발생하였을 때, 소아과 의사인 아그네스(Paul di Sant' Agnese)는 열사병으로 병원을 찾아오는 어린 환자들 대부분이 낭포성 섬유증을 앓고 있다는 사실을 발견했다. 이 사실에 흥미를 느낀 그는 환자들의 땀을 분석해 보았는데, 그 결과 땀 속에 지나치게 많은 양의 염분이 포함되어 있다는 사실을 알게 되었다. 이 발견은 열사병을 진단하기 위해 사용하는 체액 분석법의 기초가 되었다. 오늘날 낭포성 섬유증은 세포 내에서 염소이온을 세포 밖으로 내보내는 역할을 하는 세포막 단백질에 유전적인 문제가 발생한 경우 발병한다는 사실이 알려져 있다. 땀은 낮은 농도의 염분 용액이다. 따라서 염소이온의 분비에 장애가 있는 경우에는 땀샘으로의 물의 이동이 차단되어 땀이 만들어질 수 없게 된다.

정상적인 사람들일지라도 더운 날씨에 오랫동안 있게 되면 땀 분비에 문제가 발생할 수도 있다. 우선 땀샘에 '땀띠'로 알려진 염증이 나타난다. 땀띠란 가려운 뾰루지들이 몸 전체에 걸쳐 빽빽이 돋아나는 것이다. 이러한 증상은 더운 곳에 오래 노출되어 있었던 사람들 가운데 세 명 중 한 명 꼴로 나타난다. 인도 지배 기간 동안, 영국 사람들은 그곳에서의 여름 기간에 이러한 땀띠로 인하여 상당한 고통을 겪었다. 이러한 사실은 다음과 같은 기록에서 쉽게 알 수 있다.

> '한 손님이 카드 게임을 시작하려 하고 있었다. 그 때, 그는 가볍게 몸을 긁기 시작했다. 밤이 깊어갈 무렵, 그는 마치 미친 사람처럼 몸을 찢을 듯이 긁으면서 가려움에서 벗어나려고 발버둥쳤다. 나는 살점이 뜯어져 나갈 정도로 몸을 긁어서 상처가 나 있는 사람들도 몇몇 보았다.'

땀띠가 난 사람의 경우, 염증은 제쳐 두더라도 문제가 생긴 땀샘이 그 기능을 하지 못하기 때문에 열사병에 걸릴 확률이 더욱 높아지게 된다. 다행히도 이러한 땀띠는 기온이 내려가면 차

차 없어지게 된다.

어떤 약물들은 체온을 높인다. 이러한 종류의 약물로 유명한 것이 '엑스타시(ecstasy)'이다. 이 약물은 클럽 같은 곳에서 기분이 좋아지기 위해, 혹은 춤을 추는데 있어서 체력을 유지하기 위해 주로 사용한다. 이 약물을 섭취한 상태에서 격렬한 운동을 하게 되면 체온이 목숨이 위태로울 지경까지 올라갈 수도 있다. 엑스타시에 의한 체온 상승의 문제점을 잘 알고 있기 때문에 몇몇 클럽에서는 이 약물을 복용한 손님들에게 냉방 공간을 따로 제공하기도 한다.

열사병은 몸의 정상적인 열 조절 기능을 상실하도록 만든다. 그 결과 체온이 41℃ 이상으로 높아지게 된다. 병의 진행은 매우 빠른 편이다. 초기 증상은 얼굴이 붉어지고, 피부가 열이 나면서 건조해진다. 또 두통, 졸음, 무기력증, 심리적 불안 등도 나타난다. 또한 정신 착란 및 행동 장애가 뒤따르는 경우도 있다. 체온이 42℃를 넘어서게 되면 죽음을 맞이하게 된다.

열사병은 응급 상황에 속하며 빨리 응급 처치를 해야 한다. 응급 처치를 하지 않은 경우, 체온 상승으로 인한 뇌 손상으로 사망하게 되며, 설사 응급 처치를 해도 사망률은 30%를 넘는다. 열사병 증상을 보이는 사람의 체온을 낮추는 가장 좋은 방법은 미지근한 물로 몸을 닦아주는 것이다. 이 방법이 환자를 직접 차가운 물에 담그는 것 보다 훨씬 효과가 크다. 왜냐하면 환자를 직접 차가운 물에 담글 경우, 혈관이 수축하고 그 결과, 피부에서 혈액이 잘 돌지 않게 되어 열을 밖으로 방출하지 못하게 되기 때문이다. 증상이 심각한 경우에는 큰 혈관들이 피부 근처까지 올라와 있는 목, 겨드랑이, 허벅지 윗부분 등에 얼음 찜질을 해 주는 것도 좋은 방법이 될 수 있다.

사람의 악성 고체온증과 돼지의 스트레스 증후군

악성 고체온증(malignant hyperthermia)은 2만 명 중 1명 꼴로 걸리는 희귀한 유전병이다. 이 질병에 걸려 있는 사람이 마취가스로 잘 알려진 할로테인(halothane)을 마시게 되면 매우 빨리 체온이 올라가는데, 심한 경우에는 5분에 1℃씩 올라가는 경우도 있다. 마취가스는 골격근의 수축을 유도하는데, 이런 간단한 작용에 의해 환자는 심한 경련에 시달리게 된다. 이 것은 마취전문의에게는 악몽과 같은 질병이다. 왜냐하면 마취가스를 마신 악성 고체온증 환자를 빨리 응급 처치하지 않으면 죽어버릴 수도 있기 때문이다.

근육 수축은 수축 단백질을 활성화시키는 세포내의 칼슘이온의 증가로부터 시작된다. 일반적으로 칼슘은 근육 세포의 근소포체라는 특별한 막에 싸여 있는 세포소기관에 저장되는데, 신경 충격에 의해서만 그 소기관에서 분비되게 된다. 악성 고체온증 환자들은 이 소기관의 칼슘이온 방출을 조절하는 막단백질에 결함을 가지고 있다. 마취제가 그 막단백질의 문을 열어 칼슘이온을 세포질로 분비시키므로 근육 수축을 일으킨다. 근육 생리학자인 브라이언트(Shirley Bryant)는 칼슘의 분비를 막는 댄트로렌(dantrolene)이란 약이 악성 고체온증에 효과적인 치료제임을 발견하였다. 오늘날 이 약은 응급 상황에서 널리 처방되고 있다.

악성 고체온증은 돼지도 걸리는 질병인데, 사람과는 달리 돼지에서는 스트레스에 의해 발병하기 때문에 '돼지 스트레스 증후군(porcine stress syndrome)'이라고 알려져 있다. 심한 운동, 교배, 출산, 수송과 같은 스트레스가 돼지의 체온을 급격히 상승시킨다. 이 병으로 돌연사한 돼지는 육질이 딱딱해져서 팔 수 없게 되기 때문에, 경제적으로도 심각한 피해를 입혔다. 현재까지 돼지 스트레스 증후군은 영국에서 자주 발생하였는데, 육질의 향상을 위한 선택적인 교잡이 이 병과 관계가 있음이 드러났다. 스트레스 증후군 돼지는 근육 경련 때문에, 스스로 규칙적인 운동을 하는 것과 같은 민감한 활동성을 가지게 되었고, 이로인해 근육이 잘 발달하고 육질이 연해진다.

이런 질병을 가진 돼지는 인간의 질병을 이해하는데 아주 좋은 모델이 된다. 돼지 모델에서 1991년에 이 질병의 원인이 되는 유전자를 발견하였고, 그 유전자가 근세포에서 칼슘을 분비하는 막단백질을 만드는데 관여한다는 사실을 알아냈다. 이 단백질에 돌연 변이가 생긴 돼지를 할로테인에 노출시키면 근육 수축이 일어나게 된다. 이 질병에 걸린 모든 돼지들은 같은 유전자에 돌연 변이가 일어났음이 판명되었고, 이러한 사실은 이 돼지들이 과거 어느 시기에 자연발생적으로 일어난 돌연 변이를 가진 조상의 후손임을 암시한다. 지금은 영국의 모든 돼지에서 다음과 같은 간단한 실험을 통하여 돌연 변이를 가진 돼지를 찾아내어 솎아내고 있다. 어린 돼지에게 3%의 할로테인을 한 순간에 들이마시게 하면, 문제가 있는 유전자를 가진 돼지는 순간적으로 근육 경직을 일으킨다. 따라서 이런 돼지들을 쉽게 골라 솎아낼 수 있다.

돼지 유전자의 발견으로 인간의 유전자를 비교적 쉽게 찾을 수 있게 되었다. 그리고 이 유전자가 악성 고체온을 일으킨다는 것도 확인하였다. 이 발견으로 현재는 악성 고체온증을 DNA 진단 시약으로 마취전에 알아낼 수 있다.

열

간뇌의 시상하부에 있는 체온 조절 부위는 체온을 37℃로 유지시킨다. 그러나, 이 조절 중추는 몸에 세균 등이 감염되면, 다시 말해 병에 걸리면 2~3° 정도 높인다. 그 까닭은 인체가 박테리아에 감염되면 박테리아에서 분비되는 물질에 의해 뇌에서 프로스타그란딘이 합성되고, 이 화학 전달 물질이 온도 조절 장치가 재조정하기 때문이다. 열을 낮추는 아스피린은 프로스타그란딘의 합성을 막는 작용을 한다.

열이 어떻게 감염성 질병을 막는지 대해서는 수세기 동안 심각한 논쟁이 있어 왔다. 그 중 한 주장을 살펴보자. 17세기 시덴함(Thomas Sydenham)이 말한 내용을 현대적 용어로 해석하면 다음과 같다. "열은 적으로부터 대항하기 위해 자연이 보내준 가장 강력한 무기이다." 즉, 이 말은 온도에 민감한 어떤 박테리아에 의한 감염에 대항하는 기본적인 신체 방어 수단의 하나가 열이라는 것이다. 또 다른 관점으로는 열은 단순히 감염의 위험성을 나타내는 징후이며, 자가방어적 의미를 지니는 것도 아니고, 실제로는 감염원에 대한 환자의 '저항성의 상실'과 같은 것이라는 견해도 있었다. 이러한 논쟁은 학문적인 관심보다는 체온의 일반적인 가치와 그 가치에 따라 환자들의 체온을 줄이는 노력을 해야 하는지 아니면 하지 말아야 하는지에 초점이 맞추어져 있다.

지금까지도 이 문제는 해결되지 않았고, 서로의 상반된 주장에 대한 증거들도 다양하다. 그럼에도 불구하고, 대부분의 사람들은 체온이 1~2℃ 오르는 것은 특별히 해롭지 않고, 성인에 있어서는 오히려 유익할지도 모른다는 데에 수긍하고 있다. 이러한 생각은 박테리아에 감염된 도마뱀을 추운 곳보다 따뜻한 곳에 놓았을 때, 생존율이 월등히 높다는 관찰 결과에서 비롯하였다. 도마뱀은 체온을 환경과 같게 유지하기 때문에, 이런 생각을 가진 사람들은 올라간 체온이 감염에 싸울 수 있는 능력을 증가시킨다고 주장하는 것이다. 면역학의 출현 이전에는 실제로 열요법이 이질과 매독 치료에 많이 사용되었다. 체온을 올리는 여러 방법 중 가장 많이 사용됐던 것은 말라리아 병원충을 감염시켜 고열을 유도하고, 그 뒤에는 퀴닌을 사용하여 기생충을 죽이는 방법이었다. 이런 호된 치료법을 거치면서 때때로 환자가 매독균보다 먼저 죽는 경우도 종종 있었다. 즉, 불로 매독균을 죽이려는 무모한 시도였었다.

생물에서 물의 의미

추운 지역에서 음식이 생존에 필수적인 요소인 만큼, 물은 더운 지역에서 생존을 위한 필수 불가결한 요소이다. 우리 몸은 땀으로 체온을 조절하므로, 사막에서는 건조한 날씨로 인해 물의 섭취가 어려워져 그와 같은 땀에 의한 온도 조절 기능이 제대로 작동하기 어렵다. 잘 알려져 있듯이 음식은 섭취하지 않아도 여러 날 생존할 수는 있지만 물을 마시지 않고서는 살아 남기가 어렵다.

땀을 흘림으로써 체내의 수분이 줄어들었을 때, 물을 섭취하지 않으면 탈수 현상이 일어나게 된다. 우리 몸에 물이 부족하게 되면 수분의 배설을 조절하는 호르몬이 분비되어 소변 등

낙타의 산소 소비량을 측정하고 있는 모습. 낙타는 사막 생활에 잘 적응한 동물이다. 낙타의 두꺼운 털은 열의 흡수를 억제하는 방열 효과를 가지고 있고, 긴 다리는 열의 방출을 돕는다. 물이 부족하면 체온을 6℃씩이나 높임으로써 땀이 나는 것을 억제한다. 즉, 낮에 저장한 열은 수분의 방출을 억제할 뿐 아니라 체온과 외부와의 온도 차이를 줄임으로써 열의 흡수 또한 억제한다. 밤에 기온이 떨어지면 낮에 보존해 놓았던 열을 사용한다. 낙타는 수분 부족에도 대단한 저항성을 보이지만, 식량 부족에도 저항성이 탁월하여 혹에 저장한 지방을 사용한다. 귀와 코에는 가는 털들이 밀생하여 이 털은 사막의 모래 먼지를 걸러내는 역할을 하며, 두 층으로 이루어진 긴 속눈썹도 같은 역할을 한다.

에 의한 수분의 손실을 줄이고, 갈증을 느끼게 하여 물의 섭취를 유도하게 한다. 수분의 손실이 계속되면, 눈이 움푹 꺼지고 몸이 여위게 된다. 이것은 체중 감소와 연관이 있다. 이와 같은 사실은 경마 기수와 복서들을 보면 쉽게 알 수 있다. 이들은 계체량을 통과하기 위해서 사우나를 통해 인위적으로 탈수 현상을 일으켜서 체중을 줄인다. 일반적으로 사람은 신체에서 3~4% 정도의 수분이 부족하더라도 별 어려움 없이 살 수 있다. 그러나 5~8% 가량 수분이 줄어 들게 되면 피로와 현기증을 느끼고, 10% 이상의 수분이 손실될 경우에는 심한 갈증과 정신적, 육체적 기능 저하 현상이 나타나게 된다. 그리고 15~25% 이상의 수분 부족 현상이 일어나는 경우에는 다시 되돌릴 수 없는 치명적인 손상을 입게 된다.

사람은 15% 이상의 수분을 잃으면 생명이 위험하지만, 사막에서 살아가는 낙타는 몸에서 수분이 25% 가량이나 손실되어도 큰 영향을 받지 않으며, 음식이나 물 없이도 7일을 견딜 수 있다. 일반적으로 사람의 경우에는 몸에 수분이 부족하면 혈압이 떨어지게 되나, 낙타의 경우에는 그러하더라도 혈압이 떨어지지 않으므로 탈수 현상을 잘 견딜 수 있는 것이다. 실제로 낙타는 몸의 전체의 수분 가운데 4분의 1을 잃더라도 혈압의 감소는 10% 미만인데 비해, 사람의 경우에는 혈압이 약 33%까지 떨어지고 피의 점성도 높아지게 된다. 점성이 높은 피는 순환이 잘 되지 않게 된다. 또한, 이러한 경우 피부를 통한 열의 손실이 낮아져서 몸의 온도가 생명에 위험을 줄만큼 높아지게 되고, 발작의 위험도 높아지게 된다. 수분이 부족한 신체는 혈압이 낮아지는 것뿐만 아니라 우리 몸을 구성하는 세포에서도 탈수 현상을 야기시켜 세포막과 세포 내의 단백질에 손상을 입힌다.

탈수 현상으로 죽게 되는 경우, 죽기 전까지 계속되는 갈증으로 인해 엄청난 고통을 겪게 된다. 탈수 현상을 참아낸 놀랄만한 인내력을 보여준 몇몇 사람들이 있는데, 그 중 한 사람이 프랑스공화국을 지지했던 비테르비(Antonio Viterbi)라는 판사였다. 이 사람은 자신의 정치적 신념으로 인하여 바스티아 법정에서 사형을 언도받았는데, 단두대에서 처형을 당하는 치욕을 피하기 위해 물과 음식을 전혀 먹지 않았다. 그는 엄청난 의지력으로 17일 동안 고통스러운 나날들을 견디며 보냈다. 그는 일기에

배고픔은 며칠 후 사라진 반면, 지속적이고 참을 수 없는 갈증을 고통스럽게 참아내야 했다고 기록하고 있다.

탈수 현상과 더불어 신체에 열이 심하게 나는 경우에도 물을 먹지 않으면, 보통 사람은 비테르비의 경우보다 매우 빠르게 죽음에 이르게 된다. 일반적으로 탈수 증상을 겪는 사람들 중 50%가 36 시간이 지나면 죽음을 맞이하게 된다. 물 없이, 죽기 직전까지 사막을 헤멘 한 병사의 기록을 보면,

'엄청난 열기 때문에 몸에서 땀이 비 오듯이 흘러내리고 마치 태양의 초점이 몸에 맞추어진 듯한 느낌이었다. 목구멍은 바싹 말라서 막히는 것 같고 눈은 불을 지른 듯이 타오르는 것 같았으며 혀와 입술은 딱딱해지고 갈라졌으며 검게 변했다.'

라고 적고 있다.

사막에서 기적적으로 살아남은 유명한 멕시코의 발렌시아(Pablo Valencia)라는 사람이 있다. 이 사나이는 1905년 여름에 아리조나 남서쪽에 위치한 티나자스 아틀라스라는 지역에서 길을 잃었다. 그는 40~50℃까지 넘나드는 기온에서 물 없이 7일 밤낮을 보냈다. 발견될 당시, 그는 완전하게 알몸이었고, 햇빛에 타서 피부는 검게 그을려 있었다. 그의 팔과 다리의 근육은 주름잡혀 찌그러져 있었고, 그의 입술은 검게 부스러져 있었다. 그의 눈은 초점을 잃었으며 명암을 구분할 수 없었고, 그의 귀는 큰 소리 이외는 듣지도 못했다. 또 그는 입이 너무 바싹 말라 있어서 말을 못하는 것은 물론이고 어떤 것도 삼킬 수가 없었다. 그러나 이런 상황에서도 발렌시아가 살아 남을 수 있었던 것은 정신 착란 증세와 간질과 같은 발작을 겪지 않은 행운 때문이었다. 그리고 격심한 탈수 현상을 겪으면서도 천천히 고통스

럽게나마 비틀거리며 걸을 수 있었기 때문이었다. 그를 구조한 사람은 그에게 물을 끼얹고, 물과 위스키를 섞어서 그의 입술을 적셔 주었다. 한 시간이 지나자 그는 물은 삼킬 수 있었고, 하루 만에 말을 할 수 있었으며, 3일째 되는 날에야 비로소 보고, 들을 수 있었다. 1주일이 지나자 건강 상태가 호전되었고, 몸무게도 8kg이 늘었다.

모든 사람이 발렌시아와 같은 철인의 체력을 가지고 있지 않기 때문에 탈수 현상과 열사병을 함께 겪는 상황에서는 더 빠르게 죽음을 맞이하게 된다. 노련한 사막 모터사이클 선수였던 로웰(Lowell)과 린드세이(Diana Lindsay)는 열사의 사막에서 조난을 당했다. 일행과 무전을 통해 움직이지 않고 가만히 구조를 기다리기로 약속을 했지만, 탈수 현상에 따른 정신 착란으로 끔직한 사막을 헤메게 되었다. 4시간 후에 구조대가 그를 찾았을 때에는 생명이 위험한 상태였다. 물론 오늘날에도 누구든지 물 없이 사막에서 사고나 부상으로 걸을 수 없게 되면 치명적인 생명의 위험에 직면한다.

우리가 격렬한 운동을 했을 때, 우리가 생각하는 것보다 많은 물을 땀으로 잃게 된다. 이 때 우리는 탈수 현상을 막을 만큼 충분한 물을 쉽게 섭취하지 못한다. 왜냐하면 운동을 하는 동안에는 갈증을 느끼지 않으므로 부족한 물을 섭취하기가 쉽지 않기 때문이다. 휴식을 취하면서 음식물을 먹을 때에야 비로소, 땀으로 방출되어 부족한 우리 몸의 수분을 충분히 보충할 수 있는 물을 마실 수 있게 된다. 따라서 기온이 높을 때 운동을 한다면 갈증을 느끼지 못하더라도 충분히 물을 마셔 두는 것이 좋다. 그리고 물을 마실 수 없는 상황이라면, 차라리 편안하게 그늘에서 쉬는 것이 좋다.

사막에서 생명을 유지하는 가장 최고의 방법 중 하나는 '물병 대신 당신의 몸에 물을 채워 두어라.'라는 속담에서도 알 수 있듯이 물을 충분히 섭취하는 것이다. 좋은 예로 낙타는 40분 내에 120ℓ 이상의 물을 마시고 저장할 수 있다. 이와는 대조적으로 탈수 현상을 나타내는 사람들은 대체적으로 갈증을 느낄지라도 충분하게 물을 섭취하지 못한다.

사막에서 사는 동물들이 물을 섭취하기 위한 유일한 방법은 아침의 이슬을 먹는 것이다. 따라서 사막에는 몇몇 특이한 방법을 사용해서 물을 확보하는 동물들이 있다. 사막의 딱정벌레들은 모래 언덕 위의 제일 높은 곳에 올라가서 서늘한 아침 바람이 부는 쪽으로 방향을 잡고 열을 지어 서서 몸에 맺히는 이슬을 모아서 수분을 섭취한다. 사막 한가운데 사는 뇌조 수컷은 가슴에 있는 스폰지와 같은 가슴털에 물을 흡수하여 먼 곳을 날아서 새끼에게 가슴에 적셔온 물을 먹인다. 또한, 오스트레일리아의 두꺼비는 물을 저장하는 주머니를 가지고 있는데, 시간과 물이 충분하면 땅 밑에 방수가 되는 공간을 만들어서 물을 저장하여 물 없이 몇 년을 견딜 수 있다. 이곳에 두꺼비가 저장한 물을 원주민들이 가물 때 가로채기도 하였다.

포유동물은 물의 손실을 막기 위해 특별한 방법을 발달 시켜왔다. 캥거루쥐는 특별한 기관을 가지고 있다. 캥거루쥐의 코는 열을 내보낼 수 있어서 코의 온도를 체온보다 낮게 유지하여 수증기가 코에 응결되게 하는 방법으로 몸에서 수분의 증발을 최소화시킨다. 일부 새들도 이와 비슷한 시스템을 가지고 있다. 하지만 사람은 이런 기능이 없기 때문에 폐를 통해 계속해서 수분을 잃게 된다.

음식물의 대사 과정에서 생긴 산물인 요소를 밖으로 배설하려면 요소를 물에 녹여 오줌으로 내보내야하므로 물이 필요하다. 사람은 물의 손실을 줄일 수 있는 농축된 요소를 만들 수 없지만, 몇몇 사막 동물은 몸의 수분 손실을 막기 위해 매우 농축된 소변을 만든다. 이 중 많은 사막 동물들이 살아가는 동안 물을 전혀 섭취하지 않고 음식을 통해서 얻는 수분으로만 살아간다. 또한 이런 동물들은 극도로 효율적인 신장을 가지고 있기 때문에 매우 농축된 소변을 만들 수 있다. 따라서 이 동물들은 같은 양의 요소를 처리하는데 사람에 비하여 물을 1/4밖에 사용하지 않는다. 새는 더욱 효율적인 신장을 가지고 있다. 새들은 농축된 노폐물을 배설함으로써 더 적은 양의 물을 소비하도록 진화한 것이다. 하얀색의 새똥이 바로 고체 상태의 요산이다.

바다도 사막과 같이 식수가 공급되지 않는 곳이다. 바닷물에는 염분이 우리 몸의 신장이 걸러낼 수 없을 정도로 높은 농도로 존재한다. 따라서 바닷물을 마시게 되면 탈수 작용을 더욱 촉진한다. 대양 한가운데, 그것도 구명뗏목 위에서 내리쬐는 햇빛 속에 있다면, 살 수 있는 최선의 방법은 바닷물 속에 몸을 담궈 몸을 식혀 주어 땀으로 손실되는 수분의 감소를 최소화하는 것이다. 한 예로 페어폭스(John Fairfax)는 1969년 노를 저어 대서양을 횡단하였는데, 이 때 그는 햇빛이 비치는 대낮에는 잠을 자고 시원한 밤에 노를 저어 대서양을 횡단할 수 있었다.

지구의 염분

땀에는 엄청나게 많은 양의 염분이 포함되어 있다. 따라서 땀을 많이 흘릴수록 염분도 더 많이 잃게 된다. 더운 지방에서는 하루에 12g 분량의 염분을 잃을 정도로 심각한 생리적인 문제이다. 인체는 염분을 보존하기 위해 신장에서 호르몬을 분비한다. 그 결과 오줌으로 손실되는 염분의 양을 줄인다. 또한, 염분을 먹도록 자극하여 염분을 더 많이 섭취하도록 한다.

염분 부족은 팔과 다리에 고통스러운 근육 경련을 일으키는데, 이를 쥐가 났다고 하며, 때로는 이 증상이 배의 보일러에 석탄을 떠 넣는 화부들에서 많이 발생하기 때문에 '화부 경련(stokers' cramps)'라고도 부른다. 뜨거운 곳에서 일하는 광부나, 운동 선수들에게 이런 경련이 자주 발생한다. 근육 운동과 동시에 염분 부족이 일어날 때 경련은 더욱 악화된다. 비활동적인 사람의 경우, 염분 부족은 현기증, 무감각, 두통 및 구역질 등을 일으킨다. 치료 방법은 염분을 더 많이 섭취하는 것뿐인데, 의사들은 몇 끼 식사 중에 한 번은 다른 때보다 더 많은 염분을 섭취해야 한다고 권한다.

인류는 고온 지대에서 기원하였다

땀은 더운 지역에서 생존하기 위한 중요한 수단이다. 땀으로 잃은 수분과 염분만 충분히 보충한다면, 인간은 메마르고 뜨거운 곳에서도 생존할 수 있다. 사막은 고온뿐만 아니라 물과 그늘이 부족하여 위험하다. 강한 열기와 높은 습도가 함께 존재할 때, 땀의 증발을 통한 체온 조절은 더 이상 불가능해지고, 열사병의 위험이 급격히 증가한다. 인간은 생리적으로 이런 조건에 잘 적응하지 못하기 때문에, 뜨겁고 습기 찬 환경에서의 우리들의 삶은 행동적인 적응과 에어컨과 같은 기술에 의존하게 되었다. 하지만 땀샘을 가짐으로써 우리는 어느 정도 건조한 열기에는 적응할 수 있었다. 인간은 다른 포유류보다 효율적으로 땀을 배설할 수 있도록 털이 없는 가느다란 팔다리를 가질 수 있게 진화하였다. 이러한 인체 구조로 미루어 인간은 열을 보존하기보다는 열을 발산하는 것이 가장 큰 문제인 곳 즉, 뜨거운 환경에서 진화해 왔다는 것을 시사해 주고 있다. 화석적인 증거뿐만 아니라 분자유전학적인 증거도 인류의 조상이 기온이 높은 동부 아프리카에서 기원했음을 보여주고 있다.

지구상에서 가장 경이로운 얼음의 땅 남극

얼음장 같은 바다에서의 사투

매우 추운 부활절 오후였다. 우리는 지난 주 헤브라이드 섬 주위를 항해했었고, 지금은 오반 근처의 던스타프니지항 뒤에 닻을 내리고 해변으로 상륙할 준비를 하고 있었다. 우리가 떠날 즈음에 폭풍이 불기 시작했다. 무거운 회색 구름이 우리 위에 몰려들면서 바다를 흐린 납빛으로 물들였다. 바람이 돛대를 스치면서 굉음이 울렸고 옷자락이 휻날렸다. 바다가 매우 거칠어지면서 파도 거품이 불어와 우리를 얼어붙게 할 것 같은 포말의 안개로 감쌌다. 파도가 뱃머리를 강타하자 보트가 선회하면서 닻을 끌어당겼다. 빠른 속도로 빠지는 조수와 바람은 보트를 마구 흔들었다. 내가 소지품을 챙기느라고 덜컹거리는 갑판을 걷고 있을 때, 예기치 않은 소리가 들려왔다. 중년의 남자가 조그만 조정용 보트를 타고 바람과 조수를 거슬러 가까이 정박해 있는 요트 쪽으로 갈려고 악전고투하는 소리였다. 그가 도착했을 때, 두 뱃머리가 부딪치면서 복잡하게 얽혀 작은 보트를 끌고 오기 힘든 상황이 되었다. 그가 닻줄을 움켜쥐려 했지만 실패했다. 그 사람이 갑작스레 몸을 움직였기 때문에 작은 배는 삶은 달걀이 반쯤 까진 상태에서 빠져 나올 때처럼 반작용으로 그를 옆으로 미끄러지게 하였다. 작은 배는 물로 가득 찼고 즉시 가라앉았다.

그 사람은 조수에 휩싸여 맴돌다가 바다에 빨려들어갔다.

내 친구 팀은 나에게 소리치면서 그에게 로프를 던져주려고 우리 배의 후미에 연결된 작은 고무배에 재빨리 뛰어올라 힘차게 배를 저었다. 팀이 도착하기까지 고된 시간이 길게 느껴졌지만, 실제는 단지 몇 분밖에 걸리지 않았다. 그럼에도 불구하고 팀이 도착했을 때, 조난자의 몸은 이미 얼어붙어 거의 움직일 수 없었을 뿐만 아니라 그의 이빨이 맞부딪치면서 하는 말을 도저히 이해할 수 없었으며, 그의 손은 붙잡을 수 없을 정도로 경직되어 있었다. 그는 구명 재킷도 입지 않은 채 파도에 휩싸였기 때문에, 너무 지쳐 있었고 보트에 태우기조차도 어려웠다. 마치 무거운 감자 부대를 들어올리는 것처럼 물에 밴 사람을 험난한 조수 속에서 구조하기란 무척 어려웠다. 반쯤 의식을 잃은 사람이 조그만 보트의 가장자리를 무겁게 짓누르고 있으니, 배가 꼭 뒤집힐 것만 같았다. 팀이 그를 가까스로 구조하여 그의 몸을 따뜻하게 하는데는 상당히 오랜 시간이 걸렸다. 그러나 그는 운이 참 좋았다. 찬물에 빠질 경우, 사람은 순식간에 죽을 수도 있다. 항구는 멀리 떨어져 있었으며 조수 또한 강했다. 광활한 바다의 항구 밖에서 몇 십분만 지체했어도 그는 거의 살아남았을 수 없었을 것이다.

이후에 그날의 일들을 곰곰이 생각해 볼 때, 할아버지 월터가 체온 저하로부터 기적적으로 탈출했던 기억이 떠올랐다. 1914년 제1차 세계 대전이 발발했을 때, 할아버지는 23살이었다. 젊고 이상으로 가득 찬 열혈 청년 월터는 조국에 봉사하고 싶어 전쟁터가 어떤 곳인지도 모른 채 일찍이 군에 자원입대했다. 그는 의무병으로 로얄 기갑군단에 배속되었고, 그곳에서 전쟁의 참혹한 실상을 체험하게 되었다. 그는 군의관의 수술을 돕는 혼잡한 텐트 안에서 매우 지친 군의관이 퉁명스럽게 '이봐 이것 좀

치워' 하면서 절단한 다리를 던지자, 그는 쇼크로 졸도했었다고 그날의 악몽을 되새기곤 했다.

그는 전방에 도착한 지 한 달쯤 될 때에 무릎에 총상을 입고 걸을 수 없게 되었다. 뿐만 아니라 상처가 감염되어 악화되었던 것이다. 그 당시에는 항생제가 없었기 때문에, 치료하기가 어려웠을 뿐만 아니라 패혈증이 퍼지고 있었다. 병세가 위독한 상태에서 그는 영국으로 이송되었다. 해협을 건너는 수송선에는 생존하기 어려운 중상자들로 가득 차 있었기 때문에, 월터를 포함하여 일부 환자들은 비, 바람, 그리고 추위에 노출된 채 갑판에 방치되어 있었다. 수송선은 어둠 속에서 구축함의 엄호를 받으며 항해했음에도 불구하고 독일군 U보트의 어뢰 공격으로 침몰하고 말았다. 물 속으로 가라앉으면서, 갑판은 기울어졌으며 몸이 들것에 가죽끈으로 단단히 매어져 있고 고열에 시달리던 월터는 바다 속으로 미끄러져 들어갔다. 나무와 천으로 만들어진 들것이 물위에 떠올랐다. 월터가 구조되기까지 얼마나 오랫동안 찬 바닷물에 방치되어 있었는지 모르지만 아마도 몇 시간이 걸린 것은 확실하다.

기적적으로 그가 살아남을 수 있었던 것은 첫째, 아마도 그의 팔과 다리를 들것에 묶어 움직일 수 없도록 했기 때문일 것이다. 살려고 발버둥치면 칠수록 그로 인해 신체 표면의 열이 발산되면서 결국 체온 저하로 죽었을 것이다. 둘째, 그는 열의 손실을 줄일 수 있는 피하 지방층이 많은 뚱뚱한 몸집의 소유자였던 것이다. 세번째, 고열로 인한 대사율의 증가로 열 생산율이 증가했다는 것이다. 이유야 어떻든, 건강한 사람도 그날 밤 체온 저하로 죽어갔는데 비하면 그는 운이 좋은 편이었다.

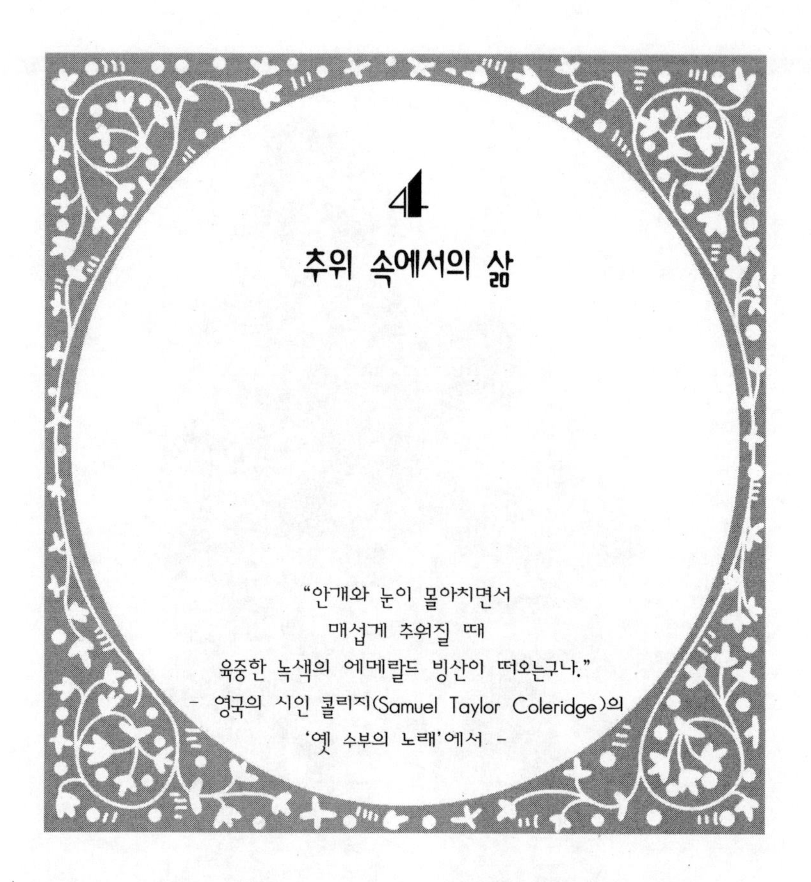

4

추위 속에서의 삶

"안개와 눈이 몰아치면서
매섭게 추워질 때
육중한 녹색의 에메랄드 빙산이 떠오는구나."
- 영국의 시인 콜리지(Samuel Taylor Coleridge)의
'옛 수부의 노래'에서 -

북극에 적응하여 살고 있는 이누이트(에스키모) 부부의 모습

북극과 남극 뿐만 아니라 지구의 반과 대양의 10분의 1은 연중 눈과 얼음으로 덮여 있다. 겨울은 자연의 풍경을 신비한 아름다움을 지닌 결빙의 낙원으로 변화시킨다. 그러나 우리의 육체는 겨울을 감당하기 어려우며, 추위로 인해 죽을 수도 있다. 사람을 포함하여 대부분의 동물들은 추위를 싫어한다. 단테(Dante)가 「지옥편(*Infrno*)」에서 얼음의 원을 불의 원 아래에 둔 것처럼 추위는 자연히 도래한다.

지구상에서 최고 추웠던 기록은 1983년 7월 21일 러시아 연구 기지가 위치한 남극의 만년빙 위의 설원에서 측정한 −83℃였다. 이 온도는 다른 행성인 명왕성의 표면 온도가 −220℃인 것에 비하면 그래도 높은 편이다. 북극권은 남극대륙에 비해 덜 추우나, 악천후는 주기적으로 찾아온다. 예를 들어, 시베리아의 겨울 온도는 −60℃ 이하로 떨어질 때가 종종 있다. 이에 비하면 영국은 따뜻한 편이다. 가장 추운 브래머시의 경우에도 단지 −27℃ 정도이다.

기온은 고도가 100m 상승할 때마다 1℃ 씩 감소하기 때문에, 높은 산의 정상은 지구의 극지방처럼 항상 눈과 얼음으로 덮여 있다. 에베레스트 정상의 평균 온도는 −40℃ 이하이지만, 찬바람 때문에 체감 온도는 이보다 더 낮다. 대양은 대륙보다 훨씬 덜 차다. 대양 깊은 곳의 온도는 2℃ 정도이다. 그러나 남극의 수면 온도는 물에 용해된 염분 때문에 빙점이 낮아져 −2℃ 이다.

추위와의 사투

지구상의 수백만의 사람들은 추위로 인한 악천후를 매년 경험한다. 사람은 잘 입고, 잘 먹고, 그리고 은신처만 있으면 매서운 추위라도 견딜 수 있으며, 지진과 산사태 같은 자연 재해의 희생자가 되지 않는 한, 평화시에는 추위로 심각한 참상을 입을 가능성이 거의 없다. 그러나 극지탐험가, 등산가, 그리고 스키어가 불의의 사고로 충분한 식량이나 은신처가 없이 추위에 노출된다면 찬물에서 수영하는 것과 같은 고통을 겪게 될 것이다.

전쟁은 이와는 아주 다른 경우이다. 추위는 군사 작전에 막대한 영향을 미쳤고, 이로 인해 역사의 향방이 결정되었다. BC 218년, 한니발 장군이 이끄는 90,000명의 보병, 12,000명의 기병대, 그리고 전쟁에 동원된 코끼리 40여 마리가 알프스를 가로지르는 진군을 했지만, 그 중 절반만이 북부 이탈리아에 도착했다. 1812년에는 모스크바로 진군하던 나폴레옹의 십만 대군 중 절반 이상이 도중에서 죽었다. 퇴각하는 러시아군이 작전 지역의 식량을 모두 쓸어갔기 때문에 침략군은 식량을 구할 길이 없어 굶주림과 추위로 죽어갔다. 기온이 −40℃ 이하로 뚝 떨어지면서 맹렬한 서릿바람과 짙은 눈보라가 몰아쳐 수천명의 군인이 죽어갔다. 이로 인해 채 20,000명 미만의 군인만이 돌아왔을 뿐이다. 한 생존자는 '거대한 눈보라가 군대를 감쌌다'고 말했다. 히틀러 역시 나폴레옹의 쓰라진 경험에 주의를 기울이지 않았기 때문에, 제2차 세계 대전 때 러시아를 겨울에 침공함으로써 수만명의 군

남극대륙을 스키로 횡단한 휘네스(Ranulph Fiennes)와 스트로우드(Mike Stroud)

인을 잃었다. 1941년 11월과 12월에는 독일군의 10%에 해당하는 약 10만 명이 동상을 입었고 그 중 15,000명은 절단 수술을 받아야 했다.

피난민들은 종종 피난처와 음식이 부족하기 때문에 추위로 심한 고통을 겪는다. 1999년 봄, 코소보로 대피하는 수천명의 알바니아 사람들은 노상에서 잘 수밖에 없었고, 더욱이 우박까지 내려 많은 노약자와 어린이들이 체온 저하로 죽어갔다.

전쟁과 극지 탐험에서 우리가 배운 것은 굶주림과 체온 저하는 서로 연계되어 있다는 것이다. 우리의 몸은 음식이 충분히 공급되어야만 신체를 따뜻하게 하는 열을 생산할 수 있다. 1991년, 휘네스(Ranulph Fiennes)와 스트라우드(Mike Stroud) 박사는 필요한 모든 식량을 가지고 걸어서 남극대륙을 횡단했다. 스트라우드 박사는 생리학에 조예가 깊었으며, 남극대륙의 횡단에는 하루에 6,500 Cal의 열량이 필요할 것으로 추산하였다. 식량이 너무 무거워 썰매가 감당할 수 없었기 때문에, 스트라우드 박사는 하루 필요 열량을 5,500 Cal로 수정하고 이에 따른 체중 감소를 받아들이기로 했다. 그런 후에 대원들은 각자 220kg의 식량을 갖고 원정에 나섰다. 원정은 그들이 예상했던 것보다 훨씬 힘겨웠고, 기온이 낮아 부서진 얼음 위로 썰매를 끌기가 쉽지 않았다. 썰매나 스케이트의 활주는 이들의 하중으로 얼음의 표면이 녹아 얇은 물층이 형성되어야 잘 미끄러지는데, 스트라우드 박사가 원정할 때에는 얼음 표면이 녹기에는 너무 추웠기 때문에 썰매를 끄는 것이 마치 사막에서 마차를 끄는 것 같았다. 호된 바람과 화이트아웃(whiteouts)*으로 인해 원정은 더더욱 힘들었다. 그들은 하루에 7,000 Cal 이상의 에너지를 소모했기 때문에, 그들이 남극에 도착했을 때에는 무척 수척하고, 병들고, 굶주린 상태였다. 스트라우드 박사의 계산에 따르면, 그들은 하루에 지금까지 기록된 최고의 에너지 소비량인 11,650 Cal를 소모한 것으로 나타났다. 반면에 앉아서 생활하는 사람들에게 있어서, 남성은 하루에 2,500 Cal, 여성은 2,000 Cal의 음식만 섭취하면 충분하다.

당신이 견딜 수 있는 추위의 한계는?

사람이 견딜 수 있는 최저 온도는 노출되는 추위의 정도와

---

* 화이트아웃 : 극지에서 천지가 모두 백색이 되어 방향 감각을 잃어버리는 상태.

시간에 의해 결정된다. 이는 이 책의 전반에 걸쳐 논의한 것과는 달리 그 한계를 명백히 하기가 어렵다는 것을 의미한다. 벌거벗은 사람의 경우, 주위의 온도가 25℃ 이하로 떨어지면 추위를 느끼게 되고 생리적인 반응으로 옷을 입게 되거나 열을 내는 반응을 나타낸다. 이러한 반응은 영양을 충분히 섭취한 성인이 가벼운 옷을 입은 채로 0℃~5℃에 노출되었을 때, 몸의 내부 온도를 유지하기 위해서 나타나는 현상이다. 더 찬 공기에 노출되거나 또는 바람, 비, 수영 등으로 열 손실이 증가하면 체온이 떨어지게 되고, 결국 저체온 증세가 일어난다. 만약 옷을 아주 두둑이 입는다면 극도의 추위를 견뎌 낼 수도 있을 것이다. 그러나 신체의 일부가 신체 조직의 빙점인 −0.5℃ 이하로 떨어지는 것은 피해야 한다.

바람이 추위의 효과를 더욱 더 가속화시킨다는 것은 잘 알려져 있다. 미국의 탐험가 사이플(Paul Siple)은 '바람이 열의 손실률을 가속화시킨다'는 것을 '풍속 냉각 지수(wind-chill factor)' 라는 용어로 표현하였다. 1941년 사이플과 파셀(Charles Passel)이 남극대륙을 원정했을 때, 그들은 물이 가득 찬 구운 콩 통조림을 바람이 강하게 부는 곳에 두거나 또는 그냥 공기 중에 두어, 이들이 어는데 걸리는 시간을 비교하는 매우 재치 있는 실험을 수행하였다. 그들은 결빙률이 아주 다른 것을 발견하고는, 이를 풍속에 의한 냉각과 온도의 관점에서 바람의 냉각력을 측정할 수 있는 공식을 고안하였다.

옷을 따뜻하게 입은 사람은 −29℃의 대기에 노출되어도 별 위험이 없다. 만약 바람이 시속 10마일의 속도로 분다면, 온도는 수 분내에 −44℃까지 떨어지고 피부는 1~2 분내에 얼어붙게 된다. 바람이 시속 25마일의 속도로 분다면 −66℃에 상응하는 온도가 될 것이다. 이런 상황에서는 30초 내에 살이 얼어

붙는 위험에 처하게 된다. 풍속 냉각 지수에 의하면, 심지어 0℃ 정도의 온도에서도 동상을 입을 수 있다. 그러나 널리 사용하고 있는 사이플의 공식을 사람에게 적용할 경우, 때때로 지나칠 수 있다. 왜냐하면 사람은 바람이 잦은 날에는 옷을 많이 껴입는 경향이 있으며, 단지 신체의 말단만이 찬 바람에 빨리 얼 수 있기 때문이다.

찬 바람에 피부가 얼지 않게 하기 위해서는 따뜻한 피를 충분히 공급해야 한다. 그러나 이렇게 한다는 것은 열의 손실이 가중되어 신체가 전체적으로 추워지기 때문에 너무나 큰 손실을 초래한다. 따라서 신체의 열 손실과 주변 조직간에는 개체의 생존을 위해 일종의 취사 선택이 일어난다. 손, 발, 코, 귀 등이 다른 조직에 비해 열 손실이 많은 것은 표면적 대 부피의 비율이 크기 때문이며, 만약 주위의 온도가 낮다면 개체의 생존에 필요한 중심 부위를 따뜻하게 하기 위하여 열 손실이 많은 조직들을 과감히 희생한다.

아주 심한 추위에서는 아무리 따뜻한 피를 공급한다 할지라도 피부의 동상을 막을 수 없다. 예를 들어, 노출된 피부는 −50℃에서 몇 분내에 얼어버린다. 가끔 보안경을 쓰지 않은 채 활강하는 스키어가 매우 찬 바람을 맞을 경우 각막이 얼기도 한다. 이때 속눈썹도 같이 얼어붙어 눈을 뜰 수 없게 되며, 숨쉴 때 나오는 수분이 턱수염에 엉겨붙어 목걸이 모양의 고드름이 형성된다. 그리고 극도로 추울 때 숨을 내쉬면 얼음 수정이 부딪히는 것 같은 소리가 들리며, 이 현상을 '별들의 속삭임(whispering of the stars)'이라는 낭만적이고 신비한 이름으로 부른다.

신체 표면의 대부분은 옷으로 보호할 수 있지만, 폐는 불가피하게 찬 공기에 노출된다. 하지만 폐로 들어가는 공기는 호흡기를 통과하면서 데워지기 때문에 찬 공기로 인해 폐가 손상되지는 않는다. 그러나 바람이 매우 차고 건조하다면, 호흡기 내벽의 세포는 파괴되어 허물이 벗겨질 수도 있다. 이는 외과의사인 섬머벨(T. H. Somervell) 자신이 1926년 에베레스트를 등정하는 동안 이 현상으로 거의 질식사할 뻔했기 때문에, 이를 다음과 같이 생생하게 표현하였다.

> '어둠이 모여들면서 나는 목에 걸려 있는 무언가를 뱉아내려고 기침을 했지만 숨을 쉬기조차 어려웠다. 그렇다고 로프를 놓아버린 상황에서 이 고통을 노튼에게 알릴 수도 없었을 뿐 아니라 그를 멈추게 할 수도 없었다. 그가 등정하는 동안 나는 눈 바닥에 주저앉아 죽을 수밖에 없었다. 내가 숨을 쉬려고 했지만 모두 허사였다. 마지막으로 나는 가슴을 두 손으로 모든 힘을 다해 힘껏 누르자 무언가가 튀어 나왔다.'

폐가 얼어붙는 것에 대한 특징은 말과 썰매를 끄는 개의 경우에는 알려졌지만, 남극대륙에서 일하는 사람들의 예는 지금까지 보고된 바 없었다.

맨 피부가 열전도율이 높은 금속에 닿으면 급속히 얼어붙을 수 있다. 제2차 세계 대전 때, 미국의 B-17과 B-24 폭격기의 기관총 사수들에게서 이러한 동상 환자들이 속출했었다. 폭격기들은 7,600~10,700m의 상공을 날았고, 상공의 기온은 -30~-40℃에 달했다. 적의 전투기가 접근하자 기관총을 쏘기 위해 사수들은 급히 기관총좌의 출입구를 열어야 했으며, 그러면 찬 바람이 몰려 들어와 기내를 휩쓸었다. 기총사수들은 죽느냐 사느냐 촌음을 다투는 상황에서 기관총을 다루는데 방해가 되는 장갑을 벗어 던지고 맨손으로 기관총을 쏘곤 했다. 산소의 부족, 공포, 피로 등이 복합적으로 추위의 효과를 가속화시켜, 기관총의 차디찬 금속과 맞닿은 기총사수의 손은 단지 몇 분만에 얼어붙곤 하였다.

이러한 극도의 추위에서, 맨손으로 금속을 꽉 잡으면 피부의 습기가 금속과 접촉하면서 얼어붙어 버리기 때문에 손을 뗄 경우 손바닥이 벗겨지게 된다. 나는 어느 날 다락방에서 남극대륙을 탐험한 내 친구의 아버지가 남긴 간략한 노트를 발견했다. 그는 이러한 충고를 남겼다. '만약 손이 금속에 닿아 얼어붙어 버린 상황에서는 그 부위에 오줌을 누면, 따뜻한 오줌이 얼어붙은 부위를 녹여 손을 다치지 않고 뗄 수 있다.' 이는 이전의 다른 사람들과 마찬가지로 그의 남극 원정을 상기시키는 소중한 조언이었지만, 남성에게만 해당되는 것일 뿐 여성의 경우에는 이러한 조언을 따르기란 매우 난처한 일일 것이다.

물은 공기보다 빨리 체온을 떨어뜨린다. 따라서 물에서 생존할 수 있는 시간은 동일한 온도의 공기에서보다 훨씬 짧다. 남극대륙을 둘러싸고 있는 바닷물은 염분의 농도가 높기 때문에 수온이 −2℃ 이하로 낮아질 때까지는 얼지 않는다. 따라서 맨손을 바닷물에 담그면 동상을 입을 수 있다. 남극 바다에 사는 어류의 체액에는 부동액 역할을 하는 항결빙 물질(antifreezer)이 있어 체액에 얼음 결정이 생성되는 것을 억제한다.

심지어 약간의 추위조차도 신체에 명백한 영향을 미친다. 신경 기능을 손상시키고 감각과 손의 기민성을 저하시킨다. 여러분은 찬 서리가 내린 아침에 코트 단추를 채우기가 좀 어려웠던 경험이 있을 것이다. 바로 이것이 두뇌로부터 손가락에 이르는 신경 신호가 늦어졌기 때문이다. 또한 찬 근육은 손가락을 뻣뻣하게 하고 불편하게 하기 때문에 일을 빨리 할 수 없게 한다. 손동작의 기민성에 대한 임계 온도는 12℃이며, 촉감의 임계 온도는 8℃이다. 또한 저온은 통각을 전달하는 지각 신경의 기능에 영향을 미치기 때문에, 삔 관절이나 화상 부위의 고통을 덜

어주기 위해 얼음 주머니를 올려놓기도 한다.

추위는 생물을 무감각하게 하는 특성을 지니고 있다. 1812년 모스크바에서 퇴각하는 나폴레옹 휘하의 군인들은 이러한 특성을 잘 활용하였다. 즉, 자신의 말을 살아 있는 고깃간으로 사용한 것이다. 추위로 손들이 거의 마비되었으며 음식을 장만하기 위해 말을 도살하더라도 고기가 무쇠처럼 딱딱하게 얼어버릴 것이기 때문에 도살할 수 없어서 살아있는 말의 고기를 베어먹었다. 기병 선임하사관인 뜨리옹(August Thirion)은 이를 다음과 같이 처절히 표현했다.

> '우리가 말의 살점을 도려내어도 말은 여전히 걷고 있었다. 그리고 이 불쌍한 동물은 추호의 아픈 기미도 나타내지 않았다. 이는 극도의 추위로 인해 감각의 도를 넘어선 것임에 틀림없다. 어떤 다른 상황에서 살점을 도려내었다면 출혈로 죽게 되었을 것이다. 그러나 −28℃에서는 이러한 일이 일어나지 않았다. 피가 즉시 얼어붙었고 응결된 피는 출혈을 막았다. 우리는 살점이 베어나간 넓적다리로 걷는 이 가여운 말들을 며칠간 보아야만 했다. 전쟁이란 참으로 비극적인 것이다.'

몇몇 사람들은 아주 희귀한 '선천성 이상 근긴장증(paramyotonia congenita)'이라는 유전병을 지니고 있다. 그들의 근육은 특히 추위에 민감하고, 온도가 떨어지면 마비 증세를 보인다. 그들은 추운 날 자전거를 타다가 찬 손잡이를 잡으면 손이 굳어 움직이지 못하게 되고, 삽질을 하다가 손을 빼지 못하게 되며, 또는 축구를 한 후에 몸이 경직되는 고통을 종종 겪는다. 정상적인 사람들에게서는 아이스크림이나 찬 음료수를 먹고 난 후에 혀가 굳고 말을 더듬게 될 때 이러한 증세가 나타난 것을 느낄 수 있다. '선천성 이상 근긴장증'이라는 유전병은 근섬유의 전기적 신호 전달에 중요한 소듐 채널(Na channel)*을 만드는 유전자에 돌연 변이가 생긴 것이다. 이러한 신호 전달은 근수축을 일으키는데 필수적이며, 이러한 신호 전달이 일어나지 않으면 불행하게도 마비를 일으키게 된다. 물론 이러한 증상은 호흡기 근육을 마비시키지는 않기 때문에, 생명을 위협하지 않지만 생활에 불편한 것만은 확실하다.

대부분의 사람들은 추위의 영향으로 오줌 생산이 증가한다는 사실을 잘 알고 있다. 이는 오줌 생산이 순환하는 체액과 관련되어 있으며, 체액이 증가하면 압력 수용체가 이를 인지하여 오줌 생산을 촉진하기 때문이다. 혈관벽이 추위로 수축하면, 순환계 체액에 압력을 가해 혈압이 증가하게 된다. 극도의 저온에서는 신장도 농축된 오줌을 생산할 수 없다. 과다한 물의 손실로 인한 탈수는 오랜 동안 추위에 노출되는 등산가들에게 심각한 문제를 일으키는 원인이 된다.

또한 추위는 일상 생활에서 여러가지 어려움을 가져다준다. −55℃의 온도에서는 비행기의 연료와 방열기가 얼어붙을 뿐만 아니라 배터리도 충전되지 않기 때문에, 출발하기 전에 반드시 해빙시켜야 한다. 캐나다 대부분의 지역에서는 추운 겨울날 차를 외부에 주차할 경우에는 실내 전기로 따뜻하게 해 두어야만 무사히 집으로 돌아갈 수 있다. 최신의 수송 수단도 영하 이하의 상황에서는 그 한계가 있음이 1998년 겨울에 명백히 드러났다. 단지 여름철 몇 달만 접근이 가능한 시베리아의 여러 마을에 겨울을 나기에 턱없이 부족한 식량과 연료가 공급되었다. 겨울이 되자 최신의 과학 기술로도 추위와 굶주림으로 고통받는 이들에게 식량과 연료를 공급하기가 어려웠던 것이다. 혹한에서는 합성

---

* 소듐 채널 : Na^+의 유출입을 조절하는 세포막에 있는 단백질로서 신경의 흥분 전도와 근수축에 중요한 역할을 한다.

섬유로 만든 모든 옷은 굳어져 찢겨져 버리기 때문에 모피가 필요하다. 전선도 얼음의 무게로 늘어지고 끊어져, 결국 전기 공급이 차단된다. 수은 온도계는 －39℃에서 얼기 때문에 알콜 온도계 없이는 얼마나 추운지 측정할 수도 없다. 그러나 이처럼 온도가 낮으면, 우유를 간편한 얼음 덩어리로 팔 수도 있으며, 음식을 무한히 쉽게 저장할 수 있는 장점도 있다.

추위에 대한 적응

눈 덮인 겨울날 반바지와 반소매 차림으로 밖에 나가 보라. 피부가 창백해지고 소름이 돋으며 온 몸이 부들부들 떨릴 것이다. 당신의 몸이 한편으로는 열 손실을 줄이고 또 다른 편으로는 열을 발생하려고 적응하는 과정이다.

열은 언제나 높은 곳에서 낮은 곳으로 이동한다. 그래서 인간처럼 주변 환경보다 체온이 높은 동물들은 늘 열을 빼앗기며 산다. 제3장에서 자세히 설명한 대로, 열 손실의 속도는 표피 가까이 흐르는 따뜻한 혈액의 양에 따라 결정된다. 혈액이 많이 흐르면 흐를수록 더 많은 열이 달아난다. 따라서 열을 보존하는 가장 좋은 방법은 피부로 가는 혈액의 흐름을 줄이는 것이다. 하지만 그렇게 되면 피부 세포들이 산소와 영양분을 얻을 수 없기 때문에 이 같은 전략에는 한계가 있다.

기온이 떨어지면 혈관이 수축하여 피부로 가는 혈액을 줄임으로써 피부가 창백해지고 열이 보존된다. 그러나 온도가 약 10℃ 가량 떨어지면 피부의 혈관들이 오히려 팽창한다. 그러다가 온도가 더 떨어지면 수축과 팽창을 반복한다. 이 같은 작용은 피부가 지나친 추위에 손상되는 것을 막아줄 뿐 아니라 피부에 산소의 공급을 원활하게 해준다. 추운 겨울날 코끝과 손이 빨개지는 이유가 바로 여기에 있다. 한 손을 얼음물 속에 넣어 보라. 처음에는 혈관이 수축하여 피부가 창백해질 것이다. 시간이 지나면 통증을 느끼게 될지도 모른다. 피가 흐르지 않아 노폐물이 축적되어 나타나는 현상이다. 하지만 약 5분에서 10분 정도가 지나면 혈관이 다시 팽창하며 고통이 사라지고 피부도 다시 붉은 빛을 띨 것이다. 만일 온도가 너무 낮으면 혈관이 계속적으로 수축하여 열 손실이 지나치게 클 수 있다. 그렇게 되면 피가 통하지 않는 부위가 주변 온도만큼 내려가고 결국 동상에 걸리게 된다.

소름이 돋는 것은 춥게 느낀다는 징후이다. 털 주위의 근육이 수축하여 생기는 현상이다. 일으켜 세워 체온을 보존해 줄 털이 별로 없는 인간에게는 별다른 기능이 없지만 조류나 다른 포유동물에서는 많은 도움이 된다. 추울 때 닭들이 깃털을 세우고 웅크리고 앉아있는 모습을 보면 알 수 있다.

신체는 열 손실을 줄이는 것 외에도 열을 보다 많이 생산하여 추위에 적응한다. 사람에게 가장 중요한 열의 원천은 근육운동이다. 근육의 수축은 기본적으로 비효율적이라서 부산물로 열이 발생한다. 저장되어 있던 화학에너지가 열로 변하는 것이다. 추운 겨울날 해가 구름 뒤로 숨으면 우리는 몸을 떨기 시작한다. 근육을 떨게 하는 무의식적 수축 때문에 몸이 떨리는 것이다. 처음에는 몸통과 팔의 근육에서 시작하지만 이내 턱 근육에까지 이르러 이가 맞부딪치는 소리를 내며 온 몸이 크게 떨리게 된다.

몸을 떨면 열이 다섯 배나 많이 발생하지만 주변 환경으로 방출되는 열 대류가 증가하여 일부는 잃게 된다. 이 같은 손실은 표면적에 대한 부피의 비율이 큰 아이들의 경우 더 심하다. 의식적으로 운동을 하면 많은 양의 열이 발생한다. 우리 모두 펄쩍펄쩍 뛰고, 발을 쾅쾅 구르거나, 팔을 때리면 훨씬 따뜻해진다는 것을 잘 알고 있다. 무의식적인 몸떨림에 의해서든 의식적인 운동에 의해서든 열 생산은 신체에 저축되어 있는 연료의 양에 의해 제한을 받는다. 우리가 얼마나 오래 그리고 얼마나 효율적으로 몸을 떨 수 있는가는 근육 속에 저장되어 있는 글리코겐의 양에 의해 결정된다. 대체로 두어 시간이 한계이다. 신체 조건, 스태미나, 연료 저장량 등도 의식적으로 할 수 있는 운동량을 제한한다. 열 생산은 결국 섭취하는 음식의 양에 비례한다.

아기들은 어른에 비해 표면적에 대한 부피의 비율이 크기 때문에 열을 더 쉽게 잃는다. 아기들은 추위에 대단히 민감하지만 몸을 떨지 않는다. 대신 다른 특수한 열 생산 기구를 갖고 있다. 어깨, 등, 그리고 신장 주위에 전체 몸무게의 4%에 달하는 두툼한 지방층을 지니고 있다. 이 지방은 보통 지방 조직(white adipose tissue)과 달라 갈색 지방 조직(brown adipose tissue)이라고 부른다. 백색의 피하 지방 조직이 열을 보존하는 담요라면 갈색 지방은 전기 담요와도 같다. 갈색을 띠는 것은 미토콘드리아를 많이 함유하고 있기 때문이다. 미토콘드리아는 연료를 태워 화학에너지를 생산해내기 때문에 흔히 세포의 발전소라 일컫는다. 하지만 갈색 지방의 미토콘드리아는 화학 에너지 생성으로부터 신진 대사를 분리시키는 특수 단백질의 작용으로 오히려 열을 발생한다. 이 같은 '분리단백질(uncoupling protein)'은 몇몇 동물들에서 에너지의 균형을 조절하며 추위로부터 몸을 보호하는 역할을 하기도 한다. 이 단백질을 가지고 있지 않은 돌연 변이 생쥐는 보통 생쥐에 비해 훨씬 추위에 민감하여 잘 얼어 죽는다.

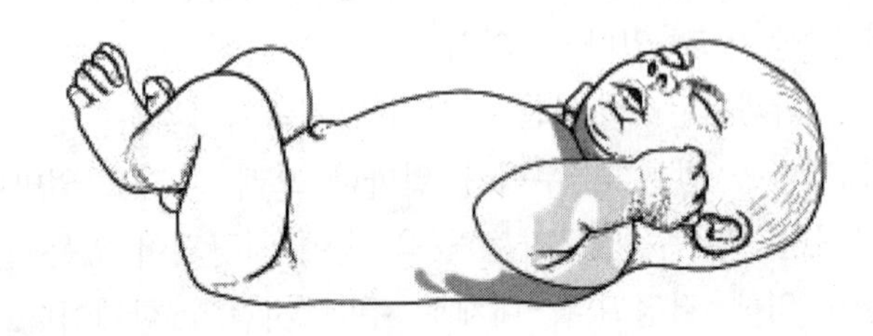

갓난 아기는 어깨, 등 그리고 신장 주위에 열저장고인 갈색 지방 조직이 내장되어 있다.

갈색 지방 조직의 열은 스트레스 호르몬인 아드레날린의 자극에 의해 발생한다. 열이 발생하면 미세한 모세 혈관망을 타고 열이 몸 전체로 전달된다. 인간의 경우, 갈색 지방 조직은 어른이 되면 거의 다 사라진다. 아주 적은 양의 갈색 지방 조직이 흰색 지방 조직 사이에 간간이 분포할 따름이다. 그러나 많은 작은 포유동물들, 특히 박쥐, 다람쥐, 고슴도치, 마못 등 겨울잠에서 깨어나서 몸을 데워야 하는 동물들은 갈색 지방 조직을 많이 지니고 있다.

분리단백질의 활동이 증가하면 체중이 효과적으로 줄 것이라고 생각할 수 있다. 실제로 마른 사람들은 분리단백질의 작용 수준이 높아 열량을 지방으로 저장하기보다 열로 발산할 것이라는 가설이 있다. 여러 사람이 똑같은 양의 음식을 섭취해도 그 중 몇 사람만 살이 찌는 까닭이 바로 여기에 있는지도 모른다.

어른의 경우 갈색 지방 조직은 거의 없지만, 최근 연구 결과에 따르면 다른 조직에 유사한 분리단백질이 존재할지도 모른다. 한 예로 갈색 지방 세포에 분리단백질을 갖고 있지 않은 돌연변이 생쥐들이 추위에는 민감해도 비만 증상을 보이지는 않는다. 체중 조절에 관여하는 다른 분리단백질이 있을 가능성을 암시하는 증거이다.

또 다른 형태의 생물학적 열 발생 기구가 참치의 일종인 황새치와 청새치 등 해양 어류에서 발견되었다. 그들의 열 발생 조직은 눈의 근육이 변형된 것으로 뇌 바로 밑에 분포하며 몸의 다른 부위들이 주변 물의 온도에 따라 변하더라도 뇌와 눈의 온도를 28℃로 유지시켜준다. 겨울에 찬 바다를 헤엄칠 때 차가운 피는 일단 열 발생 기관으로 골고루 퍼져 데워진 다음 뇌로 들어간다. 이 열 발생 기관으로 들어가는 혈관들은 가는 혈관의 조직망으로 갈라져 뇌에서 나오는 혈관들의 옆에 분포한다. 그래서 뇌에서 나오는 따뜻한 피가 들어오는 찬 피를 데워주기 때문에 열 발생 기관의 일을 줄여준다. 열 발생 기관은 수축 단백질이 거의 없고 미토콘드리아가 풍부한 변형된 근육 세포들로 이루어져 있다. 갈색 지방 조직처럼 연료를 태우는 신진 대사와 에너지 생성간의 분리가 일어나지 않는다. 대신, 대사 작용으로 생성한 ATP를 즉시 사용하여 부산물로 열을 발생한다.

놀랍게도 식물 역시 열 발생을 촉진하여 체온을 조절한다. 토란과 천남성속에 속하는 식물인 아룸나리(*Arum maculatum*)는 남성 성기처럼 생긴 두툼한 육질의 자줏빛 수술을 지니고 있다. 이곳에서 발생하는 열로 인해 화학 물질을 분비하는데 그 냄새가 파리를 비롯한 여러 종류의 곤충들을 유인하여 꽃가루를 운반하게 한다. 그곳에서 발생하는 열은 실로 엄청나 온도를 무려 45℃까지 증가시키기도 한다. 식물 자체가 그 온도에 데쳐지지 않는 것이 신기할 뿐이다. 고산 지대에 사는 때죽나무(*Soldanella montana*)는 주변의 눈을 녹일 정도로 열을 발생하여 얼어죽지 않는다.

동사

매년 수많은 사람들이 등산 중에 예기치 못한 기상 변화로 조난을 당하며, 그들 대부분은 추위 때문에 고통을 당하고 일부는 불행하게도 목숨을 잃는다.

저체온(hypothermia)으로 동사한 최초의 기록은 아마도 오스트리아와 이탈리아 접경의 알프스 계곡에서 약 5200년 전에 얼어 죽은 외치(Ötzi)*일 것이다. 빙하에 묻혀 미이라가 된 그의 시체가 빙하 가장자리에 반쯤 노출되어 있는 것을 1991년 어느 등산객 부부가 발견했다. 외치는 눈 속의 산행에 맞도록 잘 무장하고 다녔던 것으로 보인다. 그러나 갈비뼈가 세 대나 부러져 있었고 먹을 것을 지니고 있지 않았던 점으로 미루어보아 도망치듯 황급히 집을 떠난 듯 싶고, 추격을 받은 후 추위를 이기지 못했던 것 같다.

우리 몸의 가슴과 배 깊숙한 곳의 체온은 36~38℃이다. 저체온은 이 몸 중심 온도가 35℃ 미만으로 떨어지는 것을 말한다. 경미한 저체온 현상은 몸이 떨리고 손에 감각이 없어지며 손놀림이 둔해지는 것으로 나타난다. 스키를 타는 것과 같은 복잡한 행동을 하기가 점차 힘들어지고 피곤하며 춥고 말다툼을

---

* 최몽룡 역, 「오천년 전의 남자」. 1994. 청림출판사, 서울.

1991년 알프스의 빙하에서 발견된 5000년 전의 남자로 알려진 외치. 동사하여 빙하에 묻혔기 때문에 미이라가 된 외치는 완벽하게 보존이 되었다.

하게 되고 남과 협동하기가 어려워진다. 경미한 저체온은 판정하기 어렵고 당사자는 절대 아니라고 부인하지만 매우 위험할 수 있다. 외투의 지퍼를 올릴 수 없거나 장갑을 낄 수 없으면 동상에 걸릴 수 있다. 몸 중심의 온도가 불과 1도 정도만 떨어져도 신체의 반응 시간이 느려지고 판단 능력이 저하된다. 따라서 경미한 저체온이 교통 사고의 원인이 될 수도 있다.

보통의 저체온은 몸 중심 온도가 35℃ 미만으로 떨어질 때 발생하며 몸을 심하게 떨게 된다. 섬세한 운동 기술과 전반적인 근육 조절 능력이 저하하여 걸음 걸이가 느려지고 힘들어지며 걸려 넘어지기도 한다. 정신적인 능력도 떨어진다. 말이 잘 나오지 않고 생각이 흐려지며 합리적인 판단을 내리기가 힘들어진다.

산악인들은 안전 장치를 제대로 매지 못하여 사고를 당하기도 한다. 무덤덤해지고 무기력해지며 비협조적이고 소극적이 되며, 질문에 제대로 답하지 못한다. 종종 조금 전에 벌어진 일도 기억하지 못하기도 한다.

몸 중심 온도가 32℃ 미만으로 떨어지면 에너지가 고갈되어 몸떨림마저 멈춘다. 근육에서 더 이상 열이 발생하지 않으므로 체온은 더 떨어진다. 결국 걷지 못하게 되어 거의 무의식 상태에서 땅에 웅크리고 주저앉게 된다. 30℃ 근처로 떨어지면 의식을 잃는다. 어느 피해자는 '나는 추위가 점점 심해지는 걸 느꼈다. 얼굴이 얼어가고 있었다. 손도 얼고 있었다. 감각이 사라지는 걸 느낄 수 있었고 정신을 집중할 수 없었으며 일종의 망각 상태로 빠져드는 것 같았다'고 진술했다.

심각한 저체온이 발생하면 심장 박동이 급격히 떨어지고 맥박은 거의 잴 수 없을 지경이 되며 숨도 거의 느끼지 못할 정도로 낮고 불규칙해진다. 숨을 1분에 한두 번 쉴까 말까 하고 심장도 그 정도로 뛸 뿐이다. 피부는 창백해지며 만지면 얼음처럼 차게 느껴진다. 팔다리가 뻣뻣해지고 동공이 확장된 채 빛에 아무런 반응을 보이지 않는다. 목숨이 아직 붙어 있더라도 거의 죽은 것처럼 보인다. 이러한 상황을 '대사 동결(metabolic icebox)'이라고 한다. 왜냐하면 신진 대사가 저하되어 빈사 상태에 이르렀기 때문이다.

추위는 심장의 박동원의 기능을 저하시켜 맥박이 줄어든다. 몸 중심 온도가 약 28℃ 미만으로 떨어지면 심장 근육이 경련을 일으켜 정상적인 혈액 공급이 불가능해져 결국 죽게 되는 부정맥(cardiac arrhythmia) 증상이 일어나기도 한다. 이 같은 심장의 이상이 일어나지 않는다 하더라도 체온이 20도 미만으로 떨어지면 심장은 멈추게 된다.

극지방의 물 속

1982년 1월 13일 플로리다항공(Air Florida)의 90편이 워싱턴 국제 공항을 이륙했다. 그러나 불과 28초 후 이 여객기는 포토맥강의 14번가 다리 위에 추락하여 모두 78명이 사망했다. 모든 사람들이 다 추락의 충격으로 죽은 것이 아니었다. 많은 사람들은 얼음장같이 찬 포토맥 강물에 빠져 저체온증으로 죽었다. 눈과 극심한 추위, 그리고 어두움 때문에 구출이 어려워 대부분이 상당히 오랜 시간 물 속에 잠겨 있었다.

매년 수천명이 찬 물에 빠져 죽는다. 익사가 아니라 저체온증이 사망의 원인일 것이다. 물은 공기보다 25배나 열을 너무나 잘 전도하기 때문에, 물 안에 있을 때 우리 몸은 훨씬 빨리 열을 빼앗긴다. 20℃ 미만의 물 속에 잠겨 있으면 열을 잃기 시작하여 결국 저체온증으로 죽게 된다. 물의 온도가 낮으면 낮을수록 일찍 죽는다. 영국에서는 6월 바닷물의 평균 온도가 15℃라 발가벗은 채로 물에 들어가 있으면 몇 시간 안에 죽는다. 1월에는 수온이 5℃로 떨어지므로 30분이면 죽는다. 옷을 입고 있을지라도 0℃ 정도의 물에 빠지면 15분내에 저체온증이 오고, 보통 30~90분내에 목숨을 잃는다. 영국 해군은 신병들에게 얼음처럼 찬 물 속에서는 올림픽 수영 선수 데이비스(Sharon Davies)도 어쩔 수 없다는 것을 비디오로 교육한다.

생리학자들은 예로부터 물에 빠졌을 경우 익사와 별개로 추위가 중요한 사망의 원인이라는 사실을 잘 알고 있었다. 타이타닉호가 침몰했을 때 살아남은 사람들은 바다도 잠잠했고 구명복을 입었어도 많은 사람들이 죽었다고 증언했지만 당국은 익사를 주원인으로 들었다. 차디찬 물 속에서 죽는 원인을 규명하는 연구는 제2차 세계 대전 중 영국과 독일 해군에서 동시에 진행되었다. 침몰하는 배를 탈출했던 많은 해군들의 죽음의 원인을 밝히기 위함이었다. 가장 자세한 연구는 나치에 의해 다카우 집단 수용소에 수감되어 있던 사람들을 대상으로 실시되었다. 그 자료는 사람이 살아남을 수 있는 온도의 한계에 대한 자료로 지금도 인용되고 있다. 하지만 그 자료가 아무리 찬 물에 의한 사망 원인을 이해하는데 도움이 된다 해도 천인공노할 다카우의 반인류적인 실험 자료를 이용하는 일이 과연 인간의 탈을 쓰고 할 수 있는 일인가.

찬 물 속에서 훨씬 더 오랫동안 있었으면서도 우리가 기대했던 것보다 오래 살아남은 사람들의 얘기는 수없이 많다. 어떤 경우든 분명히 추위에 저항성을 지닌 예외의 경우이다. 이 예를 통해 사람들이 어떻게 죽음을 면할 수 있었는가 쉽게 이해할 수 있다. 1997년 세계 일주 요트 경주에 참가한 벌리모어(Tony Bullimore)는 대서양에서 배가 뒤집혀 그 밑에 갇히게 되었다. 4일만에 구조되었는데 보통 사람들 같으면 얼음과 같은 물 속에서 그만큼 오래 버틸 수 없었다. 하지만 호주 해군 잠수부들이 보트에 구멍을 내자 그는 스스로 헤엄쳐 나왔다. 방수복과 그의 두터운 피하 지방이 그를 살렸다.

저명한 철학자 러셀(Bertrand Russell)도 찬 물에 희생될 뻔했다. 1948년 그는 영국문화원의 주최로 노르웨이에 초빙되어 일련의 강의를 하기로 되어 있었다. 10월 2일 그는 수륙양용 비행기로 오슬로에서 트론타임으로 가고 있었다. 워낙 바람이 강하게 불어 비행기가 파도 속에 착륙하다 뒤집혀 물이 기체 내로 밀려들었다. 많은 승객들이 피하지 못하고 물에 잠겼다. 러셀은 물이 비행정 안에 가득 찼다고 진술했다. 북해의 얼음처럼 찬 물 속에서는 불과 몇 분을 견디기 어려운 걸 감안하면 그처럼 빨리 구출된 것은 행운이었다.

물 속에서 움직이면 열 손실은 더 빨리 일어난다. 5분내로 헤엄쳐 갈 수 있을 정도로 육지가 아주 가깝지 않은 한, 구명복을 입은 채로 가만히 물에 떠 있으며 구조를 기다리는 것이 살 수 있는 최선의 길이다. 몸을 움직이면 몸 옆에서 데워진 물층이 사라지고 새롭게 차가운 물층이 형성되기 때문에 열 전도가 증가할 뿐이다. 또한 몸을 움직이면 혈액 순환이 잘 되어 더 많은 열을 빼앗기게 된다. 만일 배를 포기해야하는 상황이라면, 그리고 시간이 좀 있다면, 옷을 잔뜩 껴입고 두툼한 장갑이나 양말도 끼어 신는 것이 추위로 인한 동상을 줄일 수 있다.

이처럼 간단한 주의가 목숨을 구할 수도 있다. 하지만 불행하게도 많은 사람들이 이를 모르고 있다. 1963년 마데이라 근해에서 라코니카(Lokonika)호에 화재가 발생하였다. 승객들과 선원들이 바다로 뛰어들었다. 되도록 움직여야 몸을 따뜻하게 유지할 수 있을 것이라 믿고 그들은 쉬지 않고 수영을 했고 수영에 방해가 된다며 옷을 벗어 던졌다. 치명적인 실수였다. 모두 113명이 저체온으로 사망했다.

피하 지방은 훌륭한 절연체이다. 그래서 뚱뚱한 사람들이 찬 물 속에서 더 오래 버틸 수 있다. 영국해협 횡단에 성공한 수영 선수들의 대부분이 우람한 체격을 갖고 있음은 그리 놀랄 일이 아니다. 34.5km에 달하는 거리를 횡단하기 위해 수영 선수들은 대개 수온이 가장 높은 그래봐야 15~18℃밖에 안 되지만 8월이나 9월을 택한다. 대개 9시간에서 27시간이 걸리는데, 이 시간은 이 온도에서 물 속에서 버틸 수 있는 시간보다 훨씬 길다. 그들이 성공할 수 있는 몇 가지 이유가 있는데, 이는 운동이 상당한 열을 발산하며, 대개 충분한 피하 지방을 갖고 있고, 주

도버해협 횡단 수영 선수가 입수하기 전에 온 몸에 바세린을 발라 체온의 손실을 막는다. 선수의 몸 또한 피하 지방층이 잘 발달하여 열손실을 최소화할 수 있다.

기적으로 먹으며 헤엄을 치기 때문이다. 하지만 대부분의 선수들이 피로와 저체온으로 도중에서 포기한다. 1999년 8월에는 노련한 장거리 수영 선수가 횡단 중 죽는 사고도 발생했다.

얼음 속 다이빙은 아무리 목석 같은 사람이라도 아드레날린이 솟구칠 수밖에 없는 '극한 운동(extreme sport)' 중의 하나다. 얼어붙은 호수에 다이너마이트로 구멍을 뚫은 후 얼음 밑에서 수영을 즐긴다. 1℃의 물 속에서 잠수용 특수 합성 고무옷을 입고 버틸 수 있는 시간은 산소를 공급받으면 20분 정도이다. 산소 공급 없이 얼음 밑에서 견딘 최장 기록은 부강(Fabrice Bougand)이라는 프랑스인이 세웠는데, 그는 10℃에서 2분 33초를 버텼다.

그러나 지나치게 찬 물이 사람을 즉사시킬 수 있음을 알아야 한다. 건장한 청년이 얼음같이 찬 호수에 뛰어든 지 1~2분 만에 급사하여 물 위로 떠오른 사건은 여럿 있었다. 무엇 때문에 이런 일이 벌어지는지는 분명하지 않으나 몇 가지 생리적 반응이 관여할 것이다. 충격과 고통은 심장 기능을 저하하여 부정맥을 일으키며, 추위로 인하여 생기는 호흡 조건 반사가 물 속에서는 치명적일 수 있다. 추위로 인한 충격은 과호흡을 일으켜 혈액으로부터 이산화탄소를 몰아내 혈액의 산성도를 낮추므로 근육 경련, 의식 불명, 그리고 익사를 유발할 수 있다.

찬 물에 의한 사망은 여러 가지로 나타난다. 저승사자는 물에 들어가자 단 몇 초만에, 또는 몇 분간 수영을 한 후에, 아니면 몸이 차가워지고 의식을 잃은 후인 한참만에 찾아올 수도 있다. 구조된 다음에 찾아올 수도 있다. 제1차 세계 대전 중 독일 전함 그나이세나우(*Gneisenau*)호가 침몰했을 때 많은 사람들이 구조될 때는 아무렇지도 않았다가 구조된 후 구조선의 갑판 위에서 사망했다. 요즘도 침몰된 배의 선원들이나 어부들이 구출 당시에는 의식이 있었으나 구조된 후 의식을 잃고 사망하는 예가 종종 있다. 이 같은 구조 후 죽음의 원인은 아직 규명되지 않았지만, 추위는 물론 물에서 나왔을 때 수압의 차이가 심장에 영향을 미치는지도 모른다.

균형 상실

저체온증은 체온 손실이 체온 증가를 초과할 때 발생한다. 그러나 반드시 겨울철처럼 추운 상태에서만 발생하는 건 아니다. 식사가 불충분하거나 난방 시설이 불비한 경우 노인들이 걸리기 쉽고 더구나 거동이 불편할 정도의 상해로 고생을 하고 있다면 더욱 그러하다. 노인들의 저체온은 정신 혼란, 불균형, 지각 마비 상태가 점진적으로 상승하면서 하루나 이틀이 지나면 체온이 지속적으로 떨어진다. 영양결핍 환자, 특히 어린이의 경우 신진 대사율이 낮아 저체온증에 걸리기 쉽기 때문에 보호자들이 덥다고 느낄지라도 실내 온도를 따뜻하게 유지해야만 한다. 체온 손실을 초래하는 약물은 비교적 따뜻한 기온에서도 저체온증을 일으킬 수가 있다.

또한 굶거나, 술을 많이 마시거나, 과격한 운동을 한후에도 저체온증이 유발될 수 있다. 운동은 체내에 저장된 탄수화물을 고갈시켜 혈당량을 떨어뜨린다. 술은 체내에서 분해될 때에 포도당을 필요로 하므로 더욱더 혈당량을 낮춤으로써 문제를 악화시킨다. 저혈당증은 추위에 대한 저항력을 상당히 감소시키며 피부로의 혈액 흐름은 멈추지 않으므로 체온을 위험 수준까지 떨어뜨릴 수 있다. 이런 상황에서라면 심층부의 체온은 특별히 춥지 않은 경우에도 급격히 떨어질 수 있다. 예를 들어 20℃의 상황에서 80분 이내에 체온은 33℃까지 떨어지는 경우가 발견되기도 했다. 그러므로 체온 감소를 막기 위해 몇 잔의 위스키를 마신 후에 빈 속으로 몇 시간 동안 무리하게 걸어가는 등의 행위는 위험하다. 여름에도 얼어죽을 수 있음을 우리는 명심해야 한다.

삶 그 이후의 '죽음'

누구나 죽을 때는 몸이 식는다는 것은 일반적인 원리이다.

거의 매년 죽은 사람의 '기적의 부활'에 관한 이야기가 있는데 사실 그것은 아직 살아 있음에도 심한 저체온증으로 고생하는 사람이 죽은 것처럼 보였기 때문이다. 1999년 2월, 눈사태가 스위스와 오스트리아의 알프스 곳곳을 휩쓸었다. 많은 불상사 중에 두 시간 동안 눈 속에 파묻힌 채 누워 있던 네 살된 어린아이가 있었다. 그를 눈 속에서 꺼냈을 때 그 아이는 임상적으로 죽은 것 같았지만 구조대는 소생시킬 수 있었고 며칠 뒤 그 아이는 태연하게 장난감을 가지고 다시 예전처럼 뛰어 놀았다.

급작스런 저체온증에서 살아난 사람으로 가장 낮은 체온은 13.7℃가 최저 기록이다. 이 29세의 노르웨이 여인은 스키를 타다가 폭포 낭떠러지로 떨어졌고 몸이 바위와 두꺼운 얼음덩어리에 낀 채로 있어서 흐르는 얼음물에 몸이 젖어 있었다. 친구들은 그녀를 구할 수 없었고 구조대가 도착했을 때는 이미 한 시간 10분이 흘렀으며 그 여인은 임상적으로는 죽어 있었다. 그렇지만 그녀는 즉시 심폐소생술을 받았고 경험 많은 심폐소생술팀이 있던 트롬소대학병원으로 후송되어 살아날 수 있었다. 5개월 뒤 그녀는 거의 완전히 회복되었다.

또한 추위가 신진 대사를 느리게 하여 극소량의 산소만을 요구하였기 때문에 수분 동안 숨도 쉬지 못한 채 얼음물 속에 완전히 잠겨 있다가 살아난 어린아이들도 있었다. 대표적인 사례는 다섯 살 난 남자 아이로 살얼음이 낀 강을 건너다 빠져 잠수부가 구조할 때까지 40분 동안 얼음물 속에 잠겨 있었던 경우이다. 얼음과 물 사이에는 공기층이 없었기 때문에 소년은 그 시간 내내 완전히 물 속에 잠겨 있었다. 이 소년을 물 속에서 꺼냈을 때 맥박도 없었고 숨도 쉬지 않았으며 추위로 몸은 푸른 회색빛이 되어 있었고 체온은 24℃였다. 병원에 데려가 심폐소생술을 시작한 이틀 뒤 소년은 의식을 회복했고 말을 하기 시작했다. 사고 후 8일 뒤 소년은 퇴원할 정도로 회복되었다. 운이 좋게도 소년은 완전히 회복되었고 뇌도 손상을 입지 않았다. 하지만 모든 사람이 이런 시련에서 살아남을 수 있는 것은 아니다. 아이들이 비교적 살아남을 확률이 높은 까닭은 몸이 작아 빨리 차가워져 산소 요구량이 급격히 떨어짐으로써 살아 있는 상태 그대로 신진 대사가 정지된 상태가 되기 때문이다.

저체온증으로 고통받는 사람들이 체온을 다시 되찾는 가장 빠른 방법은 따뜻한 욕조에 몸을 담그는 것이다. 심한 저체온증으로 고생하는 사람에게는 헤어드라이어와 같은 것으로 따뜻한 공기를 불어주어 숨쉴 때 따뜻한 공기를 들이마시게 하고 정맥혈을 열변환기로 따뜻하게 데운 다음 순환시켜 체온을 높이는 것이다. 부정맥이 일어날 수도 있으므로 심각하게 냉각된 환자의 체온을 올리려 할 때는 세심한 주의를 기울여야 한다.

거칠어진 손과 차가운 발

동상에 걸린 부위는 대개 붉은 색을 띠며 가렵다. 보통 손가락, 발가락, 볼과 귀 등이 동상에 잘 걸린다. 동상은 15° 이하의 온도에서 피부가 반복적으로 노출될 때 생기며 미세한 모세혈관이 영구적으로 손상된다. 여성과 아이들이 특히 걸리기 쉽다. 동상은 춥고 건조한 기후보다는 영국과 같이 습한 기후에서 더 빈번히 발생한다. 오늘날 영국에서 동상률이 감소한 것은 아마 경제적으로 윤택하게 되어 옷을 따뜻하게 입고 중앙 난방이 대중화되었기 때문이다.

레이노드 증후군(Raynaud's syndrome)은 손가락 혹은 발가락이 추위에 노출되어 색이 하얗게, 파랗게 그리고 붉게 되는 상태를 말한다. 이 증후군은 처음엔 혈관이 너무 심하게 수축되어 거의 모든 피의 순환이 정지된 다음 다시 서서히 혈관이 이완하기 때문이다. 이미 혈관의 수축으로 인해 피가 통하지 않았던 손가락으로 피가 다시 흘러갈 때 상당히 고통스럽다. 이상하게도 레이노드 증후군은 캐나다나 스웨덴보다 영국, 이태리처럼 비교적 겨울이 온화한 나라에서 추위에 더 많이 발생하는데, 아마도 더 악조건인 기후에서는 사람들이 추위에 더 많은 주의를 기울이기 때문인 것 같다. 예를 들어 영국의 경우 어린 학생들은 겨울에 주로 밖에서 뛰어 놀며 따라서 만성적으로 추위에 노출되게 된다.

군인들이 장기간 참호 속에서 적과 대치하는 과정에 발생하는 동상인 참호족(trench foot)은 제1차 세계 대전 때 수많은 병사들을 괴롭혔다. 1915년 영국군에서만 2만 9천 여명이 참호족에 걸렸다. 이 참호족은 차갑고 습한 곳에 오랫동안 지속적으로 몸이 노출되었기 때문에 유발되며, 비가 와서 참호에 물이 차면 물과 진흙으로 범벅된 곳을 병사들은 힘겹게 걸어 다녀야 했고 습기와 찬 바람은 발을 뻣뻣하게 만들어 놓았다.

참호족은 그후에도 계속적으로 문제가 되었다. 1982년 포크랜드 전쟁에서 참호족으로 고통받은 영국군은 전체 사상자 중의 14%고, 1988년 미국 해병대의 11%가 이런 상태로 고통을 받았다. 장시간 손과 발이 물에 노출되기 쉬운 카약을 즐기는 사람들은 특히 참호족에 걸리기 쉽고, 산악인들도 과도한 땀으로 양말이 젖거나 진눈깨비가 부츠에 들어가 녹게 되면 걸릴 수 있으며, 차가운 상황에서 발이 젖은 채로 서서 일을 하는 직업을 가진 사람들도 또한 참호족에 걸리기 쉽다. 오뉴월에조차도 영국의 날씨는 춥고 습하며 땅이 질퍽거리기 때문에 매년 글라스톤 베리 축제에 참가하는 많은 사람이 참호족에 걸린다.

건조한 경우보다 25배 정도나 빠르게 젖은 발의 체온은 떨어진다. 설상가상으로 열의 손실을 막기 위해 발의 혈관은 수축된다. 이런 식으로 혈액 순환이 감소할 때, 조직은 더 이상 산소와 영양 공급을 받지 못하고 괴사하게 되며 몸에 해로운 노폐물이 축적된다. 참호족은 근육이나 신경 같은 심층부의 조직에 특히 영향을 주어 현저한 피부의 손상이 나타나기 전까지 장시간 동안 진행된다. 영향을 받은 팔다리는 차갑고 창백한 빛의 반점이 나타나며 감각이 둔화된다. 체온을 다시 회복하면 피부는 보랏빛 붉은 색을 띠고 부풀게 되며 지극히 고통스럽다. 일부 환자들은 감전된 것과 같은 충격이 발가락에서부터 발로 올라오는 것 같은 느낌이라고 말한다. 물집이나 궤양 또는 탈저를 일으킬 수 있으며 심한 경우 발 전체 조직이 죽게 되어 절단을 해야만 하기도 한다.

간단하면서 효과적인 방법으로 참호족을 예방할 수 있다. 중요한 건 발을 항상 건조하게 유지하고 혈액 순환이 잘 되도록 해야한다.

동상

0℃ 정도의 기온에서 피부가 차가워지면 조직의 동결로 동상에 걸릴 수 있다. 동상은 가장 일반적으로 사지, 귀, 코, 손가락, 발가락 등과 같은 곳에 생긴다. 상태가 그리 나쁘지 않은 경우 피부의 가장 바깥쪽만 얼게 된다. 종종 서릿발 상처라고도 불리는 동상은 피부가 하얗고 창백하게 되며 감각이 둔해진다. 동

표제성 동상에 걸려 손가락이 부풀어 오른 셀파

상은 햇볕에 타거나 1도 화상과 비슷하며 다시 따뜻하게 해주면 얼었던 피부는 밝은 적색으로 변하고 후에 허물이 벗겨진다. 표제성 동상(superficial frostbite)은 피부는 물론 피부 아래 조직도 상해를 입는 경우로 이것은 심각하다. 다시 따뜻하게 해주면 피부는 푸른 보라색으로 변하고 부풀어오른다. 하루나 이틀 안에 물집이 생길 수 있고 딱딱하고 검은 빛의 갑각이 생길 수 있다. 환자가 운이 좋다면 결국에 허물이 벗겨지고, 피부가 재생되면서 아래쪽도 낫게 된다. 하지만 체리-게라드(Apsley Cherry-Garrard)가 다음과 같이 기술한 것처럼 매우 고통스러울 수 있다.

"-20℃에서 썰매를 끌어주는 끈을 잡아당기려고 장갑에서 손을 꺼낸 내가 바보였다. 나는 열 손가락 모두 동상이 걸리기 시작했다. 저녁을 먹으러 숙소에 돌아올 때까지 손가락은 호전되지 않았다. 그리고 몇 시간 뒤 1인치 정도의 길이로 두세 개의 커다란 물집이 모든 손가락에 생겼다. 며칠 동안 물집 때문에 매우 고통스러웠다."

동상의 가장 심각한 형태는 근육, 뼈, 인대 같은 심층부의 조직이 얼어버리는 것이다. 심한 동상은 거의 영구적인 조직 손상을 유발하며, 결국엔 절단을 해야 한다. 많은 극지방 탐험가들과 산악인들은 손가락이나 발가락을 동상으로 잃었다. 끔찍한 동상 피해는 매서운 눈보라가 몰아치던 1996년 5월 에베레스트 등정팀의 일원이었던 웨더스(Beck Weathers)를 통해 알 수 있다. 혼수 상태로 칸슝 지역의 암봉에서 죽음을 기다리며 남아 있던 웨더스는 오른쪽 장갑이 벗겨지고 얼굴은 얼음으로 뒤덮힌 채 보통 사람들이 숨을 쉬듯 숨을 쉴 수 없었으나 기적적으로 죽지 않고 살아남았다. 반쯤 정신이 들은 열두 시간 뒤쯤 후에 천천히 곤경에 처한 걸 알아차리고 “제기랄… 나를 구해 줄 구조대는 오지 않았고 전 제 자신을 살려낼 뭔가를 해야만 했죠.”라고 실감나게 진술했다. 웨더스는 간신히 움직여 캠프로 돌아왔으나 오른쪽 팔꿈치 아래를 모두 잃어 버려야 했고, 모든 손가락과 왼손의 엄지와 코를 절단해야 했다. 하지만 웨더스는 친구들과 농담도 하며 행복하게 인생을 살았다.

조직이 얼어붙게 되면 세포와 세포의 주변 액체 성분에 얼음 결정이 형성된다. 동결이 천천히 일어나면 세포외액에 얼음 결정이 먼저 나타난다. 이렇게 되면 세포외액에 얼지 않고 남아 있던 용액이 농축되므로 삼투압이 증가하여 물이 세포 밖으로

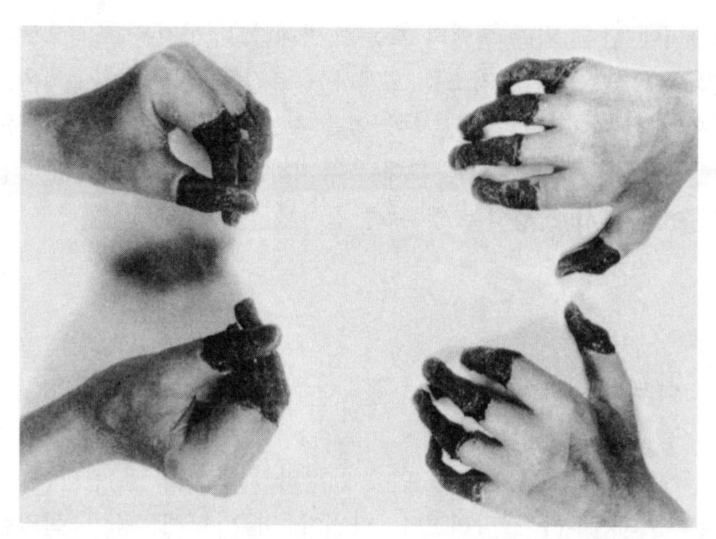

손가락에 입은 극심한 동상. 근육과 인대는 손상을 받지 않았기 때문에 손가락을 움직일 수는 있다.

이동한다. 결과적으로 세포는 수축하고 세포질의 염류의 농도가 증가한다. 단백질은 높은 염도에서 지속적인 영향을 받으므로 결과적으로 세포는 죽게 된다. 동결 작용이 빠르게 일어날 때는 바늘 모양의 얼음 결정이 세포 내부에 형성되어 세포막을 구멍낼 수도 있다. 얼음 결정이 서로 마찰을 하면 물리적으로 세포를 분리시키므로 흔히 동상 부위를 문지르지 말도록 하는 이유가 바로 여기에 있다.

더 심한 조직의 손상은 다시 체온을 올릴 때 나타난다. 미세한 혈관벽을 형성하고 있는 세포들은 특히 체온을 다시 정상으로 올리려 할 때 손상을 받기 쉽다. 조직 주변이 부풀어올라 액체가 세포로부터 흘러나오게 된다. 적혈구의 침전물들이 모세 혈관벽에 남게 되면 혈액의 흐름을 방해하고, 이것은 조직으로의 산소와 영양 공급의 감소를 초래하여 조직을 죽게 한다. 체온을 다시 올릴 때 광범위한 손상이 있을 수 있으므로 의학적 처치를 받을 때까지 동상 조직을 그대로 유지하고 있는 것이 현명하다. 해동이나 다시 결빙되는 것은 큰 참사를 일으킬 수 있다.

이누이트와 탐험가들

개인에 따라서 그리고 인종에 따라서 추위를 덜 탄다는 사실은 오래전부터 잘알려졌다. 다윈이 비글 항해* 중에 목격한 것처럼 티에로 델 푸에고의 요가(Yoga) 인디언들은 눈 속에서 살며 겨울에도 옷을 입지 않고 지내는 얼음 주민들이다. 호주 원주민과 아프리카의 칼라하리 원주민은 밤엔 온도가 급격히 떨어지는 사막에 사는데, 이곳의 기온은 겨울엔 영하로 떨어지기도 한다. 추위에도 불구하고 원주민들은 전통적으로 단지 바람막이를 한 움막에서 벌거벗은 채로 잠을 잔다. 생리학적 연구 결과, 그들의 심층부의 체온이 밤엔 35℃까지 떨어지고 피부 체온 또한 떨어진다는 걸 보여주고 있다. 칼라하리 원주민도 비슷한 반응을 보여준다. 그러나 백인 유럽인들은 똑같은 조건에 노출되면 체온을 36℃로 유지하면서도 부들부들 떨며 잠을 자지 못한다. 하지만 유럽인들 중에서도 사람마다 추위에 대항하는 능력은 서로 다르다.

1911년 스콧(Scott) 대령의 불행한 마지막 탐험대의 일원이

* 한국동물학회 교양 총서 제1권 「찰스 다윈」. 1999, 전파과학사, 서울.

었던 보워스(Birdie Bowers)는 무모할 정도로 대담하게 남극의 하룻밤을 보냈다. 케이프 크로우저로의 겨울 여정 중에 보워스는 황제 펭귄의 알을 수집하려고 이불 없이 오리털 침낭을 펼쳐 놓고 −20℃의 기온에서 곤히 잠을 잤다. 그는 발작이 일어난 것처럼 지속적으로 떨고 발에 동상도 걸렸었지만 신경 쓰지 않고 잠을 잤다. 스콧은 그렇게 추위에 강한 사람은 본 적이 없다고 말했다.

그럼 왜 보워스는 추위에 감각이 없었을까? 한가지 가능한 설명은 그는 매일 아침 그의 동료들이 보기엔 놀랍게도 얼음처럼 차가운 남극 바람 속에서도 냉수욕을 했다는 것이다. 몇몇 연구 자료들은 간헐적인 추위에의 노출은 인간에게 추위에 대한 적응력을 높이는 것 같다고 보고하고 있다. 예를 들어 몇주 이상 하루 30분에서 60분간씩 15℃의 물 속에 옷을 벗은 채로 매일 몸을 담그는 사람들은 북극의 기후에서도 뛰어난 내구력을 지니게 되고 남들보다 추위에 강하게 된다. 1812년 나폴레옹군이 러시아에서 후퇴할 때 생존자 중의 한 명인 헨킨스(J. L. Henckens) 중위는 눈으로 자기 몸을 문지르며 몸을 단련시켰다고 말했다.

이러한 모든 것들은 보워스가 행한 얼음 목욕이 추위에 뛰어난 내구력을 가지게 해주었다는 것을 뒷받침한다. 잘 알려진 스파르타식 훈련이나 한겨울에 매일 목욕하기로 유명한 영국의 공립학교 남학생들 또한 이를 생각해 보게 한다. 생리학적 적응력은 아마도 다른 사람들은 참을 수 없을 정도의 차가운 물 속에 몇 시간씩 손을 넣고 일하는 사람들의 능력으로도 뒷받침 할 수 있다. 예를 들어 어부, 이누이트, 미국 인디언들은 방금 말했던 그 차가운 물에 그들의 손발을 넣은 것을 반복하면서 살아간다. 이러한 조사 보고들은 추운 환경에서는 규칙적인 얼음 목욕이 추위에 적응하는데 많은 도움을 준다는 것을 의미한다.

추위는 식욕을 자극하며 증가한 식사량은 대사율을 높이며 열생산을 증가시킨다. 이누이트들은 매일 600g의 고기에 해당하는 정도의 고단백 식사로 인해 유럽인들보다 최고 33%까지 기본 신진 대사율이 높다. 따라서 이누이트들은 추위에 잘 견딜 수 있다. 또한 추위 자체가 피하 지방의 증가를 가져올 수도 있다. 영국인들의 피하 지방이 겨울에는 증가하고 여름에는 감소한다는 보고가 있다. 제3장에서 다루겠지만 다양한 기후에 적응하면서 진화한 인종들이 서로 다른 체격을 지니고 있음은 당연한 사실이다.

추위의 인점

추위가 항상 해로운 것만은 아니다. 포크랜드 전쟁 중에 중상을 입은 병사들이 수 시간씩이나 지체된 다음에야 야전 병원에 후송되었음에도 불구하고 많이 살아남았다. 연구 결과 극심한 추위가 티리온의 말들에서와 같이 부상을 입은 곳으로부터 출혈을 현저하게 감소시키고, 또한 경미한 저체온 현상이 몸의 산소 요구량을 감소시켜 출혈에도 불구하고 살아남을 수 있었다는 것이 밝혀졌다.

수술에는 일부러 저체온을 종종 이용하기도 하는데 이는 신체의 대사 속도를 낮추어서 조직의 산소 요구를 감소시키기 위함이다. 이러한 방법으로 조직에 손상을 주지 않으면서 혈액 공급을 일시적으로 중단할 수가 있다. 예를 들면 심장 수술시 심장을 4℃ 정도의 용액에 담가 심장 박동을 약 한 시간 정도까지 중지시킬 수가 있다. 신체의 다른 부위는 인공 심폐기로 따뜻한 피를 공급한다. 뇌 수술 때에 뇌의 온도를 낮추어서 국지적인 혈액 순환을 약 15분까지 중단시킬 수도 있다. 머리를 저체온으로 유지하는 것은 또한 난산 중에 생길 수 있는 산소 결핍증으로부터 태아의 뇌가 치유 불가능한 손상을 입는 것을 방지할 수도 있다. 대부분의 손상은 실제로 태어나서 하루나 이틀 뒤에 나타나는데 동물의 경우에 있어서는 태어난 뒤에 뇌를 차게 유지함으로서 이러한 손상을 방지할 수 있다. 현재 아기들을 대상으로 태어난 뒤에 물로 냉각된 헬멧을 착용시켜서 아기의 머리 온도를 약 3℃ 정도 떨어뜨렸을 때 과연 뇌손상이 감소되는지에 대한 실험이 행해지고 있다.

펭귄과 북극곰

인간은 아프리카 평원에서 진화하여서 추위를 이겨낼 수 있는 능력이 제한되어 있다. 반면에 많은 동물들은 추운 환경에 완벽하게 적응하고 있다. 이들은 두툼한 모피나 피하 지방에 의해서 잘 보온되어 있다. 이들은 몸은 크지만 수족은 짧아서 부피대 표면적의 비율이 작고 이로 인해 열 손실도 적다. 그리고 이들은 조직과 혈액에 항냉동 단백질들을 가지고 있다. 동물의 일부는 활동을 줄이고 체온을 떨어뜨려 대사량을 감소시켜 추위가 지나갈 때까지 동면한다. 이러한 방법들은 매우 효과적이어서 이들 동물들에 있어서 추운 환경에서의 실질적인 문제는 온도가 아니라 먹이의 결핍이다.

털 혹은 깃털은 공기를 잡아두어 보온층을 한 겹 더 제공하

북극여우는 두터운 겨울털로 덮여 있고, 짤막한 다리, 작은 귀에 땅딸막한 체구로 되어 있어 −50℃의 혹한 속에서도 살아갈 수 있다. 이들은 잠을 잘 때 코와 네 다리를 가슴에 묻고 동그란 형태를 유지하여 열 손실을 최소화한다.

므로 동물을 따뜻하게 지켜준다. 털이나 깃털을 일으켜 세우면 더 많은 공기가 들어가 열 손실이 더욱 감소한다. 공기는 아주 효과적인 보온 물질이다. 이는 여러 겹의 얇은 옷이 한 겹의 두꺼운 옷보다 더 따뜻하다는 사실과 대부분이 구멍으로 이루어진 뜨개질로 만든 조끼가 실 사이에 존재하는 공기들로 인해 우리를 따뜻하게 해준다는 사실로부터 입증된다.

동물 털의 보온 효과는 바람의 속도가 증가할 때는 털 사이에 잡혀 있는 따뜻한 공기층을 바람이 훼손하므로 감소한다. 이론적으로 털외투를 에스키모들처럼 뒤집어 입으면 훨씬 따뜻할 것이다.

털과 깃털은 공기에서는 보온재로서 아주 좋으나 물에 젖으면 쓸모가 없다. 공기가 털 사이에서 빠져나가 보온성을 잃어버리기 때문이다. 물에서는 지방이 훨씬 더 효과적인 보온 물질이다. 물개는 표피 밑에 상당량의 지방을 가지고 있다. 이는 오랜 시간을 차가운 바다에서 보내는 북극곰에서도 마찬가지이다. 그리고 인간도 지방이 많은 사람이 지방이 적은 사람에 비해서 차가운 물에서 더 오래 생존할 수 있다.

얼음판에 맨발로 서 있는 사람은 금방 동상에 걸릴 것이나 펭귄은 평생을 빙판에 서 있으면서도 동상에 걸리지 않는다. 펭귄의 발이 동상에 걸리지 않는 이유는 발의 온도가 얼음의 온도로 떨어지지 않기 때문이다. 이는 발로 공급되는 혈류의 조절을 통해서 발을 빙점보다 몇 도 높게 유지하여 얼지 않게 하기 때문이다. 대기의 온도가 －10℃ 이하로 내려가게 되면 황제펭귄은 발뒤꿈치와 꽁지로 서서 발가락과 날개를 몸에 가깝게 하고 바닥과 접촉되는 부분을 줄인다. 일반적으로 펭귄은 보통 이상으로 잘 보온이 되어 있어서 운동할 때 생기는 초과열을 제거하기 힘들 정도이다. 발은 열을 발산하는 몸의 몇 군데 되지 않는 방열 기관이기도 하다.

물고기는 체온을 주변의 물보다 높게 유지하는 것이 쉽지 않은데, 이것은 호흡을 위해서는 빠르고 많은 양의 피가 아가미를 통과해야 하고 이러한 아가미 호흡 구조가 필연적으로 열손실로 이어지기 때문이다. 그러나 참치와 상어는 몸의 다른 부위보다도 근육을 약 20℃ 정도 높게 유지시켜 줄 수 있는 혈관계의 역류 열 교환 장치를 진화시켰다. 제3장에서 설명한 영양의 특수 조직처럼 이 열 교환 장치는 수백 개의 서로 엉켜 있는 작은 동맥과 작은 정맥들로 이루어져 있는데 이 조직은 운동을 하고 있는 근육으로부터 나온 열이 차거운 피를 데운다. 참치가 시속 18km로 수영할 수 있는 이유는 바로 이 때문이다. 비슷한 역류 열 교환 장치가 물개와 돌고래의 지느러미와 고래의 꼬리에도 있다. 이것이 얼음장처럼 차가운 바닷물에서 체온을 잃어버리는 것을 막는데 도움을 준다. 하루종일 차거운 물에 긴 다리를 반쯤 담그고 걸어다니는 물새들도 다리에 이러한 조직을 가지고 있다. 이것이 왜 사람은 얼음장처럼 차가운 물에 발을 담그면 동상을 입는 반면 이 새들은 해를 입지 않는 이유이다.

동물은 또한 저온에서도 작동할 수 있는 세포내의 생화학적 기구를 통해 지속적인 추위에 적응하였다. 인간의 신경과 근육은 온도가 8℃ 아래로 떨어지면 작동을 못하지만 극지방에 사는 동물들의 신경계와 근육은 온도가 0℃ 근처에서도 작동을 멈추지 않는다. 이러한 차이가 생기는 이유는 세포막을 구성하는 지방의 성분 때문이다. 대부분의 동물 지방은 온도가 내려가면 단단해지고 쉽게 깨지는 형태로 변하는데 반해 물개나 추운 환경에서 사는 동물들의 다리의 세포를 구성하는 지방은 몸의 중심으로부터 얼마나 떨어져 있는가에 따라서 고체화되는 온도가 다르다. 순록의 발에서 추출한 지방은 저온에서도 액체 상태로 존재하기 때문에 이누이트들은 윤활유로 사용하는 반면에 윗다리의 지방은 실온에서조차도 고체 상태가 되기 때문에 음식물로 이용한다. 우리의 실생활에 가깝게는 소의 발에서 추출한 기름을 추운 곳에서 가죽을 유연하게 유지하는데 사용하고 있다. 세포막에 포화지방이 얼마나 있는가에 따라서 이러한 물리적 차이가 생긴다. 버터와 같은 포화 지방은 저온에서 고형이지만 올리브유 같은 불포화 지방은 액체 상태를 유지한다. 놀랍게도 한 개의 신경세포의 세포막에서조차도 몸의 안쪽에 면하는 막에는 비교적 많은 양의 포화 지방이 존재하는 반면 바깥 쪽에 면하는 세포막에는 포화 지방의 양이 감소한다. 이때문에 세포 전체의 막이 일

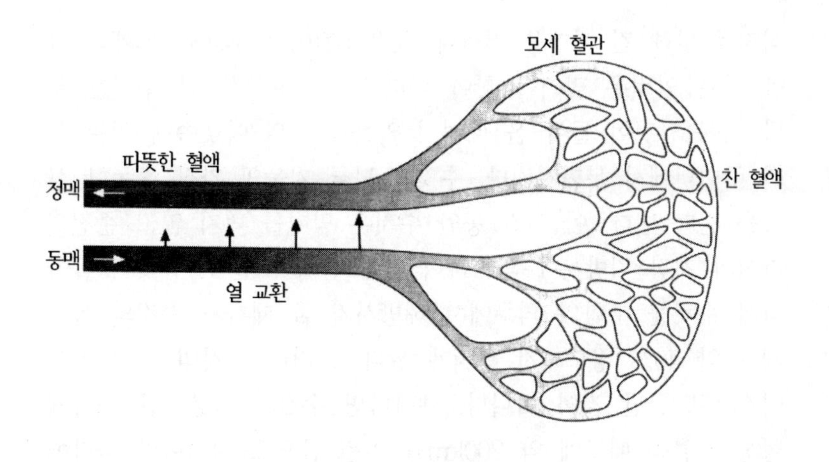

동물의 열교환 조직(*rete mirabile*). 프랑스의 동물학자 규비에(Georges Cuvier)가 1831에 참치의 일종인 청새치에서 발견하였다.

정한 유동성을 유지하게 되고 추운 환경에서도 신경과 근육이 제대로 작동하게 된다.

인간과 마찬가지로 동물들도 추위를 이겨내기 위하여 자신의 행동을 변화시킨다. 황제펭귄은 지구상의 가장 혹독한 환경중의 하나인 남극에 살고 있다. 이들은 한겨울에 생식을 하는데 이때 대기의 온도는 −30℃까지 내려가고 시속 200km를 넘는 매서운 바람 때문에 체감 온도는 이보다 더 떨어진다. 펭귄이 모여 사는 집단 서식지는 떠다니는 얼음 조각 위가 아니고 바다로부터 몇 km나 떨어진 내륙의 빙원이다. 이러한 불모지에 먹이가 있을 리가 없고 이 때문에 펭귄들은 생식 기간 동안 특히 더 굶주리게 된다. 남극 가장자리를 둘러싸고 있는 얼음의 두께가 가장 얇아지는 3월에 수컷과 암컷 펭귄은 자신들의 집단 서식지를 향해 긴 여행을 떠난다. 늦은 5월이나 6월에 한 개의 알을 낳은 암컷은 먹이를 찾아 바다로 떠나고 남겨진 수컷은 두 달 뒤에 암컷이 돌아 올 때까지 알을 가슴의 아랫쪽에 있는 부화 주머니에서 부화시킨다. 수컷은 남극 겨울의 가장 혹독한 상황을 견뎌 낸다. 이 기간 동안 수컷은 먹이를 먹지 않고 순전히 자신의 저장 지방분에 의존하여 살아 남아야 한다. 암컷이 돌아와서 수컷을 부화의 의무에서 해방시켜 줄 때까지 수컷의 몸무게는 약 40% 정도까지 빠지게 된다. 그러나 수컷의 긴 단식이 이것으로 끝난 것이 아니다. 왜냐하면 수컷은 겨울동안 새롭게 형성된 얼음 때문에 약 200km를 야윈 몸으로 걸어야만 바다에 나가 먹이를 잡을 수 있기 때문이다. 그러므로 수컷은 자신이 바다를 떠난 날부터 바다로 돌아온 날까지 즉 115일을 약간 상회하는 기간동안 굶게 되는 것이다.

동물학자들의 계산에 의하면 저장된 지방으로 낼 수 있는 열량은 남극 겨울의 혹독한 추위에서 펭귄의 체온을 정상 수준인 38℃로 유지하기에 충분하지 못하다. 그렇다면 황제펭귄은 어떻게 살아 남을 수 있는가? 비밀은 그들의 사회적 행동에 기인한다. 성체와 새끼 펭귄 수 천 마리는 서로 가깝게 모여서 큰 집단을 형성한다. 이러한 행동이 추운 대기에 노출되는 표면적을 줄여서 열을 보존하는 효과적인 방법이다. 이 거대한 집단은 끊임없이 움직이면서 바깥쪽의 펭귄이 안쪽으로 밀려들어가고 가운데 있던 따뜻한 펭귄은 밖으로 밀려나간다.

이와 같은 떼짓기는 펭귄에 국한되지 않는다. 꿀벌 또한 낮은 온도에서 무리를 짓게 되는데 이러한 행동은 각각 떨어져 있는 단독 개체들은 죽을 수 있는 온도에서 무리가 겨울을 날 수 있게 하여 준다. 이들은 온도가 더 떨어지면 더 가깝게 모여들어 열손실을 최소화한다. 이렇게 형성된 무리의 중심부는 주변의

황제펭귄 새끼들이 한데 모여 극심한 남극의 혹한을 견뎌내고 있다. 집단을 이룸으로서 열 손실을 줄일 수 있다.

온도가 2℃ 정도로 떨어져도 약 30℃ 정도를 유지할 수 있다. 무리 주변의 온도는 약 9℃ 정도가 되는데 이 온도는 꿀벌들이 혼수 상태가 되는 온도보다 약간 높은 온도이다. 이들도 펭귄과 마찬가지로 주변의 추운 곳의 꿀벌들이 가운데 따뜻한 곳의 꿀벌들과 계속 자리를 교대한다. 추위에 처한 인간들도 이러한 방법을 모방하면 추위를 잘 견딜 수 있을 것이다. 실제로 산업화가 아직 이루어지지 않은 사회의 가정에서 현재도 가족 몇 명이 한 침대에서 같이 자는 관습은 같은 연유라 생각할 수 있다. 그러나 이 경우 서로 자리 바꿈을 할 수 없으므로 펭귄이나 벌들만큼 효율적이지는 못하다.

곤충들은 근육이 충분히 덥혀져야만 날을 수 있다. 한마디로 차가운 근육은 작동하지 않는다. 케냐의 와캄바족은 이러한 사실을 이용하여 추위가 벌들을 비활동적으로 만드는 추운 밤에 꿀을 딴다. 쉬고 있을 때에는 체온이 대기의 온도에 근접하기 때문에 곤충들은 아침 첫 비행전에 근육을 따뜻하게 해주어야 한다. 많은 곤충들은 단순히 햇볕을 쬠으로서 근육을 따뜻하게 하여 주나 벌과 나방 같은 일부의 곤충들은 비행 근육들을 빠른 속도로 수축함으로서 열을 생성하여 근육을 덥혀주기도 한다. 나방은 소리없이 날개를 진동시키나 벌들은 가시적인 움직임 없이 근육을 수축함으로써 근육의 온도를 높여준다. 호박벌이나 뒤웅벌은 가슴에 털이 있어 열손실을 반으로 줄인다. 나방과는 반대로 대부분의 나비들은 햇볕없이는 날을 수가 없다. 그래서 나비가 꽃들을 날아 다니는 것은 따뜻하고 화창한 날에만 볼 수 있다. 이른 아침에 나비들은 날개를 태양을 향해 기울인다. 이들이 마치 태양열 집열판과 같이 작용하여 태양열을 모아서 이를 비행 근육에 전달시켜 준다. 이런 다음에야 나비는 날을 수 있다. 태양이 구름에 가리면 온도가 1~2℃ 떨어지게 되고 이것이 나비를 다시금 날지 못하도록 만든다.

도마뱀도 곤충과 같이 자신을 덥히기 위해 태양열을 직접적으로 이용한다. 추울적에는 열을 최대한 흡수하기 위해 자신의 몸을 태양광에 직각이 되도록 한다. 공기보다 지면이 더 더운 사막에서는 지면의 열을 흡수하기 위해 지면에 바싹 붙고 바위로 이루어진 추운 산등성이에서는 죽은 풀을 이용해서 단열을 한다. 너무 더우면 이들은 활동을 피하고 그늘이나 땅속으로 피신한다. 몸집이 큰 동물들은 자신을 덥히는데 훨씬 더 많은 시간을 필요로 한다. 아마도 이것이 큰 파충류들 즉 악어, 왕도마뱀, 코모로도마뱀, 거대한 거북들이 모두 열대 지방에 서식하는 까닭을 설명해주지 않는가 싶다. 일부 도마뱀들은 피부에 특수

색소 세포를 가지고 있어서 주변으로부터의 열흡수를 조절한다. 추운 곳에서는 검은 색소 세포들이 팽창하여 열흡수율을 증가시키고 더운 태양 아래서는 이들을 수축시켜 주변의 적외선을 반사시키는 세포들을 노출시킨다. 행동이 둔한 도마뱀은 빠르게 움직이는 포식자의 쉬운 먹이감이 될 수 있는데 귀가 없는 도마뱀은 위험을 최소화 시키기 위해서 놀랄만한 적응력을 발달시켰다. 이들은 아침에 굴 밖으로 머리를 내밀어 머리에 있는 큰 혈관을 노출시킨다. 이것이 몸의 체온을 충분히 올릴 정도로 열을 흡수하게 되면 도마뱀은 굴 밖으로 나와서 필요에 따라 최고의 속도로 움직이게 된다.

뱀들도 인간이나 곤충들과 마찬가지로 근육 수축을 통해 열을 발산한다. 프랑스 과학자 라마-피코(P. Lamarre-Picquot)가 1832년에 인도의 큰 비단뱀들이 자신의 알을 휘감아서 자신의 체온으로 알을 품을 것이라는 이론을 제시하였다. 그의 아이디어는 당시에는 별로 신뢰를 받지 못하고 프랑스한림원으로부터 문제성이 있다고 하여 받아들여지지 않았다. 그러나 그의 이론은 옳았다. 1960년대에 행한 연구에서 비단뱀은 근육 수축을 통해 주변의 대기 온도보다도 약 5℃ 가량 체온을 높게 유지할 수 있다는 것이 밝혀졌다.

추위에 대한 행동학적 적응의 가장 극단적인 예는 계절에 따른 서식지 이동과 동면이다. 작은 포유동물들은 아주 추운 환경에서 몸의 중심 온도를 37℃로 유지하기가 불가능한데, 이는 필요한 열량을 얻기 위해 먹이를 충분히 구할 수 없기 때문이다. 대신에 이들은 항온을 유지하지 않고 기온이 온화해질 때까지 동면을 한다. 차가운 조직은 에너지를 덜 필요로 하기 때문에 자신의 물질대사를 낮출 수 있고 이 결과 비축된 에너지를 보존할 수 있다. 그러므로 체온이 37℃에서 주변의 온도로 떨어지게 된다. 심장 박동수, 호흡률, 조직에서의 생화학 반응 모두가 감소한다. 동면은 고도로 조절된 과정이다. 즉, 체온 조절을 전혀 하지 않는 것이 아니고 체온을 더 낮은 온도로 재조정하는 것이다. 만일 대기 온도가 2℃ 아래로 떨어지면 동면하는 동물들은 능동적으로 열을 생성해서 체온을 2℃에서 5℃ 사이로 유지하여 동사하는 것을 막는다. 아주 추운 기후일 때에는 동면에서 깨어나기조차 한다. 동면은 겨울의 시작을 알리는 온도, 낮의 길이, 먹을 수 있는 먹이의 양 등의 변화에 의해 시작된다. 봄이 되어 동면에서 깨어나는 것은 아주 빠르게 진행되며 몸의 중심 온도가 90분 사이에 많게는 30℃ 가량 올라가기도 한다. 이렇게 빨리 동면에서 깨어나는 것은 호르몬이 갈색 지방 조직의 대사를 촉진시켜 동물의 체온을 올려주게 됨으로써 일어난다.

작은 새들은 겨울에 따뜻한 위도인 남쪽 지방으로 이동하거나 산에서 평원으로 내려온다. 이런 것이 추위와 줄어든 먹이 공급의 위기를 피할 수 있게 하여 주는데 이 때 긴 여정에 대한 생리적 적응들도 수반하게 된다. 대부분의 작은 새들은 오랜 비행 시간에 많은 에너지를 소모하기 때문에 미리 많이 먹어두어야 한다. 많은 새들은 중간에 재충전을 해야 하는데 이는 전 여정에 필요한 열량을 한번에 비축하게 되면 몸이 너무 무거워져서 비행에 방해가 되기 때문이다.

극지방에서의 삶

극지방에서의 생활 혹은 높은 산 속에서의 생활은 추위뿐만 아니라 다른 많은 문제점들을 수반한다. 여름 동안 극지방에서는 해가 지지 않고 백야가 계속된다. 맑은 날에는 일조량이 너무 강해서 심한 열상을 입을 수도 있다. 눈과 얼음으로부터 반사되어 나오는 반사광은 눈을 부시게하므로 색안경을 꼭 착용하여 일종의 눈에 대한 열상인 눈멀음 현상을 방지하여야 한다. 만일 그렇지 않으면 눈에 모래가 잔뜩 들어가 있는 것처럼 극도로 아플 수가 있다. 하늘과 땅이 서로 구분이 가지 않게 서로 엉켜버리는 착시 현상인 화이트아웃은 걷는 것조차 어렵게 만든다. 대조를 줄 수 있는 그림자가 없는 상황에서 표면이 울퉁불퉁한 것은 감지할 수 없어서 얼음과 눈은 옆에 있는 구멍의 색깔과 구별이 되지 않는 청백색이다. 그렇기 때문에 빙하의 크레바스에 빠지기도 하고 허리 높이의 얼음 덩어리에 부딛치기도 한다. 먹을 음식물과 물을 찾아야 하는 영원한 문제는 극지방에서의 생활을 더욱 어렵게 만들고, 적절한 보조 시설 없이는 추운 지방에서의 인간의 삶은 많은 극지방 탐험가와 등산가들이 이미 비싼 대가를 치르고 얻은 경험처럼 아주 위험한 일이다.

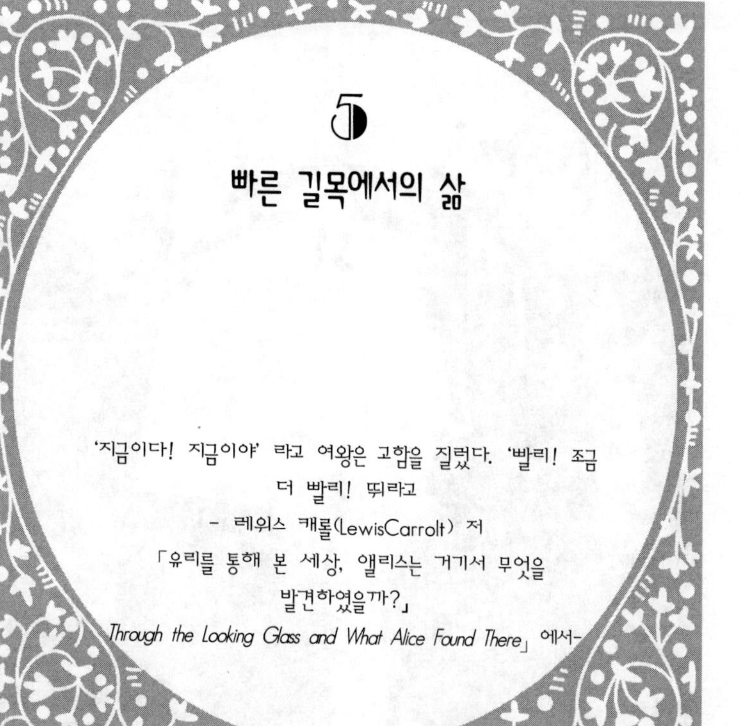

5

빠른 길목에서의 삶

'지금이다! 지금이야' 라고 여왕은 고함을 질렀다. '빨리! 조금 더 빨리! 뛰라고

- 레위스 캐롤(LewisCarrolt) 저

「유리를 통해 본 세상, 앨리스는 거기서 무엇을 발견하였을까?」

Through the Looking Glass and What Alice Found There」 에서-

바니스터 경(Sir Roger Bannister)이 1마일 경주에서 4분대의 세계 신기록으로 골인하고 있다.

1954년 5월 어느 바람 부는 날 오후에, 한 젊은 달리기 선수가 옥스퍼드대학과 아마추어 운동연합(Amateur Athletics Association, AAA) 건물 사이의 달리기 경기에 참가하기 위하여 옥스퍼드의 이펄리가에 있는 운동장에 도착했다. 이날의 날씨는 며칠 동안 강풍이 몰아쳤던 뒤였기 때문에 달리기 세계 기록을 낼 수 있는 좋은 날씨는 아니었다. 그럼에도 불구하고 그 날 오후, 바니스터(Roger Banister)는 1 마일을 4 분 이내에 달린 세계신기록을 세웠다. 바니스터는 옥스퍼드 의과대학 학생으로서 유명한 1 마일 경주 선수였다. 그날 그는 친구인 차타웨이(Chris Chataway)와 브레셔(Chris Brasher)와 함께 AAA 팀 소속으로 1 마일 경주에 출전했다. 두 친구는 경기의 선도자로서 활약하여 그가 우승을 하는데 있어서 중요한 역할을 담당하였고, 바니스터로 하여금 초반부에 과욕을 부리지 않고 전 경기 구간을 자기 페이스를 유지하며 달릴 수 있게 해 주었다. 바니스터는 결승 테이프를 3분 59.4초에 끊었다. 그는 경주 후 탈진하였는데, 그는 그의 자서전에서 이 순간을 '살 의욕을 잃었던 전광석화와 같은 순간이었다. …… 내 근육으로부터 피가 파도처럼 밀려와 나를 밀어 부치는 것 같았으며, 그것은 마치 내 다리가 꽉 조이는 병에 잡혀 있는 느낌이었다고' 회고했다. 그의 근육 마비는 일시적일 뿐이었다. 그의 기록이 발표되자 관중들은 흥분하여 함성을 질렀고, 바니스터와 그의 친구들은 다시 승리감에 도취되어 트랙을 한 바퀴 더 돌았다. 바니스터 경은 그 후 신경생물학자로 남다른 경력을 쌓았지만, 대부분의 사람들은 그를 역사적인 육상 선수로서 더 기억한다.

바니스터가 1 마일 경주에서 4분 이내의 기록을 세울 때 대부분의 사람들은 그것은 불가능하다고 믿었었다. 그러나 이러한 불가사의가 다른 선수들을 자극하여 몇 달 후 그 기록은 또 깨졌다. 이제는 그의 기록과 대등하거나 그의 기록보다 앞선 기록을 가진 남자 선수들이 많다.

현재 1 마일 세계 기록은 1999년 7월 7일 모로코의 구에로우쥬(Hicham El Guerrouj)가 세운 3분 43.13초이다. 그렇지만 이 기록도 바로 전의 기록 보유자인 몰체리(Nouredine Morceli)의 기록에 비하면 단지 1.26초 앞섰을 뿐이다. 그 밖의 다른 경기의 세계 기록도 끊임없이 갱신되고 있지만 조금씩만 단축되고 있을 뿐이다. 100m 경주의 기록을 보면 1994년 버렐(Leroy Burrel)의 9.85초, 1996년 베일리(Donovan Bailey)의 9.84초 그리고 1999년 그린(Maurice Greene)에 의한 9.79초이다. 이 기록들에서 알 수 있듯이 5년 동안에 단지 0.6초가 단축된 것이며, 최근의 세계 기록이 인간이 낼 수 있는 한계 속도에 도달한 것이 아니냐는 의문이 제기되고 있다. 본 장에서는 스피드, 스태미너, 힘 그리고 인간의 빨리 달리기, 넓이 뛰기의 거리, 역도의 한계 등에 관련된 생리적 지표들에 대한 것을 다루어 보기로 한다.

에너지에 관한 의문

달리기 선수가 출발점에서 출발 신호를 기다리고 있는 순간에는, 닥쳐올 경기에 대비한 몸의 여러 가지 준비 기작들이 발동한다. 혈류에 아드레날린 수준이 올라가고, 맥박이 빨라지며 심장 수축력이 더 강해진다. 그 결과로 심박(heart beat)이 증가한다. 호흡은 깊어지고 호흡 속도도 점차 빨라질 것이다. 근육은 긴장되고 혈액의 흐름은 다른 조직보다는 다리 근육에 더 많은 혈액이 공급되도록 전환될 것이다. 이와 같은 모든 변화는 실제로 운동이 시작되기 전에 일어난다.

탕! 출발 신호 총소리에 선수들은 달리기를 시작한다. 그들이 달려나갈 때 호흡의 속도와 깊이는 급속히 상승한다. 심박률(heart rate)*은 최대 수준까지 급히 올라가며, 박동량도 증가한다. 적혈구의 헤모글로빈은 더 많은 산소와 결합하여 근육의 요구에 부응하여 산소를 공급한다. 단거리 주자가 최대 속도로 달릴 때, 그의 근육은 상당량의 열을 생성하므로 그의 피부가 열을 식힐 수 있도록 혈액이 근육에서 몸의 각 부위로 운반된다. 경기 시작 후 수초 만에 저장된 즉시 사용할 수 있는 에너지원은 고갈되고, 그의 근육에는 젖산이 쌓여 갈 것이며 경주가 진행되면서 산소 고갈 상태가 될 것이다. 이 상태가 더 진전되면서 그의 몸은 근육에 에너지원과 산소를 신속 원활히 공급할 수 없게 되어 기진맥진한 상태에 도달하게 된다. 그가 속도를 늦추지 않으면, 몸의 생리 상태는 엉망이 될 것이다. 심장의 박동 리

---

* 심박률 : 1분 동안의 심장 박동수.

들도 흐트러질 것이며, 심(장)박출량(cardiac output)*도 줄고, 체내 산소 함량은 떨어지게 되며 체온은 올라가게 된다. 이 운동 선수는 자세가 흐트러지고, 몸 조정이 불가능한 상태가 되며, 무너지기 일보 직전에 도달하게 될 것이다.

유능한 운동 선수를 비롯하여 어느 누구도 최대 속도로만 계속 달릴 수는 없다. 달리는 운동은 다른 기술을 요구한다. 가장 짧은 시간에 더 많은 거리를 달리기 위해서는 달리는 속도가 느려야 한다. 그래야만 산소 부채 현상이 없이 근육이 필요로 하는 산소와 에너지원을 공급받을 수 있다. 마라톤 선수들은 스태미너와 속도의 균형을 잘 유지해야만 한다.

스피드와 스태미너 유지의 관건은 근육 수축에 필요한 에너지형인 아데노신-3-인산의 생성 속도이다. 약자로 ATP라고 불리는 이것은 세포의 에너지원이며, 세균, 식물, 동물 등 모든 생명체의 생명 활동에 사용하는 생화학적 연료이다. ATP는 아데노신에 3개의 인산기가 붙어 있다. 인산기가 이 분자의 가장 중요한 부분으로서, 이 인산기가 고에너지 인산 결합 형태로 연결되어 있다. 말단의 인산기가 떨어져 나갈 때 그 인산 결합에 저장되어 있던 에너지가 방출되는 것이며, 이 에너지로 근육 수축이 일어나는 것이다. 근육 수축은 효율적이진 않지만 ATP에 저장된 에너지의 약 1/2 정도가 수축에 사용된다. 나머지는 열로 발생되므로 우리가 달릴 때 열이 나는 것이다.

이와 같은 ATP의 중요성에도 불구하고 근육에는 격렬한 운동을 1~2초 정도만 한만큼의 소량의 ATP만이 저장되어 있다. 그러므로 운동을 계속하려면 근육 세포는 ATP의 말단 인산기가 떨어져 나간 후 생성되는 아데노신-2-인산(ADP)에 인산

---

* 심박출량 : 심장이 1분 동안 밀어내는 혈액의 양.

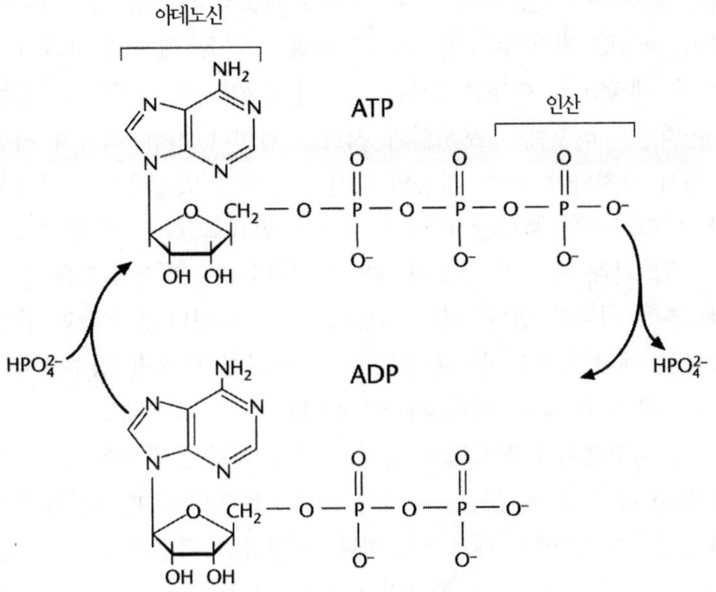

생명의 에너지원인 ATP의 분자 구조

기를 다시 붙여 끊임없이 ATP를 만들어야만 한다. ATP 재생산에 필요한 즉시형 에너지형은 근육에 꽤 많이 존재하는 크레아틴인산이다. 크레아틴인산은 또다른 고에너지 화합물인데, ATP와는 달리 그 에너지를 바로 근육 수축에 사용할 수가 없다. 그 대신에 이것은 ADP에 고에너지 인산기를 전달하므로 ATP를 만들 수 있게 한다. 근육에 존재하는 크레아틴인산의 양은 온몸 운동을 6~8초 동안 하는데 충분한 정도이다. 그러나 이것 역시 바로 고갈된다.

크레아틴인산이 고갈되면, 세포는 ATP를 탄수화물이나 지방을 분해하여 만들어야 한다. 근육에는 글리코겐 형태로 탄수화물이 일정량 저장되어 있으며 그 함량은 근육 세포 무게의 1~2%에 해당한다. 이것은 1시간 정도의 운동을 지속시킬 수 있는 양이지만, 그 후에는 포도당과 지방을 간이나 지방 조직의 저장고에서 가져와야 한다. 지방의 대사는 산소가 있어야만 일어나지만, 탄수화물을 분해할 때에는 산소를 필요로 하는 호기적(또는 유기적) 분해 경로와 산소가 없이도 일어나는 혐기적(또는 무기적) 분해 경로가 있다. 이는 지방이 글리코겐이나 포도당과 같은 즉시형 에너지원이 아님을 의미한다. 따라서 단거리 경주에서는 탄수화물이 더 좋은 에너지원인 것이다.

글리코겐이나 포도당의 혐기적 대사 과정은 격렬한 운동 동안에 ATP를 재공급하는 단기적 수단으로 이용되며, 축구 경기와 같은 스포츠에서 매우 중요하다. 왜냐하면 격렬한 운동에서는 초반부에 즉시형 ATP 공급원이 바로 고갈되기 때문이다. 그러나 혐기적 대사는 젖산을 생성하며 근육에 젖산이 축적되어 궁극적으로 근육의 피로를 유발시키기 때문에 계속 혐기적 대사로 에너지를 공급할 수는 없다. 젖산의 축적은 또한 고통을 수반하므로 경기가 끝난 후 젖산은 산소를 이용한 대사 과정을 통해 우리 몸에서 제거되어야 한다. 젖산 제거에 필요한 산소의 양을 영국의 생리학자인 힐(Archibald Hill)이 제시한 '산소 부채(oxygen debt)'라 한다. 격렬하게 스쿼시 운동을 할 때 스윙 후 심호흡을 위해 잠시 멈추는 이유가 거기에 있다. 격렬하게 운동을 하면 할수록 더 많은 양의 젖산이 만들어지므로 그 회복을 위해서는 더 긴 시간이 필요하다.

비록 혐기적 대사가 에너지를 재빨리 방출하기는 하지만 에너지 생산량은 호기적 대사보다 상대적으로 매우 적다. 이와는 대조적으로 호기적 대사는 매우 효율적이어서 포도당 1분자를 산화하여 혐기적 대사 때 보다도 34분자의 ATP를 더 만들어낸다. 그러므로 2~3분 이상 걸리는 운동에서는 점차 호기적 대사에 의존하게 되는 것이다. 1000m 달리기에 필요한 에너지의 약 반이나, 1마일 달리기에 요구되는 에너지의 65% 그리고 마라톤 경주에 필요한 대부분의 에너지는 호기적 대사로부터 얻는다. 호기적 대사는 산소 의존성이므로 ATP 생성 속도는 이들 조직으로의 산소 공급 속도에 제한을 받는다. 바꾸어 말하면 심장과 폐의 능력에 의존한다고 할 수 있다.

산소 요구량

휴식때 성인은 1분간 0.333ℓ의 산소를 소모한다. 격렬한 운동시 보통 사람은 휴식 때보다 약 10배 이상의 산소를, 그리고 전문적 운동 선수는 20배를 소모한다. 그러므로 폐가 흡입하는 산소 흡입 속도와 심장에 의한 순환계를 통한 산소 운반량은 엄청나게 증가되어야 한다. 놀랍게 느껴지겠지만 근육에 산소를 공급하는데 제한을 주는 요인은 폐활량이나 혈액으로부터 산소를 받아들이는 근육의 능력이 아니라 심장의 박출량이다.

정상적인 사람의 심박출량은 1분간 5.5ℓ로서 이는 체내 전 혈액량과 맞먹는 양이며, 이만한 혈액이 매분 심장으로부터 방출되는 것이다. 심한 운동을 할 때 심박출량은 휴식 때의 5배가 증가하며, 세계 기록급의 운동 선수의 심박출량은 더욱 높다. 그들의 심박출량은 매분 35~45ℓ에 달한다. 심박출량이 증가해야만 대기로부터 산소를 더 많이 흡입할 수 있다. 왜냐하면 심박출량이 증가해야 폐로 들어가는 혈류의 속도가 더 빨라지므로 더 많은 산소를 받아들일 수 있기 때문이다.

그렇다면 심장이 일하는 근육의 요구에 맞도록 그 박출량을 어떻게 조절할까? 한 가지는 순환하는 아드레날린 양의 증가에 의하여 심박률을 증가시키는 것이다. 또 다른 방법은 심장의 심박출량을 증가시키는 방법인데, 이것은 아드레날린 뿐 아니라 생리학자인 프랭크(Otto Frank)와 스탈링(Ernest Henry Starling)이 발견한 부가적인 기작, 즉 프랭크-스탈링 효과(Frank-Starling effect)에 의하여 자극받는다. 그들은 연구를 통해 심장 근육이 순환하여 돌아오는 혈액에 의해 확장되면 심장은 더욱 강하게 수축됨으로써 심박출량이 더 증가하는 것을 발견하였다. 즉, 심박률이 증가하면 혈액 순환이 더욱 빨라지고 그 결과로 되돌아오는 혈액에 의해 좌심방이 더욱 빨리 채워지는데 이 결과로 심장 수축력이 증가되게 된다는 것이다. 심박출량은 무한정 증가할 수 있는 것이 아니고 그 최대 용량의 1/3 정도까지만 증가한다. 심박출량의 증가는 전적으로 심박률에 의한다.

사람의 순환계 같은 폐쇄 혈관계에서는 혈류에 대한 저항력이 감소하지 않는다면 심장의 펌프력이 증가하면 혈압이 상승한다. 예를 들면, 바람 빠진 자전거 타이어에 공기를 주입할 때 타이어 안의 튜브가 정상적이면 타이어 압력이 증가할 것이며, 튜브에 펑크가 나 있으면 그 반대일 것이다. 운동할 때에는 근육으로의 혈류량이 크게 증가하기 때문에 혈관의 저항력이 현저히 떨어지므로 혈압은 높아지지 않는다. 그러나 쉬고 있을 때는 근육에 분포하는 모세 혈관이 대부분 닫힌다. 운동 때는 이와 같은 휴지 상태의 모세 혈관이 열리면서 근육의 혈관들이 혈액으로 채워져 산소 공급이 크게 증가하게 된다. 따라서 더 많은 산소가 혈액으로부터 근육 세포 쪽으로 이동한다. 즉, 휴식 때는 유효 산소의 25% 정도가 근육으로 공급되지만, 심한 운동 때에는 그 양이 거의 85%까지 육박한다.

심박출량의 증가가 운동하는 근육이 필요로 하는 만큼의 산소를 공급하기에 충분하지는 않으므로, 격렬한 운동을 할 때에는 비교적 비활동성인 기관으로 공급되는 혈액을 근육쪽으로 전환하게 한다. 예를 들면 신장은 정상 혈액 공급량의 1/4 정도만 공급받게 하며, 반대로 피부로의 혈류량은 일반적으로 유지되거나 더 늘어나는데 그 이유는 일하는 근육에서 생성된 잉여의 열을 발산시키기 위해서이다. 심장병 환자들이 너무 잘 아는 바와 같이, 이들의 심장 근육도 더 많은 혈액을 요구한다. 이들은 운동을 할 때 가슴 통증을 느끼는 경험을 하게 되는데 그 이유는 그들의 손상된 관상 동맥이 심장이 필요로 하는 만큼의 혈액을 공급하지 못하기 때문이다. 이들에게서는 뇌로 공급하는 혈액만이 일정하게 유지된다.

모든 사람이 알고 있듯이 달리기를 할 때에는 호흡이 빨리지고 깊어지며, 더 심하게 운동할수록 호흡수도 늘어난다. 운동 시작 수초 후부터 급속한 호흡의 변화가 일어나며 곧이어 근육이 여분의 산소를 요구하게 된다. 이는 마치 몸이 앞으로 올 산소 요구량을 예견하고 미리 준비한다고 볼 수 있다. 운동이 지속된다면 호흡의 증가도 유지된다. 생리학자들은 무엇이 이와 같은 호흡의 변화를 가져오게 하는지 밝혀내려고 노력하고 있다. 그러나 명백한 것은 호흡이 운동에 어떤 제한을 주지는 않는다는 것이다. 어느 누구도 호흡이 모자란다고 생각하지 않는다. 실제로 대부분의 사람들은 운동을 할 때 심호흡을 하는 경향이 있다. 그것은 마치 공기와 싸우는 것처럼 보인다. 그러나 문제는 폐가 충분한 양의 산소를 얻지 못하기 때문이 아니라 심장이 조직으로 충분히 빨리 산소를 전달하지 못하기 때문이다. 단지 높은 지역에 있을 때만 호흡이 행동에 제한을 줄 수 있다.

운동은 건강의 증진보다 더 큰 이득을 가져다준다. 운동은 우리의 심기를 맑게 해 준다. 엔돌핀(endorphin ; endogenous morphine)이라고 부르는 화학(신경) 전달 물질이 달리기 선수의 뇌에서 분비되면, 그 이름이 말해 주듯 이들은 마약인 모르핀과 같이 뇌세포의 수용체와 결합한다. 마치 아편과 같이 이것은 통증을 감소시키고 흥분을 고취시켜 좋은 기분을 갖게 해 준다. 생에 대해 진절머리를 내는 사람은 밖으로 나가 운동을 하도록 권유하고 싶다. 엔돌핀이 나와 기분을 상쾌하게 해 줄 뿐만 아니라 건강도 좋게 해 줄 것이며, 매사에 의욕을 가지게 해 줄 것이다. 비록 모르핀이나 아편과 같은 마약들은 습관성이지만 엔돌핀과 같은 인체 자체가 만들어내는 물질은 습관성이 아니다. 왜냐하면 미량이 존재하며 그 효과도 약하기 때문이다. 아마도 우리는 이것을 하나의 축복으로 보아야 하겠다. 그러므로 규칙적인 운동은 인생을 행복하게 한다.

당신이 먹는 음식이 바로 당신의 몸을 이룬다

고효율의 연료를 경주용 자동차에 사용하는 것과 같이 세계 기록을 달성하기 위해서는 식이 요법이 매우 중요하다. 프랑스에서 열린 사이클 경기의 우승자는 하루에 5900 Cal를, 철인삼종 경기 선수는 4800 Cal를, 야구 선수는 정규 리그에서 훈련에만 하루에 1500 Cal를, 그리고 마라톤 선수는 하루에 약 3400 Cal를 각각 소모한다. 벌목공과 같은 다른 육체 노동자들 역시 거의 비슷한 양을 소비한다. 그러나 여가를 즐기는 사람의 경우는 하루에 1500에서 2000 Cal 정도가 필요하지만 보통 그보다 많은 양의 에너지를 소비한다.

전통적으로 운동 선수들은 고단백 식품을 먹어야 한다는 조언을 들어왔다. 내가 학부생 때는 조정 선수가 되는 매력 중에 하나가 바로 하루 세끼 스테이크를 먹을 수 있다는 것이었는데, 이것이 근육을 발달시키고 지구력을 향상시키기 위해서라고 생각했다. 미국 대학의 운동 선수들에 관한 최근의 한 연구에서 운동 선수 중 98%가 경기력 향상을 위해 고단백 식품을 먹어야 한다고 믿는 것으로 나타났다. 그러나 이러한 생각은 잘못된 것이며, 고단백 식품 또는 과도한 단백질 섭취가 경기력 향상에 도움이 된다는 어떠한 증거도 없다.

탄수화물의 섭취는 타당하다. 대부분의 연구들은 높은 탄수화물의 섭취가 경기력 향상에 도움이 된다는 사실을 말해준다. 물리적 활동을 하는 사람의 경우 60%의 에너지를 탄수화물로부터 공급받으며, 운동 선수와 같이 과도한 활동을 하는 사람의 경우 70%의 에너지를 탄수화물로부터 공급받는다. 근육과 간에서 탄수화물의 저장 형태인 글리코겐은 혐기적 대사와 호기적 대사 모두에서 중요한 에너지원으로 사용되며, 과도한 운동을 하면 할수록 글리코겐에 대한 의존도는 커진다.

근육에 저장되어있던 글리코겐은 운동을 시작한지 1시간 후면 모두 소모되며, 만약 운동을 여러 시간 동안 계속할 경우 간에 저장되어 있는 글리코겐의 농도는 떨어진다. 이와 같이 간에서 글리코겐의 농도가 떨어짐에 따라 점차 힘이 빠지게 된다. 왜냐하면 이러한 상황에서 운동 선수는 에너지를 점차 지방에 의존하게 되는데 지방은 탄수화물만큼 빠르게 ATP를 공급하지 못하기 때문이다. 격렬한 운동을 하는 동안에 저장되었던 글리코겐이 고갈되면 반드시 다시 보충해주어야 하는데, 만약 그렇지 않을 경우 다음날 선수들은 전에 했던 것만큼의 운동을 할 수 없게 된다. 이것은 낮에 격렬한 운동을 한 후에는 빵이나 감자가 훈제 연어와 크림치즈보다 더 좋다는 것을 말해준다. 또 다른 문제는 비록 탄수화물을 적절하게 섭취한다 하더라도 글리코겐을 다시 보충하는데 적어도 24시간의 긴 시간이 필요하다는 것이다. 결과적으로 잘 관리하지 못할 경우 과도한 훈련은 근육 내에 저장되어 있는 글리코겐을 수 일 내로 고갈시키고 말 것이다. 따라서 운동 선수는 피로가 누적되어 "맥이 빠지는 상황(staleness)"에 이르게 되는데, 이것은 사용할 에너지가 고갈되었음을 뜻한다.

지구력을 필요로 하는 운동 선수들은 종종 경기 전 글리코겐 저장을 극대화하기 위해 "탄수화물 축적(carbohydrate loading)"이라는 기술을 사용한다. 여러 번의 시행착오 끝에 가장 좋은 방법이 개발되었는데, 그 과정은 다음과 같다. 먼저 운동을 통해 관련된 근육에 저장되어 있는 글리코겐을 모두 소모한다. 마라톤 선수의 경우 이같은 과정을 위해 20마일 정도를 달린다. 근육에 저장되어 있는 글리코겐을 보다 확실히 비우기 위해 운동 후 며칠 동안은 탄수화물 함량이 낮은 음식물을 섭취하는데, 그러는 동안에도 적절한 수준으로 운동을 계속해야 한다. 그런 다음 경기가 있기 2~3일 전부터 탄수화물 함량이 높은 음식물을 섭취하고 운동량을 줄인다. 이와 같이 저장된 글리코겐을 고갈시킨 후 탄수화물 함량이 높은 음식물을 섭취하면 근육 내에 글리코겐이 과도하게 축적된다. 그러나 이러한 방법은 1시간 이상 격렬한 운동을 해야 하는 지구력을 필요로 하는 운동 선수들에게만 유용하다. 하지만 지구력을 별로 필요로 하지 않는 운동 선수들에게는 정상적이고 균형 잡힌 식이 요법이 더 중요하다.

지방은 매우 이상적인 에너지원이다. 왜냐하면 지방은 탄수화물 보다 많은 에너지를 포함하고 있으며 체중도 더 많이 나가게 하기 때문이다. 평균적으로 한 대학생의 지방에 저장되어 있는 잠재적 에너지는 놀랍게도 95,000Cal로 이것은 무려 152,000km를 걸을 수 있는 양이다. 다시 말하자면 이것은 보스턴에서 샌프란시스코를 3번 왕복할 수 있을 정도의 에너지이다. 여성의 경우 비교적 더 많은 지방을 갖고 있기 때문에 더 멀리 갈 수 있을 것이다. 반대로 탄수화물 저장소에 축적된 에너지로는 20마일 정도밖에 갈 수 없다. 분명히 마라톤 선수의 경우 완주를 위해서는 그들의 지방에 저장되어있는 에너지원을 사용해야 한다. 어느 정도 적절히 격렬한 운동을 할 경우 처음 1시간 동안에는 탄수화물과 지방에서 거의 같은 양의 에너지가 나온다. 그러나 시간이 지남에 따라 탄수화물은 점차 고갈되고 점점 더 지방에 의존하게 된다. 마른 사람의 경우 이 점을 명심하여야 한다.

속도 대 지구력

모든 운동 경기를 잘하긴 어렵다. 단거리 주자와 역도 선수는 지구력이 필요한 운동 경기에 적응하기 힘든 반면, 마라톤 선수는 26마일을 매 5분당 1마일의 속력으로 뛸 수는 있지만 1마일을 4분 이내에 뛸 수는 없다. 이러한 차이는 선천적으로 타고난 즉, 개개인의 유전적 특성과 심장 근육에 대한 훈련의 결과이다.

우리가 사지를 움직일 때 사용하는 근육은 "근섬유(mucsle fiber)"라고 불리는 세포로 이루어져 있다. 이러한 섬유가 모여서

근육은 어떻게 수축할까?

근육이 수축하는 기작은 생물학자들에게 매우 중요하고 흥미로운 과제였다. 1950년 대까지 만해도 근육의 수축은 수축단백질이 자신의 길이를 줄이기 때문이라고 생각했다. 다시 말하면 이러한 수축단백질이 마치 고무줄이 늘어났다 줄어들었다 할 때 고무분자들과 같이, 또는 부드러운 코일이 늘어났다 펴졌다 하는 것과 같이 확장된 형태에서 수축된 형태로 변환한다는 것이다.

그러나 이러한 이론은 틀렸다는 것이 명백해 졌다. 근육의 수축은 두 가지 형태의 단백질 섬유가 서로 미끄러져 들어가기 때문인데 그 결과 단백질 자체의 길이는 변하지 않고 근육의 길이를 짧게 할 수 있다. 간단한 예로 당신의 두 손바닥과 손가락이 수평이 되도록 유지한 상태에서 두 손의 손가락의 끝과 손바닥이 서로 만나게 하는 것이다. 당신의 손가락이 얽힌다면 손가락의 길이 변화 없이 두 손바닥이 가까워질 수 있다.

수축 단백질은 두터운 섬유와 가는 섬유의 두 가지 형태로 나눌 수 있다. 두터운 것은 양옆에 많은 돌기를 갖고 있어서 가는 섬유의 특정 지점에 접촉할 수 있다. 이러한 두 연결 교량이 떨어졌다가 보다 멀리 있는 새로운 지점에서 다시 재접촉하면 가는 섬유는 마치 전차의 무한 궤도와 같은 방식으로 두터운 섬유 사이를 미끄러져 이동한다. 따라서 근육이 짧아지는 것이다. 섬유의 중첩이 많으면 많을수록 더욱더 많은 연결 교량이 만들어지고 근육에 의해 더욱더 큰 힘이 발휘된다. 반대로

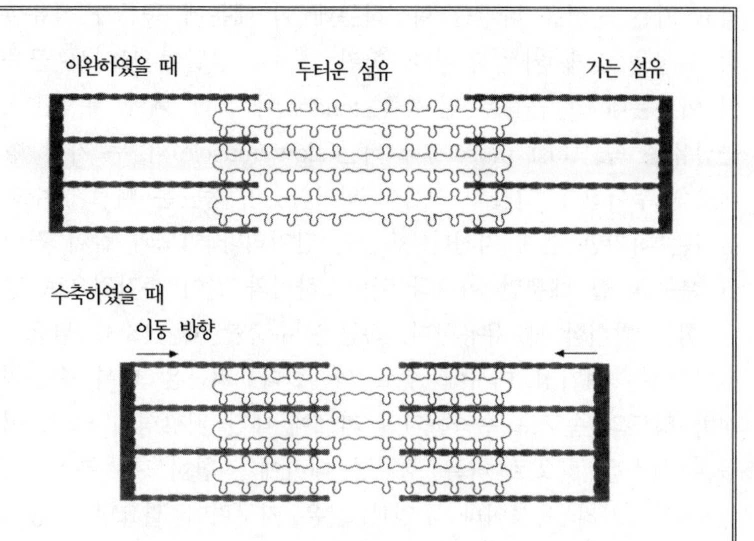

근육이 신장되면 섬유들이 완전히 떨어져 연결 교량이 형성되지 않고 어떤 힘도 발생하지 않는다. 그래서 근육이 완전히 이완되는 것이다.

정확히 어떻게 두터운 섬유와 가는 섬유 사이의 연결 교량이 작동되는지는 아직 밝혀지지 않았고 근육 생리학자들에 있어서 가장 큰 도전 과제 중의 하나로 남아있다. 그러나 현재까지 밝혀진 것은 이러한 섬유 사이의 연결 교량의 분리와 재접촉이 에너지 의존적이며 ATP를 소비한다는 사실이다. 시신이 경직되는 현상은 사후에 근육 내 ATP의 농도가 낮아져 발생한다. 왜냐하면 ATP는 이러한 연결 교량을 떨어뜨리기 때문에 ATP가 없을 때는 연결 교량이 떨어지지 않아 근육이 단단하게 굳어지게 된다.

길고 가는 근섬유 다발을 형성하는데 이 때문에 육류가 섬유질의 특징을 갖게 되는 것이다. 한편 근섬유 다발이 모여서 근육이 이루는데 그 근육은 건(힘줄, tendon)에 의해 뼈에 부착한다. 근섬유는 속근(fast muscle)과 지근(slow muscle)의 두 가지 형태로 나누어진다. 그들의 이름이 의미하듯이 속근은 빠르게 수축하기는 하지만 쉽게 지친다. 속근은 단거리나 역도와 같이 격렬한 운동을 할 때뿐만 아니라 아이스하키와 같이 순간적으로 강한 힘을 발휘할 때 유용한다. 속근은 수축할 때 산소를 필요로 하지 않는 혐기성 대사에 주로 의존한다. 지근은 비록 속근의 절반 정도의 속도로 수축하지만 피로에 대한 저항성이 크다. 이들은 산소를 필요로 하는 호기성 대사에 적합하도록 분화되어 있으며 장거리 육상이나 수영과 같은 지구력이 필요한 운동에 유용한다.

사무직 종사자의 경우 근섬유 중 약 50%가 지근인데 반해 크로스 컨트리 선수와 같은 지구력을 필요로 하는 선수인 경우 거의 90%의 근섬유가 지근이다. 반대로 속근은 단거리 선수나 역도 선수에게 두드러지게 나타난다. 축구 선수와 같이 속력과 지구력을 모두 필요로 하는 중거리 운동 선수의 경우 지근과 속근이 같은 비율로 존재한다. 그러므로 비록 운동을 하지 않는 일반인에게서 나타나는 것처럼 속근과 지근이 같은 비율로 존재한다는 것이 반드시 게으르다는 것을 나타내지는 않는다. 가장 핵심이 되는 것은 지근과 속근의 비율이 유전자에 의해 유전적으로 프로그램된다는 것이다. 즉, 한 개인의 속근과 지근의 비율은 선천적으로 유전자에 의해 결정되며, 훈련에 의해 즉 후천적으로는 변하지 않는다.

이러한 근육 형태의 차이는 비단 포유류에만 국한된 것은 아니다. 고등어와 다랑어 같이 대양에 사는 어류는 느린 속도로 주변을 계속적으로 유영할 때는 지근을 사용하는데 반해 포식자를 피할 때와 같이 순간적으로 강한 힘을 발휘하기 위해서는 속근을 사용한다. 이러한 두 가지 근육의 차이는 동네에 있는 생선 가게에서 참치를 사서 관찰하거나 횟집에서 참치와 고등어를 주문했을 경우 확연히 들어난다. 속근은 하얀색이다. 지근은 헤모글로빈과 같은 산소 운반 분자인 미오글로빈을 다량 가지고 있기 때문에 붉은 색이다. 그러므로 속근은 일명 백근(white muscle), 지근은 일명 적근(red muscle)이라고도 부른다. 지근은 일시적인 산소의 저장소로서 사용되는데 근육의 수축 활동이 일어나는 동안에는 모세 혈관이 수축하고 따라서 혈액의 흐름이 감소되므로 지근은 저장한 산소를 사용한다. 그리고 이러한 지근 내의 산소는 근육의 이완되는 동안에 혈액의 흐름이 회복되므로 다시 채워진다.

고속 질주

비록 경기전이라 해도 선수의 심장은 이미 경기를 시작한 상태나 다름없다. 선수가 출발선에 웅크리고 자세를 취함에 따라 긴장감으로 인하여 심장의 박동을 촉진하는 아드레날린이 혈액으로 분비된다. 과학자들은 60야드 경기 전에 선수의 심장 박동이 이미 148회로 증가하는 것을 발견했는데 이것은 전체 경기 중에 증가한 심장 박동의 75%에 해당하는 것이다. 단거리 달리기를 위해서 이러한 예상 가능한 심장 박동의 증가는 유익한데 왜냐하면 이러한 심장 박동의 증가는 경기를 하기 앞서 신체를 예열시켜주기 때문이다. 초기 출발이 별로 중요하지 않은 장거리

출발선에 대기중인 육상 선수 크리스티(Linford Christie)

경주에서는 이러한 심장 박동의 증가가 별로 유용하지는 않다. 흥미롭게도 선수에게 주어진 거리가 멀면 멀수록 이러한 예상 가능한 심장 박동의 증가율 역시 떨어진다는 것이다. 장거리 선수에게서는 긴장감과 아드레날린의 수준이 낮아지는 것일까?

단거리 선수에게 있어서 빠른 출발은 우승의 필수 조건이다. 빠른 출발로 인해 수백분의 일초를 절약할 수 있고 이것은 경기의 성패를 좌우할 수 있다. 그러나 너무 일찍 출발을 할 경우 부정 출발로 실격을 당할 수 있다. 그러면 어떻게 이렇게 빠르게 출발을 할 수 있을까? 출발 시간은 선수가 출발 신호를 듣는 시점보다는 분명히 느릴 수밖에 없다. 왜냐하면 신경 자극이 귀에서 뇌로 이동해 대뇌 피질에서 해석된 다음 새로운 신호가 다리 근육을 움직이도록 하기 위해 전달되어야 하기 때문이다. 이 과정에 소요되는 인간의 반응 시간은 대개 0.1~0.2초이기 때문에 국제아마추어선수협회에서는 0.1초보다 빠르게 출발한 경우 이미 출발 신호를 예상한 것으로 보고 부정 출발로 간주한다. 1996년 아틀란타 올림픽에서 영국의 100m 달리기 선수인 크리스티(Linford Christie)의 경우 출발 신호가 울린 후 0.08초만에 출발하여 실격으로 처리됐다. 하지만 어쩌면 그는 부정 출발을 하지 않았을지도 모른다. 최근의 연구에 따르면 특정 상황에서 인간의 반응은 0.1초보다 빠를 수도 있다는 사실이 밝혀졌다. 생리학자인 볼스-솔(Josep Valls-Sole)과 그의 동료들은 특수한 상황에서는 인간이 불빛에 반응해 손목이나 다리를 움직이는데 걸리는 시간이 절반으로 줄어든다는 사실을 밝혀냈다. 그들은 이러한 반사 작용이 대뇌 피질을 거치지 않기 때문에 그만큼 흥분 전도의 거리가 짧아지고 따라서 반응 시간도 빨라진다고 설명한다. 흥미롭게도 이러한 사실들은 선수들이 의도하지 않은 상황에서도 움직일 수 있는 매우 독특한 경우가 있을 수 있음을 보여준다. 따라서 세계적인 육상 선수들의 경우 출발선에서 고도의 긴장감으로 인해 대뇌 피질을 거치지 않고 신호가 전달되는 것이 가능하다.

매우 짧은 시간동안에 격렬한 운동을 하려면 에너지가 매우 신속히 공급되어야 한다. 처음에는 이 에너지가 거의 전적으로 미리 저장되어 있던 ATP와 크레아틴인산으로부터 나오는데 이것만으로 15분간 최대의 운동 효과를 유지하는데 충분하다. 그 후에는 근육에 저장되어있는 글리코겐으로부터 ATP를 생산하는 혐기적인 대사 작용이 사용된다. 혐기적 대사에는 산소가 필요없기 때문에 선수는 호흡을 하지 않고도 100m를 질주할 수 있다. 그러나 혐기적 대사는 근육에 축적되어 피로를 느끼게 하는 젖산을 생산해낸다. 젖산의 농도는 서서히 증가하는데 그 때문에 육상 선수가 200m까지는 100m 속력으로 뛸 수 있지만 400m에서는 속력이 현저히 떨어지게 되는 것이다. 현재 200m와 400m에서 세계 기록을 보유하고 있는 존슨(Michael Johnson)은 각각 19.23초와 43.13초의 기록을 갖고 있다. 만약 그가 200m 달리기 우승 기록을 세웠을 때와 같은 속도를 400m 달리기에서도 유지했다면 불가능하겠지만 38.46초의 기록을 냈을 것이다.

근육내에 존재하는 크레아틴인산의 양은 얼마나 먼 거리를 최고의 속도로 뛸 수 있는가에 영향을 미친다. 왜냐하면 일단 크레아틴이 모두 소모되면 혐기적 대사가 시작되고 젖산이 축적되기 때문이다. 이것은 세계적인 육상 선수들에게 있어서 매우 중요하다. 왜냐하면 수 백분의 일초가 올림픽에서 금메달과 등외, 즉 성공과 실패를 가르기 때문이다. 따라서 크레아틴의 농도가 낮은 사람의 경우 상대적으로 불리하다. 크레아틴을 보충하면 경기력 향상에 도움이 된다. 보통의 식이 요법으로는 하루에 1g 정도의 크레아틴을 섭취할 수 있으며 채소는 별로 도움이 되지 않는다. 왜냐하면 크레아틴의 주요 공급원이 육류와 생선이기 때문이다. 하루에 순수한 크레아틴 20g을 며칠동안 섭취한다면 근육내의 크레아틴 농도를 높일 수 있고 단거리 선수들이 경기력을 향상시킬 수 있으며 더 강도 높은 훈련을 할 수 있을 것이다. 이러한 방법은 국제올림픽위원회의 금지 약물 규정에 위반되는 것이 아니며 아직 어떤 부작용도 보고된 바가 없다.

그린(Maurice Greene)은 2000년 5월 현재 100m 달리기 세계 기록(9.79초)의 보유자이다. 그는 1999년 세빌(Seville)에서 열린 세계 선수권 대회에서 최초로 100m와 200m 모두에서 금메달을 땄다. 다른 모든 단거리 선수들과 같이 그도 강하고 잘 발달된 근육을 갖고 있다. 그가 세빌 공항에서 비행기를 기다라고 있을 때 한 소매치기가 다른 선수의 지갑을 훔치는 것을 보고 그를 쫓아갔다고 한다. 소매치기는 자신을 쫓아온 사람이 세계에서 가장 빠른 사나이였다는 사실을 알고 충격을 받았을 것이다.

그린(Maurice Greene) 같은 세계적인 단거리 육상 선수들을 보면 그들의 체격이 장거리 선수들의 체격과 매우 다르다는 것을 알 수 있을 것이다. 속도와 힘은 같은 의미로 받아들여지며 단거리 육상 선수들은 잘 발달된 근육 조직을 갖고 있다. 왜냐하면 근육이 많을수록 더 많은 힘을 내기 때문이다. 분명히 출발선을 박차고 나와 신속하게 최고 속도까지 가속하려면 강력한 다리 근육이 필요하다. 잘 발달된 상체 역시 필요하며 그 이유는 다음과 같다. 선수가 뛸 때 바닥을 힘차게 밀어내야 하는데 처음에는 한 다리를 이용하지만 나중에는 두 다리 모두 사용한다. 이러한 상황에서 선수들은 허리를 한쪽에서 다른 쪽으로 비트는 경향이 있는데 이것은 속도를 떨어뜨린다. 강한 상체를 갖는다면 이렇게 허리가 비틀리는 것을 막을 수 있고 트랙을 꼿꼿이 서서 달릴 수 있다.

모든 육상 선수들은 공기의 저항을 극복해야 한다. 맞바람을 맞으며 달리는 것은 바람을 등지고 달리는 것보다 훨씬 어렵다. 이러한 이유로 새로운 세계 기록을 내려면 시속 3마일 이하의 풍속이 필요한 것이다. 단거리 육상 선수가 소비하는 에너지의 13% 정도는 공기 저항을 극복하기 위해 사용한다. 다른 사람 뒤에서 뛰면 실질적으로 공기 저항을 줄일 수 있다. 단거리 육상 선수들은 자신의 트랙을 유지해야 하지만 중장거리 선수들의 경우 자신의 트랙을 벗어나도 된다. 트랙을 달리는 선수들의 한 무리를 본다면 그들 중 몇몇은 공기 저항을 피하기 위해 선두 바로 뒤에서 뛰다가 경기 종료 직전에 앞으로 튀어나오는 것을 볼 수 있을 것이다. 사이클 선수와 경주마 역시 비슷한 전략을 쓴다. 이러한 현상은 사이클 단체전에서 두드러지게 나타나는데 수분 단위로 선두를 이끄는 팀의 멤버가 바뀐다. 전략 또한 신체적 능력 못지 않게 승패를 좌우한다.

장거리 경주에 대한 지구력

BC 5세기경에 페르시아인들이 그리스를 침공했다. 그들은 아테네의 북쪽 해안에 있는 작은 마을인 마라톤에 상륙하였는데, 그들의 수가 어마어마하여 아테네 군대가 그곳에 도착하였을 때는 중과부족이었고, 지원군을 요청하기 위해 전령을 그리스 전역에 보내지 않을 수 없었다. 훈련된 장거리 육상 선수인 필디피데스(Phidippides)를 150마일이나 떨어져 있는 스파르타로 보냈다. 그는 아테네를 떠난 다음 날에 스파르타에 도착했다고 헤로도토스(Herodotus)*는 전한다. 또한 설화에 의하면, 그는 며칠 후 페르시아를 무찌른 그리스의 승리를 전하기 위해 마라톤에서 아테네까지 25마일을 또 뛰었다고 한다. 그러나 필디피데스가 스파르타에 머물러 있었으므로 그 설화는 사실이 아니며, 실제로는 다른 사람인 유클레스(Eukles)가 첫번째 마라톤 주자였다. 그는 아마도 필디피데스처럼 숙달된 주자는 아니었던 것 같다. 왜냐하면 그는 메시지를 전한 후 탈진해 사망했고, 그로 인해 그의 위업이 영원히 남게 됐다는 사실 때문이다. 다행히도 요즘은 결승점에서 사망하는 마라톤 주자들이 거의 없다. 1896년 아테네에서 거행된 첫번째 근대올림픽 경기에서, 마라톤 승자는 그리스인이어야 한다는 희망이 기이하게도 현실이 되었다. 그 때의 마라톤 경기에 출전한 대부분의 선수들은 아마추어였고 분위기는 매우 좋은 편이었다. 허들 경기에서 우승한 미국 선수 커티스(Thomas P. Curtis)는 다음과 같이 술회하고 있다.

---

* 헤로도토스 : 그리스의 역사학자.

'올림픽 경기의 마지막 날, 그리스는 열광의 도가니에 빠져 들었다. 무명의 그리스 소년인 루이스가 마라톤 경주에서 선두로 홈에 질주하였고, 그가 경기장에 나타났을 때, 125,000여 명의 관중은 열광하였으며, 좌석 밑의 상자에 숨겨놓았던 수많은 비둘기들이 스타디움의 사방에서 방출되면서, 열광의 박수갈채가 이어졌다. 옛 도시들이 올림픽 승자에게 주었던 각가지 보상뿐 아니라 많은 새로운 종류의 상들이 승자에게 주어졌고, 올림픽은 축복과 감격의 분위기 속에서 끝을 맺었다.'

이러한 상서로운 출발에서 시작하여 마라톤은 정예 운동 선수뿐 아니라 일반 사람들에게도 스태미너와 용기를 시험하는 인기있는 육상 종목으로 발전하였다. 매년 3만명 이상이 런던 마라톤에 참가하는데 만약 그 수를 제한하지 않는다면 더욱 많은 사람이 참석하리라 예상된다. 비슷한 종류의 많은 경주가 세계 도처에서 거행되고 있으나 마라톤이 극한 상황에 대한 최후의 도전은 아니다. 보다 더한 극한 상황에서 더 긴 거리를 가야 하는 경주들이 있다. 예를 들면, 사막마라톤 'des Sables'는 물집이 생길 정도의 화상을 일으키는 고열의 사하라 모래 바람 사이로 130마일을 달려야 하며, 어떤 마라톤은 에베레스트의 산비탈에서 고산증을 감내하며 내려 달려야 한다. 아마도 모든 경기들 중에서 가장 격렬한 종목은 철인 삼종경기일 것이다. 이 경기는 맨 처음 마라톤을 뛰고, 다음에 112마일의 사이클 경주를 하며, 이어 쉬지 않고 2마일의 수영 경기로 끝을 맺는다. 이 삼종경기가 1978년 처음으로 하와이에서 거행되었을 때 단지 14명의 선수만이 참가하였으나, 삼종경기는 마라톤과 같이 급속히 전파되어 현재는 수만 명의 선수들이 세계 전역에서 이 경기에 참가하고 있다. 세계적인 삼종경기 선수들은 십종경기 선수들과 같이 여러 종목에서 세계 기록 보유자들이다.

마라톤은 인내의 시험대이다. 브라질의 코스타(Ronalda da Costa)가 보유하고 있는 현재의 세계 최고 기록은 2시간 6분 5초인데, 이것은 1마일을 뛰는데 평균 4.8분이 소요되는 것으로, 대부분의 훈련받지 않은 사람들이 단지 1마일만을 뛸 때의 속도보다 훨씬 빠르다. 훈련을 받은 대다수의 사람들도 실상 그 속도보다 느리다. 가령 런던마라톤을 완주하는데 소요되는 평균 시간은 3시간에서 4시간 사이이다. 시작할 때 빨리 뛰는 것은 마라톤에 있어서 그렇게까지 중요한 것은 아니며, 보다 중요한 것은 전 코스를 균일한 속도로 유지하는 것이다. 장거리 경주 기간 동안 거의 모든 에너지는 호기성 대사로부터 유래하며, 따라서 마라톤 선수는 산소가 근육에서 소비되는 속도와 근육에 산소를 공급하는 속도를 적절하게 유지하여야 한다. 그러므로 마라톤의 속도는 단거리 경주에 비해 느릴 수밖에 없다. 혐기성 대사를 낮게 유지해 젖산의 축적을 최소화하는 것이 장거리 선수가 오래 뛸 수 있는 관건이다. 따라서 호기성 호흡에 적합한 지근들이 장거리 경주에 주로 쓰이게 된다.

장거리 선수들은 여위고 가벼워야 하며 신장(cm) 대 무게(kg)의 비율이 3 : 1이 되는 것이 이상적이다. 그들은 단지 3%의 체지방을 가지고 있는데, 이 수치는 체조 선수와 프로 축구 선수들 보다도 낮은 수치이며, 운동을 별로 하지 않는 사람들의 15% 보다는 훨씬 적다. 이것은 그들이 경주 중에 운반해야 하는 무익한 체중의 하중을 줄이고 장거리 경주 중에 발생하는 열을 감소시키기에 적합하다. 과열은 장거리 경주의 커다란 장애물이며, 그러한 이유로 경주 도중 많은 선수들이 몸에 물을 끼얹고 계속 물을 마시기도 하며, 더운 지방에서 행해지는 마라톤들은 대개 이른 오전의 시원한 때를 택하게 된다.

경주의 첫 한 시간 반 동안의 에너지원은 근육에 저장되어

1997년 8월 1000m 경주에서 우승한 에티오피아의 게브셀리시(Haile Gebrselassie) 선수도 다른 장거리 육상 선수와 같이 체격이 호리호리하다.

있는 글리코겐이다. 그러나 글리코겐의 재고가 바닥이 나버리면, 경주자들은 점차 지방 연료에 의존하게 된다. 탄수화물 대사에 비하여 지방 대사는 더욱 많은 산소를 요구하므로 글리코겐이 소진된 이후에는 산소 요구량이 급격히 증가하게 된다. 15~20마일 지점에서, 대부분의 사람들은 갑자기 피로를 느끼며, 숨이 가빠지고, 낮아진 혈당량으로 인해 현기증과 메스꺼움을 느끼게 되며, 속도를 상대적으로 줄여야 하는 한계에 다다르게 된다. 스트라우드(Mike Stroud)는 다음과 같이 기술하고 있다.

> '모든 즐거움은 사라져 버렸다. 내 마음과 몸은 괴로웠고 내 다리는 경직과 이완의 이상야릇한 복합체가 되었고… 점점 더 제멋대로 휘청거렸으며 통제력을 상실해 갔다…. 나는 간신히 경주를 계속할 수 있었으며, 발이 허공에 떠서 항해를 하는 듯했다.'

자전거 경주 중에 한계를 경험한 내 친구는 갑자기 자전거 브레이크가 작동한 것으로 착각했다. 그는 멈추어 서서 자전거를 관찰하였으나 그의 자전거의 문제가 아니라 그의 신체적 문제라는 것을 발견하였다. 경주가 탄수화물 의존에서 지방 의존으로 전환되면 아주 불쾌한 느낌을 받는데, 그때 속도를 줄인다고 해서 몸의 상태가 나아지는 것은 아니다. 그 이후 몇 마일은 정말로 힘든 시간인데 마지막 단계에서는 반드시 그렇지만은 않다. 종착점에 가까워졌다는 생각은 아드레날린 분비를 촉진하고 풋내기나 경험 많은 경주자 모두에게 결승점까지 갈 수 있는 마지막 힘을 제공한다.

사람들은 흔히 운동은 생각만 해도 피로해진다고 말하지만, 피로는 실제로 생리학적인 현상이다. 피로는 지속되거나 반복된 근육 수축에 의해 힘의 발산이 어렵게 된 상태를 뜻하는데, 그 예로 반복된 팔씨름과 팔굽혀펴기, 장거리 경주 등을 들 수 있다.

피로란 근육 세포의 생리적 변화 때문에 생긴다. 피로에 의한 힘의 상실은 근수축에 의해 소비되는 에너지와 ATP 생산의 속도간의 균형이 깨짐으로 발생할 수 있다. 그러나 아주 과격한 운동은 ATP의 수준을 떨어뜨리긴 하나 결코 ATP를 고갈시키지는 않는다. ATP가 고갈되면 근육은 경직 상태에 도달하는데, 그것은 흔히 사망 후에나 볼 수 있는 현상이다. 근육의 경직 상태는 살아 있는 동안은 거의 일어나지 않는다. 따라서 피로의 기작은 운동을 계속했을 때 발생할 수 있는 ATP 고갈에 의한 생존의 위협을 방지하는 예방 기작이라고 볼 수 있다.

그렇다면 어떻게 피로가 유발되는가? 피로 유발에는 두 가지 중요한 기작이 존재하는데, 두 경우 모두 근육의 수축을 유발하는 칼슘 이온들이 관여한다. 우선, 지속적인 수축은 세포 내 칼슘 저장소로부터 방출되는 칼슘의 양을 지속적으로 감소시켜 근육 수축의 효율성을 떨어뜨린다. 또한 반복적인 짧은 수축도 피로를 유발시키는데 이것은 또 다른 기작에 의한 것으로 보인다. 이 경우 칼슘 저장소의 칼슘 분비는 점차 비효율적으로 되는데, 그 이유는 명확하지 않다. 아마도 힘든 운동 중에 발생하는 대사 산물의 축적과 연관이 있는 듯하다. 이 경우도 역시 근수축 단백질들의 힘 생산 능력을 억제한다. 근육내 글리코겐의 고갈은 지속적인 운동 후에 느끼는 무기력의 이유가 된다. 지방 대사를 통한 ATP 생성 속도는 글리코겐에 의한 생성 속도보다 현저히 느리기 때문이다.

체온의 증가 역시 피로의 한 원인이다. 단거리 경주 중에 근육에서 생성되는 열은 쉽게 방출할 수 있으나, 지속적인 운동의 경우에는 그렇지 못하다. 더운 기후에서는 열의 방출이 더욱 힘들어진다. 매년, 런던마라톤에서 여러 명의 주자들은 체열로 인한 극도의 피로로 쓰러진다. 문제는 운동과 체온 조절 사이의 부조화로서 몸을 냉각시키기 위해 피부로 가야하는 혈액이 근육의 산소 공급에 쓰이기 때문이다. 열 조절의 실패가 피로의 원인이라는 것은 추운 지방에서보다 더운 지방에서 하는 운동이 피로를 훨씬 빨리 가져온다는 사실에서 알 수 있는데, 그러한 종류의 피로는 연료의 부족보다는 뇌에서 나오는 과열을 완화하거나 중지시키라는 메시지에 기인한다. 체온이 40℃ 이상일 때 그 메시지가 작동하는 듯하다.

끝으로 피로와 근육의 약화는 또한 조직의 손상에서 유래한다. 과도하게 이완된 근육은 염증 반응을 일으키고 붓게 되는데 이것이 힘의 생산을 제한하게 된다. 이러한 종류의 근육 손상은 미숙한 운동에 의한 근육 경직의 원인이 되고 이것을 치유하기 위해서는 여러 날이 소요된다. 말을 처음 탔을 때 엉덩이가 몹시 아픈 것처럼 익숙하지 않은 운동은 건강한 사람에게도 통증을 유발할 수 있다.

체력 단련

어느 따뜻한 여름날 아침, 나는 장거리 버스를 타고 런던으로 갈 예정이었다. 버릇대로 늑장을 부리며 길의 모퉁이에 다달았을 때 버스가 이미 100m 정도 떨어진 버스 정류장에 서 있는 것을 보았다. 열을 지어 서있던 사람들은 이미 버스에 타기 시작했으므로 버스를 타기 위해 나는 뛰기로 결심했다. 나는 버스를 향해 질주했고 나의 가슴은 산소를 갈구하는 것처럼 헐떡였고 심장은 쿵쿵거렸으며, 체온은 급작스럽게 올라 증기를 뿜어내는 것 같았다. 특별히 그러한 운동에 익숙하지 않은 근육들은 저항하기 시작했고 증가하는 젖산과 그에 의한 고통은 나의 옆구리를 찢는 듯했다. 내가 버스에 도달하였을 때, 나는 거의 졸도 직전이었고, 근육은 젤리처럼 흔들거렸으며, 몸은 땀으로 범벅이 되어 병에 걸린 기분이었다. 내 심장이 평온을 찾고, 호흡이 정상으로 돌아오고, 종아리 근육이 다시 풀어져 평온이 찾아오기 전에 런던은 이미 가까워지고 있었다. 2년 전, 내가 체육관을 일주일에 3번쯤 다녔을 때는 같은 거리를 비교적 쉽게 뛸 수 있었다. 버스에 앉아서 나는 마라톤을 뛰는 감을 느낀 것이다. 그렇다면, 무엇이 체력적으로 훈련과 미훈련의 차이를 주는 것일까? 어떻게 훈련이 몸의 속도와 스태미너를 상승시키는가?

훈련의 가장 중요한 이점의 하나는 근육들간의 조화를 증진시키는 것이다. 우리가 걸을 때, 우리의 근육들 중 단지 일부분의 근섬유 다발만이 동시에 수축을 한다. 우리들이 뛸 때, 점점 더 많은 근섬유의 다발들이 수축에 참여하게 된다. 훈련은 근육다발들의 일치성을 증가시키고, 속도와 강도를 향상시킨다. 이것이 1주일이나 2주일간 매일같이 훈련했을 때 자전거를 타고 언덕을 오르는 것이 아주 쉬워지는 이유이다.

훈련을 할지라도 근육 다발은 결코 전부가 한꺼번에 수축할 수는 없다. 만일 그렇게 된다면, 그 힘은 뼈를 부러뜨릴 정도로 강하다. 극한적인 상황에서 근섬유들의 일치된 동시 수축은 운동선수뿐 아니라 일반인들에게서도 때때로 일어나는 놀라운 힘의 예에서 볼 수 있다. 가령 쫓기는 범인이 2~3m의 담을 훌쩍 뛰어넘었다던가, 사고의 희생자를 구하기 위해 어떤 사람이 차를 번쩍 들어 올렸다는 소식과 어떤 운동 선수가 그의 최고 기록을 훨씬 능가하는 결코 다시는 반복할 수 없는 기록을 갑자기 냈다는 이야기들이 그러한 예이다. 이러한 근육의 동시 수축성은 또한 처참한 결과를 낳을 수도 있다. 1995년 세계 팔씨름 선수권대회 중 한 선수는 너무나 과도한 힘을 냄으로써 팔뼈를 부러뜨렸다. 훈련은 또한 다양한 몸동작을 완성시키고 판단력을 증가시킨다. 훈련을 통해 창던지기 선수는 어떤 순간에 창을 던져야 하는지 판단할 수 있고, 높이뛰기 선수는 언제 뛰어야 하는지, 테니스 선수는 상대가 볼을 받을 수 없는 곳으로 볼을 주는 법을 배울 수 있게 된다.

훈련은 피로를 지연시키고 근육에 강건함과 힘을 더해 준다. 이것은 기본적으로 심장과 골격근의 산소 운반 능력과 에너지 생산의 효율성 증가에 기인한다. 이러한 것은 비교적 단순한 훈련으로 얻을 수 있다. 3~4주간의 규칙적인 운동으로 기진맥진하기 전까지 뛸 수 있는 시간을 두 배로 증가시킬 수 있고, 강한 훈련은 그 시간을 더욱 증가시킬 수 있다. 단거리 경주 능력도 훈련으로 증가시킬 수 있지만 이것은 주로 절대적인 속도보다는 지속적으로 빨리 뛰는 능력을 함양시킨다.

심장에 대한 훈련 효과는 매우 괄목할 만하다. 잘 훈련된 올림픽 크로스컨트리 스키 선수의 절대 심박출량은 같은 연령의 훈련받지 않은 사람에 비해 두 배 이상이다. 최대 심장 박동수는 훈련에 의해 크게 변하지는 않으나 심박출량이 괄목하게 증가한다. 초음파 심장검진법으로 심장의 크기를 볼 수 있는데 마라톤 주자들의 심장은 크며 따라서 심박출량도 크다. 규칙적인 호기성 호흡은 보통 사람의 심장 크기를 역시 증가시킨다.

비록 훈련이 최대 심박동수에는 별다른 영향을 주지 않지만, 휴지기 심박동수를 감소시킨다. 이것은 심박출량의 증가로 인해, 같은 양의 혈액을 공급하기 위해서 심장이 천천히 뛰어도 된다는 뜻이다. 훈련이 안된 사람의 맥박수가 일분에 70 정도인 반면에 세계적인 운동 선수의 맥박수는 일분에 40 또는 50 정도에 불과하다. 아주 적은 훈련일지라도 휴지기 박동수를 감소시킬 수 있는데 적은 심박동수를 가질 때의 중요한 장점은 그것과 최대 박동수 사이에 커다란 차이가 있으며 또한 심박출량의 증가로 인해 근육이 필요할 때 아주 많은 산소를 공급할 수 있게 한다는데 있다.

골격근도 역시 훈련에 의해 영향받는다. 특히 ATP를 생산하는 능력이 증가하며 글리코겐의 축적량과 대사의 효율성이 증가한다. ATP를 만드는 세포 소기관인 미토콘드리아의 양과 미토콘드리아가 지방을 연료로 사용하는 능력을 증가시킨다. 단거리 경주에 유용한 속근에 있어서는 운동량당 젖산의 생산량이 떨어지고 보다 많은 젖산의 축적에도 불쾌감 없이 인내할 수 있게 한다. 두 가지 종류의 근육에 대한 혈류와 모세 혈관의 밀도는 증가하며, 이로 인해 근육으로의 산소 공급 효율이 증가한다. 근섬유들이 커짐으로써 근육의 양도 증가하는데 이것은 근육의 강도를 증가시킨다. 이러한 변화들은 훈련시 사용하는 근육에 국한되며 국소적이다.

불행하게도 훈련의 효과는 영구적이지 않다. 규칙적인 운동을 중지하면 심박동수는 몇 주 안에 훈련 전의 수준으로 떨어진다. 사실 훈련으로 얻는 것보다는 잃기가 더욱 쉽다. 이런 이유로 인해 체력 단련에 대한 노력을 게을리 해서는 안되고, 꾸준히 노력하여야만 강인한 체력을 유지할 수 있다.

근본적인 한계

체력은 훈련을 통하여 향상시킬 수 있지만, 그 근본적인 한계는 개개인의 유전자에 의해 결정된다. 체력의 한계를 결정짓는 유전자들이 이제 막 밝혀지고 있는데, 최초로 발견된 것이 지난 1998년 영국의 과학 잡지 「*Nature*」에 보고된 바 있는 안지오텐신전환효소(angiotensin converting enzyme, ACE) 유전자이다. ACE 유전자는 순환계의 조절에 중요한 역할을 하며, 다른 유전자들과 마찬가지로 부모에게서 각각 물려받은 두 개의 유전자가 쌍을 이루어 존재한다. 유전학자들이 이번에 발견한 것은 ACE 유전자는 D형과 I형, 2가지가 있으며, 미 육군 사병들을 대상으로 역기를 들고 얼마나 오랫동안 버틸 수 있는지를 조사한 결과 두 쌍의 I형 ACE 유전자를 가진 사람들이 D형만을 가진 사람들보다 열한 배나 오래 버틸 수 있었다는 사실이다. I형 유전자와 D형 유전자를 각각 하나씩 가지고 있는 사람들은 그 중간 정도의 시간 동안 버티었다고 한다. 흥미롭게도, 이러한 차이는 약 10주간의 체력 단련 후에서야 나타났으며 체력 단련 이전에는 이러한 차이가 관찰되지 않았다고 한다. 또한, 해발 7,000m가 넘는 높은 산을 호흡 보조 장치 없이 정기적으로 오를 수 있는 사람들은 적어도 하나 이상의 I형 유전자를 가지고 있다고 한다. I형 ACE 유전자는 보다 활성도가 큰 ACE를 만들어냄이 알려져 있지만, 왜 체력 단련 후에서만 능력 향상이 나타나는지는 아직 알 수 없다.

민첩성과 지구력은 근본적으로 근육과 심혈관계의 특성에 의해 그 한계가 결정된다. 심근과 골격근이 수축할 때의 속도와 힘에는 생리학적 한계가 있다. 건강한 젊은이의 최대 심장 박동수는 훈련 여부에 관계없이 분당 약 200회 정도까지인데, 심장에 혈액이 다시 차기까지 일정한 시간이 걸리기 때문에 심장이 더 이상 빨리 박동하지 못한다. 만일 혈액이 다시 차기 전에 심장이 수축한다면 매우 비효율적일 뿐만 아니라 생명에 치명적인 위험을 줄 수도 있을 것이다. 심실세동(心室細動)은 심장이 비정상적으로 매우 빠르게 수축하는 증상을 말하는데, 이 경우 심실에 혈액이 제대로 공급되지 못하고, 따라서 정상적인 리듬을 되찾지 못할 경우 환자는 죽게 된다. 최대 심박출량은 심장의 크기에 의해 결정된다. 심장이 클수록 운동 능력이 크며, 꾸준한 체력 단련으로 운동 능력이 향상되는 것은 심장의 크기가 증가하기 때문이다.

골격근이 견딜 수 있는 최대의 힘은 단면 1㎠ 당 4~5kg 정도이다. 따라서, 일반적으로 운동 능력 향상은 골격근 면적의 증가를 통하여 이루어진다. 몇몇 무척추 동물의 근육은 사람의 것보다 그 능력이 뛰어난 경우가 있다. 연체동물인 부족류의 일종인 조개류는 포식자나 썰물로부터 자신들을 보호하기 위하여 껍질을 닫는다. 껍질을 닫을 때 사용되는 내전근은 사람의 골격근 보다 약 두 세배 정도 강한 10~14 kg/㎠ 정도의 힘을 발휘할 수 있다. 또한, '걸쇠 기작(catch mechanism)'이라는 독특한 방식으로 ATP를 사용하지 않고 수축 상태를 유지할 수 있기 때문에, 수시간 동안 수축한 채로 버틸 수 있다. 포식자인 불가사리가 이들의 껍질을 열기는 매우 어렵고, 따라서 이러한 줄다리기에서 보통의 경우 조개들이 승리한다. 조개의 근육의 내구성이 불가사리보다 크기 때문이다.

이렇듯 선천적인 유전적 요인에 의해 근육의 지구력의 한계가 결정됨에도 불구하고, 어떤 사회 계층에서도 마찬가지인 것처럼 성공하는 자들이 실패하는 자와 다른 것은 자신에게 끊임없이 동기를 부여한다는 점이다. 냉정을 유지하면서 극한까지 자신을 몰아부치는 것이 바로 승리의 보증 수표이다.

남성 대 여성

장거리 수영을 제외한다면 모든 운동에 있어서 여성의 기록이 남성보다 떨어진다. 이 이유는 확실하지 않지만 근본적으로는 유전적인 차이 때문일 것이다. 과거의 기록 영화를 보면, 당시 최고 수준의 여성 테니스 선수들이 힘이나 속도에 있어서 지금의 선수들과 비교할 수 없을 정도로 수준이 낮았다는 것을 알 수 있다. 여성 선수들은 필드 경기와 트랙 경기 모두에서 시간이 흐름에 따라 남성에 비교할 수 있을 만큼 기록을 향상시켜 왔다. 그러나 아직도 여성은 속도와 지구력 모두에서 남성에게 뒤진다. 여성의 100m 세계 기록은 10.48초로 남성의 기록이 9.79초인 것에 비교하여 많이 뒤떨어진다. 마라톤에서는 그 간격이 더욱 커 여성의 기록은 15분이나 뒤쳐진다. 그렇다면 여성은 왜 남성보다 느린 것일까? 앞으로도 남성을 따라잡을 수 없을 것인가?

마장 마술과 같이 근력이나 속도가 중요치 않은 운동 경기에서는 여성이 남성에 뒤지지 않는다. 따라서 트랙이나 필드 경기에서 여성이 남성에 뒤지는 이유는 경쟁심이나 의지가 약해서가 아니라 단지 체력의 한계 때문일 것이다. 여성과 남성의 체력의 차이에 대한 연구는 잘 이루어져 있다. 세계적인 크로스컨트리 스키 선수의 경우에도 여성의 최대 산소 섭취량은 남성의 43%밖에 되지 않는다. 또한, 체중도 여성이 남성보다 15~20%가 적게 나간다. 아마도 여성이 남성에 비해 근육이 적고 체지방이 많기 때문일 것이다. 근육량의 차이를 감안한다면 남성과 여성의 산소 섭취량의 차이는 그리 크지 않을 것이라고 한 연구에서 보고된 바 있다. 근육량이 적은 것 이외에도 여성은 남성보다 헤모글로빈이 약 10~14% 적기 때문에 혈액의 산소 공급능력이 그만큼 떨어진다. 또 여성은 남성보다 몸이 작고 따라서 심장의 크기도 작기 때문에 심박출량도 25% 정도 작다. 이러한 이유로 여성이 장거리 경주에서 남성에 비해 더욱 약세를 보이고 있는 것이다.

남성에게서 테스토스테론과 같은 남성호르몬이 훨씬 많이 분비된다는 것도 남성이 여성보다 체력이 강하며 여성이 남성의 기록을 따라올 수 없는 한 이유가 될 수 있을 것이다. 여성 세계 기록 보유자 중 몇몇은 동화 스테로이드(anabolic steroid) 호르몬을 복용했다고 밝혀졌고, 또 몇몇은 복용 의혹을 받고 있다는 사실도 남성호르몬이 체력에 미치는 영향에 대한 간접적인 증거가 될 수 있을 것이다.

그러나 여성이 남성보다 우월한 단 한 가지 종목이 있다. 장거리 수영이 그것인데, 이 또한 남성과 여성의 체력적인 차이에 의해서 설명이 가능하다. 지방은 물보다 비중이 작기 때문에 물에 뜨려는 경향이 있는 반면, 근육은 비중이 커서 물에 가라

수영과 인체

우리가 수영할 때 소모하는 에너지는 육상에 비해 네 배나 많다. 이것은 물과의 마찰에 의한 저항력이 공기에 의한 저항력보다 훨씬 크기 때문이다. 이런 이유로 수영 선수들은 저항력을 줄이기 위해서 팔, 다리의 털을 깎는다. 또한 수영복을 입어서 저항력을 더욱 줄여 기록 향상을 노린다.

수영을 할 때 대부분의 추진력은 팔운동에서 나오며, 다리 운동은 추진력 생성에 큰 도움이 되지 않는다. 이러한 사실로 수영 선수들이 하체에 비해 상체가 비대하게 발달한 이유를 이해할 수 있을 것이다. 다리 운동은 수중에서 몸이 유선형을 유지하도록 도와주는 역할을 할뿐이다. 다리 운동만으로 앞으로 나아가기가 어렵다는 것은 수영을 해 본 사람이라면 쉽게 알 수 있을 것이다. 하지만 팔운동으로만 나아가기도 무척 힘이 드는데, 이는 다리가 가라앉으면서 몸이 유선형을 이루지 못해 저항이 커지기 때문이다.

1996년 아틀란타 올림픽 수영 금메달리스트 퍼킨스(Keiron Perkins)

앉는다. 여성은 남성보다 피하 지방이 많기 때문에, 이러한 이유로 물에 보다 쉽게 뜬다. 따라서 여성은 물에 뜨는데 상대적으로 적은 에너지를 소모할 뿐만 아니라, 다리가 수면에 보다 가까이 위치하게 되어 몸을 유선형으로 유지하기가 쉽다. 같은 이유로, 남성과 여성의 기록 차이가 단거리 육상에서보다는 단거리 수영에서 더 적은 것이다. 또한 지방이 단열 작용을 하기 때문에 여성이 장거리 수영에 남성보다 유리하다. 실제로, 영불해협 횡단 세계 기록은 7시간 50분으로 여성이 가지고 있으며 남성의 기록은 이에 못 미치는 8시간 20분이다.

능력을 향상시키는 약물

인류는 자신의 능력을 향상시키기 위해서 매우 오래 전부터 능력 향상 약물(performance-enhancing drug)을 복용해 왔다. 이슬람의 이스마일리(Ismaili)파는 전사들을 출전시킬 때나 혹은 살인을 청부할 때 대마초(hashish)를 피우게 했다고 한다. 영어로 암살자를 뜻하는 'assassin'은 아랍어 *hasisi*가 그 어원인데, 이는 '대마초(hashish)를 피우는 사람'이란 뜻으로 이스마일리파 전사들의 용맹성과 잔인성으로부터 유래하였다고 한다. 그리고 19세기 영국의 해군들은 전투에 앞서 럼주를 한 잔씩 마심으로써 사기를 올렸다. 이 밖에도 베트남의 처절한 전장에서 많은 미군들이 마리화나, 코카인, 헤로인 등의 마약을 복용했다는 사실은 잘 알려져 있다. 이러한 약물들은 위험한 상황에서 공포심을 해소시켜 준다는 점에서 능력 향상 약물의 범주에 포함된다. 코카인과 같은 마약은 이 외에도, 피로와 고통을 완화시켜 주는 기능도 한다. 그러나 어떠한 약물도 실제로 근육량이나 근육의 내구성을 증가시키지는 않는다.

19세기에는 운동 선수의 약물 복용이 흔한 일이었다. 카페인, 알콜, 코카인, 아편, 에테르, 헤로인, 디기탈리스(digitalis; 강심제로 쓰이는 나뭇잎)뿐만 아니라 맹독성을 지닌 스트리크닌(strychnine; 마전과 식물의 씨에 함유된 맹독성 알칼로이드로 중추신경 흥분제)까지 사용하였다. 이로 인해 많은 운동 선수들이 사망한 것은 당연한 일이다. 약물 중독에 의한 최초의 사망자는 1886년 보루도(Bordeaux)에서 파리로 달리던 영국의 사이클 선수라고 기록되어 있으나, 그 전에도 많은 사망자가 있었을 것이라고 생각된다.

인간의 생리 현상에 대한 이해의 폭이 넓어지고 경기에서 이기는 것만을 최고의 가치로 추구하고 있는 현실에서 많은 선수들이 다양한 약물을 복용하고 있다는 것은 어찌 보면 당연한 일일 것이다. 테스토스테론이나 합성 동화 스테로이드는 1950년대 초 근육 강화에 도움이 된다는 것이 알려지면서부터 사용되었는데 1960년대 중반에 이르러는 역도 선수와 투포환 선수들이 사용하기 시작했고, 1960년대 말에 이르러는 육상 선수들까지 사용하기 시작했다. 1967년에 이르러 국제올림픽위원회(International Olympic Committee, IOC)에서는 이러한 약물 복용을 금지하는 법안을 통과시켰고, 현재에는 약 100 가지 약물의 사용을 금지하고 있다.

스포츠가 상업화되어 승자만이 돈과 명예를 차지하는 현실에서 승리를 추구하는 운동 선수만을 탓할 수는 없다. 또한 운동 선수의 생명은 다른 직업에 비해 짧기 때문에 많은 운동 선수들이 법을 어겨가면서까지 약물을 복용하는 것을 우리는 이해할 수 있을 것이다. 그러나 약물을 사용하는 선수들이 많아질수록 단순히 이들을 따라 하는 선수들도 생기고 있다. '약물을 복용하지 않고 경기에 나서는 것은 다른 선수들이 스파이크를 신고 있을 때 실내화를 신고 출발선에 서는 것과 같다'는 한 선수의 고백에서 그들의 심정을 읽을 수 있다. 그러나 약물 복용을 금지하는 이유는 단순히 공정한 경기를 하기 위해서일 뿐만 아

올림픽 정신

모든 성분중 물이 가장 고귀하고, 모든 물질중 금이 가장 값진 것처럼 올림피아(Olympia)는 세상에서 가장 진정한 경기입니다. 별들이 밝게 빛나는 태양 빛에 가려 보이지 않듯이, 다른 경기들은 올림피아의 빛에 가려질 뿐입니다.

– 최초의 올림픽을 기념하는 핀달(Pindar)의 부(賦) 중에서–

역사상 최초의 올림픽은 기원전 776년에 개최되었으며 당시에는 규모가 아주 작아서 한 지방에서 하루 동안 치러졌다. 아침에 제우스신에게 제물을 바치는 의식으로 시작하여 저녁에 경보대회로 막을 내렸는데, 이 대회의 우승자가 역사상 최초의 올림픽 우승자로 기록된 엘리스(Elis)시 출신의 코뢰부스(Coroebus)이다. 기원전 650년경에 이르러 대회의 규모가 커지기 시작하여 이탈리아와 아시아 지방의 도시에서도 선수들을 파견했다고 한다. 경기 종목도 다양화되어 단거리 육상에서부터 5,000m에 이르는 장거리 육상뿐만 아니라 권투, 이륜 전차 경주, 경마, 판크라치온(Pankration; 고대 그리스의 격투기의 일종), 오종 경기(육상, 높이뛰기, 투원반, 투창, 레슬링)까지 확대되었다. 특이할 만하게 아주 격렬한 경기가 있었는데, 110~130kg 무게의 완전

니라, 약물 사용에는 심각한 부작용이 따르기 때문이다. 운동 선수들이 능력을 향상시키기 위해 불임, 간암, 심장병 등을 유발시킬 수 있는 약으로 자신의 몸을 해지고 있다는 것은 아이러니가 아닐 수 없다.

가장 해로운 약물은 남성호르몬인 테스토스테론의 유사 합

무장을 하고 768m를 달리는 경주가 그것으로 당시 운동 선수들의 대부분이 군인이었음을 감안하면 이해할 만하다. 우승자는 올리브잎으로 만든 화관을 받았을 뿐 다른 상은 없었다고 한다. 그러나 요즘의 올림픽 우승자와 마찬가지로, 대회의 우승은 우승자 자신뿐만 아니라 조국에게도 큰 명예로 생각되었다.

최초의 올림픽은 '최고들의 공정한 경쟁'이라는 이상을 가지고 출발했지만 현실은 꼭 그렇지만은 않았다. 지금과 마찬가지로 올림픽 정신은 정치와 경제의 논리에 의해 흐려지곤 했다. 물론 선수들의 부정 행위도 많았다. 그러나, 이 때는 약물 복용보다는 뇌물의 형태로 부정을 저질렀다.

흑색 암포라(amphora; 고대 그리스의 손잡이가 2개 달린 항아리)에 새겨진 육상 경기의 모습. 기원전 6~5세기경 그림과 같은 파나테나(Panathenaic)형 암포라는 아테네에서 4년에 한번씩 열렸던 경기에서 우승자에게 상으로 주었던 항아리로 기름을 담는데 사용하였다.

성 물질인 동화 스테로이드인데, 이것은 근육량을 증가시키고 근육의 내구성을 향상시켜 수영, 육상, 역도 등 힘,지구력, 순발력을 요하는 모든 스포츠에서 기록 향상에 도움이 된다. 보디빌더들도 자주 사용하고 있다. 동화 스테로이드는 체력 단련 기간에 사용해야 효과가 있기 때문에 실제 경기 3~4주전에 복용을 중단하면 약물 검사에서 적발되지 않으면서 효과를 볼 수 있다.

동화 스테로이드가 속도와 지구력 향상에 도움이 된다는 것은 모두가 인정하는 사실로, 이것은 스타 선수들을 관리했던 구동독의 의사나 코치들의 기록에서 명백하게 드러난다. 동독은 1973년부터 1989년까지 여자 수영계를 평정했었는데 1976년과 1980년 올림픽에서 13개의 금메달 중 11개를, 1988년에 15개중 10개를 독식했다. 1980년 모스크바 올림픽 여자 개인 혼영 우승자인 슈나이더(Petra Schneider)의 기록은 15년 동안이나 깨지지 않았으며, 후에 슈나이더는 동화 스테로이드를 본의 아니게 복용했다고 고백한 바 있다.

동화 스테로이드를 사용하면 불행하게도 심장 질환, 간암, 신장 질환, 인격 장애 등의 심각한 부작용이 발생한다. 남자 운동 선수들은 사용을 중지한 후에도 몸 안의 테스토스테론의 농도가 심각하게 줄어드는데, 이로 인해 고환이 작아지고 심한 경우 불임이 유발될 수도 있다. 여성의 경우 생리 불순, 체모 증가, 생체 발달 저하 등 몸이 남성화되는 질환을 겪게 된다. 여자 100m 접영에서 최초로 1분의 벽을 깬 낵-소머(Christiane Nacke-Sommer) 외 몇몇 여자 수영 선수들은 코치들의 강요에 의해서 스테로이드를 사용했다. 낵-소머는 법정에서 스테로이드를 사용하지 않으면 팀에서 방출시킨다는 위협을 받았다고 고백한 바 있다. 이들은 지금 부작용으로 고통받고 있으며, 이들에게 복용을 강요한 코치와 의사들은 기소되어 있다.

약물 사용 강요는 단지 구 동독에서만 일어났던 일은 아니다. 1988년 서울 올림픽에서 100m 세계 신기록을 세우며 우승했던 존슨(Ben Johnson)은 금지 약물 양성 반응을 보여 메달을 박탈당했을 뿐만 아니라 육상계에서도 영원히 추방되었다. 이 사건은 운동 선수들의 약물 복용에 대해 대중이 주목하게 된 결정적인 계기가 되었다. 이전에는 언론에서도 약물 복용에 대해 큰 관심을 두지 않았지만, 존슨 사건이 헤드라인을 장식한 이후 언론들은 선수들의 약물 복용 사건이 터질 때마다 크게 보도하고 있다.

비록 육상계에서 추방되기는 했지만 존슨은 운이 좋았는지도 모른다. 그리피스-조이너(Florence Griffith-Joyner)는 38세의 젊은 나이에 심장 마비로 요절하고 말았다. 그리피스-조이너는 1988년 서울 올림픽의 100m와 200m에서 각각 지금도 깨지지 않은 10.49초와 21.34초의 세계 신기록을 수립했다. 아름답고 우아한 외모와 멋진 손톱, 화려한 의상으로 세계의 주목을 받았던 그녀의 몸매는 남성적인 근육질이었으며 목소리는 저음으로 동화 스테로이드의 복용 의혹을 받았던 바 있다.

운동 선수들은 동화 스테로이드 외에도 생장 호르몬, 암페타민(amphetamine), 아드레날린, 적혈구 생성 촉진 호르몬인 에리트로포이에틴(erythropoietin)과 그밖에 여러 약물들을 사용하고 있다. 합성 생장 호르몬은 키가 작은 어린이들의 정상적인 생장을 돕기 위해 사용하고 있는데 뼈와 근육의 생장을 촉진시키고 체지방을 감소시키는 작용을 한다. 이것은 생체 내 생장 호르몬과 구분할 수 없기 때문에 도핑테스트에 걸리지 않으므로 운동 선수들이 자주 사용하고 있다. 더욱이 요즘은 박테리아를 이용해 유전공학적으로 대량 생산이 가능하기 때문에 값이 싸고 구하기 쉽다. 물론 여기에도 부작용이 따르는데, 성인에 과량 투여할 경우 손, 발 얼굴의 뼈가 비대해지는 말단비대증에 걸릴 수 있다.

암페타민 또한 일반인들이 각성제라고 부를 정도로 많이 사용하고 있다. 이 약은 피로와 고통을 완화시키고 각성 상태를 유지시키는 효과가 있을 뿐 아니라, 심박출량과 맥박과 호흡률을 증가시키고 혈당량을 높임으로써 몸을 흥분 상태로 만든다. 이 약은 생체 호르몬인 아드레날린의 기능과 유사하다. 아드레날린을 직접 사용하기도 하는데, 이들을 과량 투여할 때에는 현기증, 초조함, 착란증 등의 부작용이 생길 수 있으며, 따라서 정신 집중을 요하는 스포츠에는 오히려 역효과를 불러일으킨다.

1998년 여름, 유럽 횡단 사이클 경기인 'Tour de France'에서 또 한 차례의 약물 파동이 있었다. 프랑스와 벨기에의 국경 감시단이 페스티나(The Festina)팀의 마사지사를 불법 약물 소지 혐의로 체포하였는데, 이를 계기로 페스티나 팀과 몇몇 다른 팀들의 소지품을 검사하게 되었다. 검사 결과 많은 약물들이 발견되었고, 즉시 약물 검사를 한 결과 많은 선수들이 양성 반응을 보였다. 결과적으로 총 189명의 선수 중 80명 이상이 약물 복용 혐의로 실격 처리되었다. 가장 많이 적발되었던 약물은 적혈구 생성을 촉진시키는 에리트로포이에틴이었다. 에리트로포이에틴 주사를 널리 사용하기 이전부터, 적혈구 수를 늘리기 위해서 시합 전 수혈을 받는 경우가 있었다. 이것이 실제로 경기력을 향상시킨다는 증거는 없지만 많은 선수들이 이를 믿고 있다. 하지만 적혈구 수의 증가로 혈액의 점성이 높아져서 혈액의 침전에 의한 심장 마비가 일어날 확률이 커질 수 있다는 점이 우려된다.

커피나 술과 같이 일반인이 일생 동안 가장 많이 섭취하는 약물의 경우는 어떠할까? 놀랍게도 카페인 역시 운동 능력을 향상시킨다. 한 연구 결과에 따르면 운동 한 시간 전에 진한 커피

두 잔 반을 마실 경우 지구력 향상에 큰 도움이 된다고 한다. 그리고, 커피를 주기적으로 마시는 사람들은 평균 90분 이상 심한 운동을 계속할 수 있었던 반면, 카페인을 제거한 커피를 마시는 사람들의 경우 약 75분 정도만 지속할 수 있었다고 한다. 또, 커피를 마실 경우 피로를 덜 느끼게 된다. 어떻게 카페인이 이러한 효과를 나타내는지 확실히 밝혀지지는 않았지만, 카페인이 에너지원으로 지방을 소모하도록 촉진시켜 체내 탄수화물의 소모를 막으며, 근육에도 어떠한 방식으로든 직접적인 작용을 할 것이라고 학자들은 생각한다. 국제올림픽위원회는 소변에 12㎍/㎖ 이상의 카페인이 검출될 경우 실격 처리하고 있는데, 이는 검사 두 시간 전에 6잔에서 8잔의 커피를 마실 경우에 해당된다. 카페인 역시 과다 복용할 경우 부작용이 있는데 두통, 오한, 심박 증가 등이 그 예이다. 또한 카페인은 이뇨 작용을 촉진시키기 때문에 탈수 현상을 일으키기도 한다.

알콜에 의한 효과는 불안감을 달래주고 자신감을 불러일으키는 등 주로 정신적인 것으로 생각된다. 또 미소진전(微小震顫)을 완화시키기 때문에 정지 상태를 유지해야 하는 운동에도 도움이 된다. 그러나 알콜 복용은 위법이며, 1968년 올림픽에서 권총 사격 선수 두 명이 알콜 복용으로 실격 처리된 바 있다. 일반인들도 경험을 통해 알 수 있겠지만, 알콜을 과다 복용하면 오히려 경기에 해가된다.

동물의 마술

훈련은 운동 능력을 향상시키는데 도움을 준다. 그러나 우리가 얼마나 빨리 또는 얼마나 멀리 달릴 수 있는지, 혹은 얼마나 높이 뛰어오를 수 있는지에는 어떤 한계가 있을 수밖에 없다. 그러한 육체적 한계는 과연 어디쯤일까? 그리고 다른 동물들의 능력은 어느 정도일까? 이에 대한 답을 얻기란 쉽지 않다. 왜냐하면 세계 신기록이 계속해서 향상되기 때문이다. 또한 선발된 육상 선수, 향상된 훈련법, 더 좋은 운동화와 기구들, 더 나은 경주로, 선수의 등을 미는 바람 등과 같은 모든 요인들이 기록에 영향을 줄 수 있기 때문이다. 그렇다고 하더라도, 이제 세계 기록을 경신하는 일은 매우 드문 일이 되고 있다. 더구나 어느날 갑자기 별난 경주자가 나타나 치타 정도의 속도를 내기란 거의 불가능한 일이다. 그러므로 현재의 세계 기록이 우리 인간의 한계치에 거의 다달았다고 가정해도 무방할 것이다.

사람의 육상 기록을 보면, 최고 단거리 경주자는 시속 22마일(22mph)의 속도로 200m를 달릴 수 있고, 최고의 장거리 경주자는 15mph의 속도로 1 마일을 달릴 수 있다. 물론 이 기록은 일반인들에 비해서는 훨씬 빠른 속도지만, 다른 동물들의 기록에 비하면 매우 빈약한 기록이다. 그레이하운드(grayhound)와 같은 경주용 개는 35mph, 북미산 토끼는 40mph, 붉은여우는 45mph, 가지뿔영양(pronghorn)은 60mph, 그리고 치타는 경이로울 정도인 70mph의 속도로 달릴 수 있다. 사람과 같이 두 다리를 가진 타조조차 35mph의 속도로 달릴 수 있다. 지구력에 있어서도 동물들은 몇 수 위이다. 예를 들면, 말은 15mph의 속도로 35마일을 달릴 수 있고, 낙타는 12시간 동안 115마일을 달릴 수 있다. 사냥개에게 쫓기던 붉은여우는 하루 반나절 동안 150마일을 달려 도망쳤다는 기록도 있다. 속도와 지구력은 포식자와 피식자 모두에게 중요하지만, 포식자는 더 빨리 달릴 수 있는 반면 피식자는 지구력과 기민성에서 더 우세한 경향을 보인다.

운동 속도에는 보폭(stride length)과 보행률(stride frequency)* 이 중요하게 작용한다. 기린이 달리는 것을 보면 마치 최면에 걸린 듯 매우 느린 걸음거리(gait)를 보이는 데 그 이유는 이들의 보폭이 긴 반면 보행률은 매우 낮기 때문이다. 작은 동물들은 보폭은 짧지만 다리를 더 빨리 움직임으로써 큰 동물의 운동 속도를 따라갈 수 있다. 거리의 까페에 앉아 지나가는 보행자들을 살펴보면 이와 같은 경우들을 관찰하게 된다. 보폭이 작은 사람은 긴 보폭을 가진 동반자의 걸음 속도에 맞추기 위해 다리를 더 빨리 움직이는 것을 볼 수 있는 것이다. 그러므로 잘 달리는 선수란 보폭이 길고 보행률이 높다고 할 수 있다.

빠른 동물들은 체구보다 상대적으로 더 긴 다리를 가지고 있어 달릴 때 보폭이 더 커지는 것을 볼 수 있다. 이들이 긴 다리를 가질 수 있게 된 것은 진화 과정에서 다리뼈에 변형이 생겼기 때문이다. 육식 동물이나 새들은 대개 지행**을 하는 경향이 있다. 이런 적응은 발굽 동물인 유제류에서 더욱 발달하였다. 이 동물들은 발의 뼈들이 서로 융합되어 발굽을 더욱 강하게 만들어 준다. 실제로 말은 발가락이 한 개만 있으므로 발톱 위에 올라서서 달리는 셈이다. 빠른 동물은 또한 발의 뼈들을 가늘게 하거나 운동에 필요한 근육을 되도록 몸 가까이에 위치시킴으로써 다리를 가볍게 만들어 왔다. 경주용 동물들을 보면 길고 마른 듯한 다리를 가진 것이 특징이다. 고양이와 개에서 볼 수 있는 척추의 유연성도 자신들의 보폭을 넓히는데 도움을 준다. 치타는 척추를 완전히 펼치면 몸길이를 몇 인치 더 늘릴 수 있다. 이들은 뒷다리로 땅을 찰 때 척추를 펼치고 다시 척추를 구부리

---

* 보행률 : 단위 시간당 다리가 움직이는 수.
** 지행 : 발가락을 땅에 대고 하는 운동.

치타는 탁월한 단거리 주자이다. 지구에서 가장 빠른 동물로서, 최고 시속 110km를 낼 수 있다. 더욱 놀라운 것은 이 속도에 이르는데 단 3초밖에 걸리지 않는다는 점이다. 그러나 치타는 이 주력을 장시간 유지하지는 못한다. 심한 혐기성 운동으로 산소 결핍이 누적되고 체온이 치명적인 수준인 41℃까지 급격히 증가하기 때문에 먹이를 쫓는데 30초도 지속하지 못한다. 물론 회복하는 데도 긴 시간이 소요된다. 이렇게 에너지를 많이 소모하는 까닭에, 치타는 사냥을 자주 할 수 없다. 따라서 공격할 먹이감을 신중하게 선택한다.

는 동작을 반복하며 달린다.

빠른 동물은 또한 자신의 다리를 빨리 움직인다. 말은 가장 빨리 달릴 때 초당 2.5회로 다리를 움직일 수 있고, 치타는 적어도 3.5회 움직인다고 한다. 다리를 더 빨리 움직이려면 그 만큼 다리 근육이 더 빨리 수축해 주어야 한다. 그러므로 운동 속도란 궁극적으로는 근육의 수축률에 의해 결정된다고 할 수 있다. 이런 사실은 포유류의 모든 근세포에 동일하게 적용된다고 해도 무방하다. 그러나 근육은 길수록 더 느리게 수축하는데, 이 때문에 큰 동물에서는 낮은 보행률이 긴 다리의 장점을 상쇄해 버리게 된다. 이것이 왜 다리가 긴 기린이 치타와 경쟁할 수 없는지를 설명해 주는 이유이다. 말과 같은 동물들은 건이 길어서 근육을 그 만큼 짧게 해주어 이 문제를 극복하고 있다.

근육과 건이 다리뼈에 부착하는 위치도 동물의 운동 속도에 영향을 미친다. 치타와 같은 고속 주자의 경우 근육은 어깨 관절 가까이에 결합되어 다리를 움직이는데 필요한 에너지를 줄일 수 있다. 그래서 이런 동물들은 자동차 주행과 비유하면 언제나 고단 기어 상태에서 운동을 한다. 사람과 같이 걷는 운동을 주로 하는 동물이나 오소리와 같이 토굴 행동을 하는 동물은 저단 기어로 운동을 한다. 이들의 근육은 어깨관절에서 훨씬 떨어진 부위에 뼈와 결합되어 있기 때문에 속도보다는 근력을 더 강하게 내도록 발달되어 있다. 고속 주자들이 사용하는 또 다른 기술은 여러 근육들을 동시에 수축시켜 다리의 관절들을 움직인다는 것이다. 이는 마치 사람이 운행중인 에스컬레이터 위를 걸어 올라 갈 때 더 빠른 속도로 윗층에 도달할 수 있는 것과 같은 이치이다. 말은 발굽을 이용하여 달림으로써 관절을 하나 더 동원하는 셈이며 그래서 더 빠른 속도를 낼 수 있는 것이다.

어떤 동물들은 탄력적인 되튀김 작용(elastic recoil)을 이용해 전진 운동에 필요한 추진력을 얻기도 한다. 말의 다리 인대는 발이 땅에 닿을 때는 에너지를 저장하고 발을 들어올릴 때는 그 에너지를 방출하게 된다. 즉, 발이 땅에 닿을 때 발굽 관절이 굽어지며 그 관절을 감싸는 인대가 늘어나고, 발굽이 지반을 떠나는 순간 관절이 펴지면서 인대는 원상태로 되돌아가게 된다. 이때의 인대 탄력이 다리를 위로 밀어 올려주는 힘이 되는 것이다. 인대의 탄력 덕택에 근육은 더 작아도 되고 다리를 더 가볍게 해주어 주력을 높이는데 도움을 주는 것이다. 이런 이유로 말은 대단히 효율적인 주자라고 할 수 있다.

캥거루의 긴 아킬레스건도 말의 그것과 유사한 역할을 한다. 이 아킬레스건은 이들이 점프할 때 드는 에너지의 40% 정도를 절감하게 해주며, 에너지를 더 소모하지 않고도 점프 속도를 시속 7km에서 22km로 높이는 것을 가능하게 해 준다. 마치 포고스틱(pogo stick : 스카이콩콩)의 용수철처럼 아킬레스건이 되튀어오르는 탄력을 제공해 주는 것이다. 그래서 첫 점프에 대부분의 에너지를 쓴 후 다음 점프부터는 용수철의 되튀김작용으로 계속 뛰게 된다. 속도를 높이더라도 에너지를 더 소모하지 않으므로 그만큼 경제적인 것이다.

간단한 실험을 해보면 용수철 되튀김이 에너지 저장에 중요하다는 사실을 확인할 수 있다. 이 책을 잠시 옆으로 물려놓고 일어서서 무릎을 굽혔다 펴는 동작을 열 번 빠르게 해 보라. 그 후 이번에는 무릎을 구부린 채 서서 60까지 세어 보라. 그 동작을 유지하는데 힘이 많이 붙게 된 것을 알 수 있을 것이다. 그 이유는 앞서 몸을 반복해서 굽히고 펴는 과정에서 신근(extensor muscle)이 장력을 일으키고 그 결과 발생한 근육의 탄력이 구부린 자세를 한결 편하게 해 주기 때문이다. 근육의 되튀김 탄력은 운동할 때 우리의 다리를 올리고 내리는데도 훨씬 편하도록 도움을 준다. 이 또한 땅에 발을 디딜 때 용수철처럼 에너지를 저장할 수 있도록 해 주기 때문이다. 발바닥이 땅에 닿을 때 에너지는 장딴지 근육과 아킬레스건에 저장되며, 발이 땅에서 떨어지며 근육이 수축을 일으킬 때 방출되는 것이다. 육상화는 이러한 되튀김 탄력을 증폭시키는 데 도움을 주도록 고안되어 있다.

'네 발 짐승은 모두 좋은 친구야. 그러나 두 발 짐승 인간은 사악해'라는 문구는 오웰(George Orwell)의 풍자 소설 「동물 농장(*Animal Farm*)」에 등장하는 동물들의 금언이었다. 실제로 속도와 지구력에 관한 기록은 네 발 동물이 세운 것이 사실이지만, 그렇다고 정말 네 발이 두 다리보다 너 낫다고 할 수 있을까? 불행히도 이 질문에 대한 답은 쉽지가 않다. 속도를 결정하는 것이 단순히 다리 수에 달린 것은 아니며, 동물의 크기, 다리 길이, 척추의 유연성 그리고 보조 유형(gait) 등 모든 변수들이 중요한 요인이 되기 때문이다.

체구도 중요하다

늘 그렇지만 몸 크기도 문제가 된다. 몸이 커질수록 동물은 운동하기가 점점 어려워진다. 근력은 근육 길이의 제곱에 비례하지만, 동물의 체중은 길이의 세제곱에 비례하기 때문이다. 체형이 2배로 커지면 체중은 8배 불어나지만 근력은 겨우 4배 정도 증가하게 된다. 그러므로 몸이 커지면 다리의 움직임은 더욱 어려워지게 된다. 만약 동물이 아주 커지면 이들은 움직이는 것은 물론이고 몸을 지탱하기조차 어려워지게 된다. 이런 사실 때문에 육상 동물은 최대로 커질 수 있는 한계가 있다. 흰수염고래처럼 바다에 사는 동물의 경우 바닷물이 체중의 상당 부분을 지탱해 주기 때문에 몸이 더 커질 수 있다.

잘 알려진 대로 벼룩이나 메뚜기는 자신들의 몸길이의 50배 이상 높이 뛸 수 있다. 이 정도 능력이라면 사람이 100m를 뛰어오르는 수준이다. 인간의 높이뛰기 세계 기록은 이 보다 훨씬 낮은 2.45m에 불과하다. 세계 챔피언일지라도 선 자리에서 그대로 점프할 경우에는 1.6m 밖에 뛰지 못한다. 그렇다면 벼룩과 메뚜기는 어떻게 그토록 높이 뛸 수 있을까? 이들의 그 같은 놀

미국인 사진 작가 뮤브리지(Eadweard Muybridge)는 인간이나 동물이 어떤 모습으로 달리는지를 연구한 초기 인물들 중의 한 사람이다. 1870년대에 그는 캘리포니아 팔로 알토에 있는 리랜드 스탠포드 사설 경마장에 24대의 정지 사진기를 일렬로 설치해 두고 말이 달려 지나갈 때 연속으로 촬영하였다. 그의 이 사진들은 말이 최대의 속도로 달릴 때 네 다리가 모두 땅에서 떨어지는 지에 대한 논란을 해결해 주었다. 답은 '그렇다'였다. 즉, 한 보행 주기의 1/4에 해당되는 시간 동안 말은 공중에 떠 있었던 것이다. 그러나 발이 땅에서 떨어지는 시기는, 그 전에 많은 화가들이 잘못 그렸던 것처럼 말의 네 다리가 앞뒤로 펼친 때가 아니라, 배 쪽으로 모여 올라간 때였다.

라운 능력은 체구의 문제로 설명할 수 있다. 즉, 큰 동물은 상대적으로 작은 동물만큼 높이 뛸 수 없는 것이다.

이러한 체구의 문제를 이해하기 위해서는, 사람과 벼룩이 단위 면적당 같은 근력을 발휘한다는 사실과 근력이 근육의 단면적에 비례한다는 사실을 상기할 필요가 있다. 동물의 질량(또는 부피)은 몸길이의 세제곱에 비례하여 증가하지만 근육의 단면적은 길이의 제곱에 비례한다. 이 말은 질량이 큰 동물일수록 점프에 필요한 근력은 상대적으로 훨씬 작아진다는 것을 의미한다. 만약 점프에 사용하는 근육의 체질량비가 높을 경우 큰 동물일지라도 점프 능력을 어느 정도 증가시킬 수는 있다. 열대의 작은 영장류인 갈라고(lesser galago)에서 그 실례를 찾을 수 있다. 이 동물의 체질량비 근질량은 사람의 경우에 비해 두 배 가량이나 된다. 그 결과 이들은 선 자세에서 수직으로 2.2m를 뛰어오를 수 있다. 이는 사람이 뛸 수 있는 점프력의 약 3배 정도나 되는 높이이다. 사람의 제자리 높이뛰기 세계 기록은 1.6m이며, 도약시 무게 중심이 지상 약 1m 정도에 위치해 있다. 문제는 동물이 근육 발달에 모든 것을 치중할 수는 없기 때문에 그 같은 적응 능력에는 한계가 있을 수밖에 없는 것이다.

작은 동물은 또한 상대적으로 매우 강인하기도 하다. 풍뎅이의 일종인 말똥구리는 자신이 미는 쇠똥덩이에 비해 매우 작은 편이다. 또한 열대 개미의 일종은 자신의 몸무게 정도의 나뭇잎 조각을 운반하는데 별 어려움이 없어 보인다. 그 정도의 짐이라면 사람은 굉장히 부담을 느끼겠지만, 개미가 그 같은 강한 근동력을 발휘할 수 있는 것은 결국 체구의 문제인 것이다. 근육이란 개미나 사람에겐 같은 조직이지만 체질량에 대해 근육이 발휘할 수 있는 근력은 체구가 작을수록 더 증가하기 때문이다.

운동으로 뒤틀리면

우리가 늘 상기하듯, 규칙적인 운동은 심장 질환, 당뇨, 비만, 골다공증 등의 위험을 줄이는데 많은 도움을 준다. 운동을

한계를 뛰어 넘어

벼룩은 뛰어오르는 높이와 그 속도로 유명하다. 벼룩이 도약할 때 내는 평균 가속도는 1,350m/초로써, 지구 중력 상수의 약 200배에 달한다. 이는 근육의 수축 속도보다 훨씬 더 빠른 속도인데, 벼룩은 어떻게 이런 속도를 낼 수 있을까?

벼룩은 장시간에 걸쳐 에너지를 저장했다가 순식간에 방출할 수 있는 사출 장치(catapult)를 지니고 있는 것으로 알려져 있다. 벼룩은 뒷다리 바닥에 레질린(resilin)이란 탄성 고무와 비슷한 물질을 가지고 있다. 벼룩이 쉬는 동안에는 근육이 레질린을 천천히 압박하여 뒷다리 일부를 공중으로 들어올린다. 이렇게 하여 발사 단계로 당겨놓는 것이다. 이후 자극이 가해져 운동이 촉발되면 레질린이 빠르게 팽창하게 되고, 이때 발생하는 강력한 되튀김운동으로 다리를 빠르게 내려 차게 되어 벼룩은 공중으로 뛰어오르게 되는 것이다.

여러 곤충들의 비행근 또한 한계치를 넘어 운동한다. 포유류의 근육은 매 수축마다 하나의 신경 신호에 의해 수축을 시작한다. 그러나 곤충의 비행근은 신경 섬유가 전달하는 신호 빈도보다 훨씬 더 빈번하게 수축한다. 더운 여름날 저녁을 괴롭히는 모기와 같은 작은 곤충들은 초당 1000번의 날개짓을 하며 '윙' 소리를 내게 된다. 이는 사람의 속근이 낼 수 있는 속도보다 40배나 더 빠른 것이다.

곤충의 비행근은 이처럼 빠른 수축률을 얻는데 공명(resonance)을 이용한다. 이들의 비행근은 장력에 매우 민감하여, 이 근육을 잡아당기게 되면 수축을 일으키고, 풀어주면 이완하게 된다. 곤충의 날개가 붙은 흉곽은 두 개의 비행근을 담고 있는 딱딱한 외골격으로 덮여 있다. 이 중 한 근육은 날개를 위로 올려주고 다른 근육은 날개를 아래로 내려주는 역할을 한다. 그러나 실제로 이 비행근들은 날개에 직접 연결된 것이 아니라 흉곽벽에 붙어 있다. 흉곽 천장에 붙어 있는 날개들은 흉곽 외골격의 변형으로 인해 간접적으로 움직이는 것이다.

흉곽은 상거근(elevator)과 하강근(depressor)을 교대로 잡아당겨 수축을 일으키는 공명 운동을 한다. 상거근이 수축을 일으키면 흉곽의 천장 부위가 끌려 내려가게 되고 날개는 위로 젖히게 된다. 그러나 이 같은 흉곽의 변형으로 하강근이 잡아당겨져 수축을 일으키면, 동시에 상거근은 장력이 사라짐에 따라 이완하게 된다. 그 결과 흉곽 천장은 원래의 위치로 빠르게 되돌아가 날개를 아래로 끌어 내리게 된다. 이 같은 하강 운동은 다시 상거근을 잡아늘이게 되어 수축을 일으키고 동시에 하강근을 이완시켜 '수축-이완'의 순환을 반복하게 된다. 결과적으로 흉곽 천장은 특정 범위 내에서 상하로 빠르게 울렁대고 이러한 반복된 변형으로 날개가 빠르게 움직이는 것이다.

흉곽 변형은 비행근의 미세한 길이의 변화로 일어나기 때문에, 그 변형이 극히 빠른 속도로 일어난다. 그리고 비행근들은 신경 신호가 아닌 장력에 의해서 자극을 받기 때문에 신호 전달 속도보다 더 빠른 속도로 수축할 수 있다. 이것이 어떻게 곤충의 날개짓이 '한계를 넘어 일어날 수 있는지'에 대한 설명이다.

하면 우리는 외형상 보기에도 좋거니와 기분도 좋아진다. 그러나 운동이란 해로운 측면도 함께 가지고 있다.

규칙적으로 하든 이따금 하든 사람들은 너무 심한 운동으로 인해 부상을 입기도 한다. 우리는 주위에서 정강이 파열, 무릎 부상, 근육의 이완, 압박에 의한 골절 등에 관한 이야기를 심심치 않게 듣게 된다. 너무 무리하고 너무 과격하게 운동하다가 종종 사고를 낸다. 뛰어난 육상 선수도 너무 무리하게 먼 거리를 달리다 사고를 내곤 한다. 스트레스를 지속적으로 받으며 운동을 하면 뼈를 부러뜨릴 수 있다. 댄서나 장거리 육상 선수는 정강이뼈나 발에서 그러한 골절 사고를 종종 일으킨다. 근육이 과하게 늘어나면 국부적으로 염증이 생겨 부풀어 오르고 통증을 유발한다. 건이 주변의 막구조나 뼈와 심하게 부딪치면 마찰에 의한 부상을 일으킬 수 있다. 뼈와 결합하는 부위에서 건이 조금씩 찢어지는 것도 국소 염증을 일으키는 원인이 된다. 어떤 경우 건은 완전히 파열되기도 하여 갑자기 운동 불구가 되기도 한다. 또한 관절 주위의 인대가 파열되면 매우 고통스러우며 이 역시 운동 불능의 원인이 되기도 한다. 이런 종류의 부상은 특히 무릎에서 잘 발생한다. 무리한 운동으로 부상을 입게 되면 그 즉시 휴식을 취해야 하며 회복된 뒤에도 아주 천천히 운동을 재개해야 하고, 훈련 과정도 재발을 방지하도록 진행하여야 한다. 장기적으로 과도한 운동을 하게 되면 관절은 지속적으로 마모되어 퇴화되거나 통증을 동반한 관절염을 일으키기도 한다. 인체는 기계처럼 단순히 계속 달리도록 고안된 것이 아니기 때문이다.

스트레스는 면역계에도 영향을 미쳐 프로 선수들을 쉽게 감염시키고 경기 능력도 떨어뜨린다. 여성 장거리 선수나 발레 무용가들은 월경이 멈추기도 한다. 이로 인해 에스트로겐 분비가 감소하면 운동을 통해 뼈에 나타나던 좋은 결과도 상쇄되어 버린다. 운동을 과하게 하면 젊은 여성도 골다공증을 일으키게 되지만, 알맞게 운동을 하면 노년의 여성도 뼈의 노화 과정을 지연시킬 수 있는 것이다. 체조 선수들에게 잘 나타나듯이 어린 운동 선수들의 경우 심한 훈련을 하게 되면 사춘기가 늦게 시작되는 경우도 있다.

운동으로 근세포는 미세한 물리적 손상을 입을 수 있으며 이 때문에 골격근으로부터 단백질이 빠져 나올 수도 있다. 이 현상은 물론 자연스러운 현상이다. 그러나 때로는 단백질이 너무 과하게 빠져 나와 치명적이 되기도 한다. 이런 경우에는 흔히 메스꺼움을 느끼게 되며, 근육은 부풀고, 미오글로빈이 다량 배설되어 소변이 콜라색처럼 변하게 된다. 가장 위험한 것은 혈중 염의 농도가 불균형을 이룰 때이다. 발생 빈도가 드물기는 하지만, 입대 초기 훈련 과정에서 토기뜀뛰기 기합을 받은 초년병들에게 간혹 나타나기 때문에 이 병을 '스쿼점프 증후군(squat-jump syndrome)'이라 부르기도 한다.

스포츠 활동은 물론 외상의 위험을 증가시키기도 한다. 물리적 접촉이 심한 스포츠 경기에서는 타박상이나 다리 골절이 가장 흔히 일어난다. 럭비 경기는 코를 부러뜨리는 운동으로 악명 높고, 하키 스틱은 다리를 쉽게 부러뜨리며, 스쿼시 볼은 안구에 딱 맞는 크기이며, 낙마는 머리 상해를 일으키는 운동으로 유명하다. 스포츠 경기는 관람자에게나 그곳을 지나가는 보행자에게도 위험을 주기는 마찬가지이다. 어느 여름날 오후 자전거를 타고 크리켓 경기장을 지나가다가, 나는 크리켓 볼에 눈을 맞고 자전거에서 떨어진 적이 있다. 다음 날 내 눈은 검게 멍들었고 심하게 충혈되었었다.

충격을 받은 신체 부위에는 대개 출혈이 발생하고 통증과 염증이 뒤따른다. 이런 경우 ICE*를 해줌으로써 출혈을 줄일 수 있다. 레크리에이션 참가자들이 만약 이러한 초기 응급 치료를 무시한 채 놀이를 계속한다면, 그래서 휴식 시간에조차 상처 치료를 미룬 채 오히려 혈관을 확장시키는 알콜류를 마신다면, 아마도 다음날 아침 삔 발목이 부풀어 오르고 뻣뻣해지는 고통을 감수해야 할 것이다.

부상을 입고 나면 당신은 아마 스포츠에 대한 열정이 떨어지면서 이제 운동을 그만해야 하겠다는 변명을 늘어놓을지 모른다. 그러나 과도한 운동은 — 인생의 모든 활동이 다 그러하듯 — 오히려 해로운 것이며, 적절한 운동은 우리에게 늘 이로운 것임을 기억하기 바란다. 당신은 가장 빠르거나 가장 강하게 되지는 못할지라도, 아마 훨씬 더 오랫동안 젊게 살 수 있을 것이다.

* ICE : 혈관을 수축시키는 얼음(Ice)과 상처 주위의 혈류를 줄여주기 위해 붕대로 압박하기(Compression) 그리고 들어오리기(Elevation)의 머릿 글자를 딴 합성어.

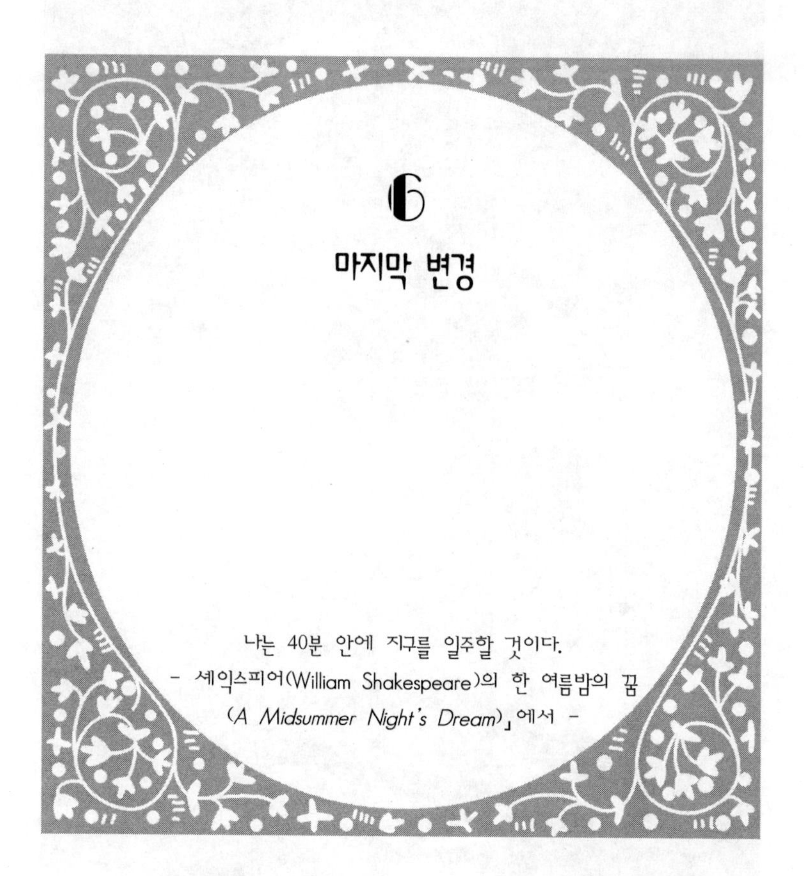

6

마지막 변경

나는 40분 안에 지구를 일주할 것이다.

\- 세익스피어(William Shakespeare)의 한 여름밤의 꿈
(*A Midsummer Night's Dream*)」에서 -

1969년 6월 20일 달표면에 서 있는 알드린(Edwin 'Bugg' Aldrin). 암스트롱(Neil Armstrong)과 Apollo Ⅱ호 달착륙선 이글호(Eagle)는 그의 헬멧 차양에 반사되어 있다.

1969년 6월 21일의 새벽은 나의 기억에 뚜렷이 새겨졌다. 전 세계의 수많은 다른 사람들처럼 나는 흰선과 반점들로 새겨진 조그만 깜박거리는 흑백 TV 화면 앞에 마음을 빼앗기고 앉아 있었다.

우리는 쉿하는 소리와 탁탁소리라도 듣기 위하여 긴장하였고 마침내 흥분과 긴장된 목소리가 TV에서 들려왔다. 잠에서 막 깨어나 어둡고 온기 없는 방에서 떨면서 코코아잔을 꽉 붙잡은 채로 나는 과학과 기술 그리고 탐험의 종합적인 산물인 역사적인 달착륙 장면에 매료되어 수천 마일 먼 곳을 보고 있었다.

내 나이 17살이었을 때 암스트롱은 바로 달에 발을 내 딛은 최초의 사람이 되었다. 우주의 진공 속으로 발을 내딛게 되면 당신은 곧바로 고통의 순간들에 처하게 될 것이다. 공기는 당신의 허파에서 밀려나갈 것이다. 당신의 혈액에서 용해된 가스와 체액은 세포를 빠져나갈 것이고 모세 혈관에서 거품을 형성하면서 증발할 것이다. 그 결과 산소는 뇌에 도달하지 않을 것이고 내부 기관에 갇히게 된 공기는 팽창하여 내장과 고막을 파열시킬 것이다. 게다가 극심한 추위로 몸은 한순간에 얼어붙을 것이다. 이러한 상황에서 인간은 15초 이내에 의식을 잃게 된다.

설사 우주선에 의해 보호를 받을지라도 우주인은 몇가지 생리적 문제에 봉착한다. 그 첫번째는 우주선이 지구의 중력을 벗어날 때 일어나는 가속이다. 가속은 신체에 부가적인 중력을 가중시킨다. 둘째는 정반대의 문제인 우주 공간에서의 무중력 상태이다.

이것은 운동 장애를 일으킬 수 있고 체액의 재분포, 적혈구의 감소와 골격과 근육의 심각한 손실을 일으킬 수 있다. 만약 태양계의 다른 행성으로 여행할 꿈을 실현하려면 우리는 이 문제점에 대처하기 위한 길을 찾아야 한다. 이 장에서는 우주 비행이 우리의 신체를 어떻게 재구성하고 이 변화들을 어떻게 개선될 수 있는가를 살펴보고자 한다.

우주 비행의 역사

우주 시대는 구 소련이 1957년 10월 4일 세계 최초로 인공 위성을 발사함으로써 개막되었다. 구 소련은 이 인공 위성을 스푸트니크(Sputnik)호라고 명명하였는데 그것은 러시아어로 "친구의 방문"을 의미한다. 한 달도 안 되어 스푸트니크 2호가 라이카(Laika)라 불리는 개 한 마리를 싣고 뒤따랐다. 1961년 4월 12일에 보스토크(Vostok 1) 1호를 타고 우주로 날아간 최초의 우주 비행사 가가린(Yuri Gagarin)은 지구를 한바퀴 돌고 고도 7,000m에서 우주선으로부터 빠져 나와 1시간 48분의 우주 여행을 마치고 낙하산으로 무사히 지구에 귀환하였다. 소련의 이 감동적인 성공은 미국에 커다란 충격을 주었다. 아이젠하우어(Eisenhower) 대통령은 스푸트니크호를 하나의 작은 공으로 평가절하했지만 미국인과 미군들은 낙담하지 않을 수 없었다. 냉전의 정점에 있었던 상황에서 미국인들은 소련의 과학 기술의 탁

최초의 우주 비행사 가가린(Yuri Gagarin, 1934~68)

월성에 충격을 받았다. 미국 전역에 매 90분마다 전송된 구 소련의 인공위성이 발사하는 라디오의 연속적인 신호음은 이러한 사실을 확인시켜줄 뿐이었다. 루스(Claire Booth Luce)가 평한 것처럼 그것은 "러시아로부터의 조소"일 뿐이었다. 초조해진 미국 정부는 황급히 수백만 달러를 과학 교육에 쏟아 붓기 시작하였고, 9개월 내에 미국은 그들 자신의 우주 계획을 수립하게 되었다. 우주 경쟁이 본격적으로 시작된 것이다. 그러나 1962년 2월 20일에서야 미국은 첫번째 우주 비행사인 글렌(John Glenn)을 지구 궤도에 올려놓을 수 있게 되었다. 이미 구 소련 우주 비행사 티토르(Gherman Titor)는 가가린의 뒤를 이어 지구 주위를 17번이나 도는 기록을 세운 후였다. 게다가 1년 뒤에 구

소련의 테러쉬코아(Valentina Tereshkoua)는 최초의 여자 우주 비행사가 되었다. 미국은 우주 경쟁에서 앞지르지도 못했고 빠르게 부상하지도 못했다. 아폴로 우주 계획은 미국이 10년 이내로 사람을 달에 착륙시키고 지구로 무사히 귀환시키는 일에 착수해야 한다는 초초해진 케네디 대통령의 결단으로 시작되었다.

1961년 케네디 대통령은 9년 이내에 미국의 우주인이 달을 탐사할 계획이라고 대국민 연설을 통해 공언하였다. 우주 계획에 필요한 과학 기술의 발전 속도는 괄목할만 하여, 드디어 1968년 크리스마스에 보먼(Frank Borman), 로우엘(Jim Louell) 그리고 앤더스(Bill Anders)가 최초로 달의 궤도에 도착하였다. 이것은 케네디 대통령이 약속한 기간을 1년 이상 단축한 쾌거였다. 그러나 정치적인 이유로 이후 3년 동안 6 차례의 달탐사를 끝으로 아폴로 계획은 끝을 맺었다.

구 소련의 전략은 달을 탐사하기보다 지구의 중력권 밖에 우주 비행사가 장기간 동안 일하고 살 수 있는 우주정거장을 건설하는 것이었다. 세계 최초의 우주정거장 쌀류트(Salyut)1호는 1971년 구 소련이 건설하여 2년 넘게 궤도를 선회하였다. 그 다음으로는 1986년 2월 20일에 러시아어로 “평화와 세계”를 의미하는 우주정거장 미르(Mir)가 쌀류트의 뒤를 이었다. 5년의 내구연한으로 설계한 미르는 위험한 조건과 연속적인 고장에도 불구하고 예상을 초월하여 2001년 6월까지 임무를 충실히 수행하였다.

양성 중력과 음성 중력

우주선이 궤도로 진입할 때 우주 비행사가 직면한 최초의 문제는 가속도이다. 본래 속도 그 자체는 인체에 큰 영향을 미치지 않는다. 지구는 태양의 둘레를 중심으로 공전하므로 우리는 시속 108,000km로 우주를 여행하며 시속 1,670km까지의 속도로 회전하고 있다. 항공기의 밀폐된 내부, 시각적인 단서가 없는 상태에서 만약 비행기가 일직선에서 일정한 속도로 비행하고 있다면 우리는 고속으로 움직이고 있다는 것을 감지하기 어렵다. 그러나 만약 비행기가 급강하거나 좌우로 기운다면 문제가 다르다.

영업용 정기 여객기가 방향을 전환할 때 가해지는 중력은 약 +1.3이 되지만 고성능 전투기가 급회전할 때는 중력이 +8까지 가속된다. 보통 항공기는 머리를 신체의 중심으로 향한 채로 회전하므로 혈관과 내장 기관이 발쪽으로 향하도록 한다. 이것은 양성 중력이 작용하기 때문이다.

우리가 물구나무를 서면 −1의 중력이 몸에 가해져서 체액이 머리쪽으로 향한다. 롤러코스트가 아래로 급강하할 때는 −1 이상의 중력이 가해짐을 우리는 쉽게 경험할 수 있다.

인체가 얼마나 높은 중력의 힘을 견딜 수 있는가하는 문제는 전세계의 공군에게 상당한 관심거리다. 사람에 대한 중력의 영향을 조사하기 위한 방법은 원심분리기 안에 사람을 넣고 돌리는 것이다. 사람을 태운 원심분리기에서 사람이 날아가지 않도록 묶어두지만 그들의 체액은 중력에 반응하여 이동한다. 전투기 조종사와 우주 비행사들은 높은 중력에 지탱할 수 있는 능력을 원심분리기 안에서 시험받는다. +2중력에서 신체는 더욱 무거워지고 안면 근육이 뒤틀리는 것을 느끼고, 앉았다가 일어서기가 어렵다. +3중력에서는 서있는 것은 불가능하고, 중력이 훨씬 더 증가하면 혈액이 눈에 공급되지 않아 시각 장애가 일어난다. +4.5중력에서는 시력을 완전히 잃게 되지만 듣고 생각할 수는 있다. +8중력에서는 팔을 올리거나 머리를 들어 올릴 수 없다.

번지점프

번지점프는 옥스퍼드대학의 위험한 스포츠 클럽(Dangerous Sports Club)에서 시작되었다. 최초로 번지점프를 시도한 기인은 미국 학생인 보스톤(Bing Boston)으로 1979년 4월에 크린톤 다리에서 몸을 고무줄로 묶고 뛰어내렸다. 그는 관중에 멋지게 보이고, 이 역사적인(?) 시도를 기념하기 위하여 운동복 대신 흰색 넥타이와 연미복 차림의 정장을 하고 번지점프를 했다. 번지점프는 남태평양의 한 섬의 원주민들의 성인식으로 35m의 목재 탑의 꼭대기에서 식물 넝쿨로 발목을 감고 뛰어내리는 의식에서 아이디어를 얻어 시작되었다.

영화 007시리즈 중의 한편인 '황금의 눈(Goldeneye)'에서 주인공 본드(James Bond)가 베르자스카(Verzasca) 댐에서 183m를 6초에 뛰어내려 냉전의 산물인 스파이 영화의 한 장면을 장식했다. 번지점프의 신기록은 뉴질랜드의 모험가 학케트(A. J. Hackett)가 수립하였다. 그는 에펠탑에서 뛰어내렸는가 하면, 헬리콥터를 타고 300m 고공에서도 몸을 던졌다.

뉴질랜드는 번지점프 선수들이 선호하는 장소로서 많은 여행객들이 랑지티케(Rangitikei)강의 협곡 위에 놓인 80m 높이의 다리에서 그들의 용기를 시험한다. 번지점프 선수나 스카이다이버는 뛰어내릴 때 중력 때문에 가속도가 붙는다. 중력에 의한 최대 가속도는 9.8m/sec이고 이것은 자유 낙하로 지표에 떨어질 때의 속도이다. 번지점프 선수들의 문제는 낙하하는 속도가 아니라 그것이 탄성 한계에 도달하는 것처럼 휘어 구부러진 번지가 곧게 펴지고 죔쇠가 팽팽이 당겨질 때 일어나는 감속이다. 중력의 영향은 매우 심각할 수도 있어서 머리 쪽으로 혈액이 집중되어 눈의 출혈을 촉진하거나 망막을 박리시킬 수도 있다.

대략 +12 중력에서 대부분의 사람들은 의식을 잃는다. 이 때 경련이 일어날 수도 있다. 미국 공군 지원병은 전투기 조종사가 되기 위하여 16초 동안 +7.5 중력을 성공적으로 지탱해야만 한다.

우리의 몸은 지구 중력에 잘 적응되어 있다. 우리는 중력의 존재를 느끼지 못하고 살지만 높은 중력은 전혀 다른 문제이다. 양성 중력은 다리 쪽으로 혈액을 너무 강하게 끌어당겨서 그 결과 심장은 피를 효과적으로 펌프질할 수 없어 두뇌에 혈액의 공급이 감소되어 의식을 잃게 된다. 횡격막이 끌려내려와 숨을 내쉬기가 더욱 곤란해지고, 결과적으로 호흡 기능이 저하된다. 이런 문제들을 극복하기 위해 군용기 조종사들은 호흡하기 훈련을 받는다. 조종사들은 다리 근육을 긴장시키는데 이 운동은 다리의 혈관을 압박하고 혈액을 심장과 뇌로 돌아가도록 돕는다. 토네도(Tornado)와 F16기와 같은 고성능 제트기가 비행할 때 그러한 운동을 하기는 현실적으로 어려우므로 조종사들은 이 운동을 대신해 주는 중력 바지를 입는다. 이 바지는 중력이 높아지면 팽창하여 다리를 압박해서 피를 심장으로 돌아가도록 도와준다. 음성 중력은 반대로 혈액을 머리쪽으로 끌어당겨 심할 경우 눈의 망막에 출혈을 일으키기도 한다.

이륙

우주 비행사가 경험하는 중력은 우주선이 발진하는 동안 내내 변한다. 1962년 머큐리(Mercury) 7호에 탑승했던 우주인 글렌은 우주선이 발사되어 궤도에 진입하는 90초 동안에 +6g 이상의 중력에 시달렸다. 글렌은 등을 지구쪽으로 두고 누웠다. 왜냐하면 중력이 가슴에서 등방향으로 작용하도록 하여 머리를 보호하기 위해서였다. 그렇게 하더라도 '그것은 마치 코끼리 한 마리가 가슴 위에 앉아 있었던 것 같았다.'라고 어떤 우주 비행사가 술회했다. 우주 비행사가 경험한 가장 커다란 중력은 1983년 9월에 유인 우주선 소유즈(Soyuz)의 발진 동안에 직면한 것이었다. 이륙 90초 전에 로켓 하단에 불이 나 발사가 중지되었고 비상 탈출시스템이 로켓 캡슐을 약 1km 공중으로 쏴 버렸기 때문에 승무원들은 +17g의 높은 중력에 시달리게 되었다. 그러나 승무원들은 무사히 그 시련을 견뎌내고 낙하산으로 안전하게 착륙하였다.

생명의 유지

우주선은 우주의 극한 환경으로부터 승무원을 보호해야 한다. 지표면으로부터 700km 상공에는 가스 분자가 거의 존재하지 않아 기압이 없는 절대 진공에 가깝다. 따라서 우주선은 승무원들에게 호흡 가능한 대기를 제공함과 동시에 절대 진공으로부터 승무원을 보호해야 한다. 또한 우주 공간은 태양이 안비칠 때는 −270℃ 정도의 극저온이며, 태양이 비칠 때는 물체를 매우 빠르게 달군다. 이는 우주선에 극한적인 추위와 더위를 동시에 극복할 수 있는 온도 조절 장치를 장착해야 함을 의미한다. 미소 운석 또는 우주진에 의한 손상 또한 걱정거리이다. 시속 수천 마일의 속도로 비행하는 우주선은 소량의 페인트만 벗겨져도 치명상을 입을 수 있다. 미소 운석은 우주 왕복선의 유리창에 흠집을 내므로, 유리창을 주기적으로 교환하여야 할 정도이다.

1998년 한 우주 공급선이 우주정거장인 미르와 추돌하여 우표보다도 작은 구멍을 내는 사고가 발생하였다. 우주정거장 내의 공기가 우주 공간으로 빠르게 유출되었으나, 다행스럽게도 뚫린 구멍이 작고 공기의 유출 속도가 느려, 비행사들이 구멍을 제시간에 밀봉할 수 있었다. 그러나 소유즈(Soyuz) 11호의 승무원들은 이와 같은 행운을 누리지 못하였다. 지구로 귀환하는 과정에서 이 착륙선은 완벽하게 자동 착륙에 성공하였으나, 비행사들은 불행하게도 모두 사망하였다. 착륙선이 궤도 모듈에서 분리된 직후, 궤도에 머물러 있는 상태에서 기압 조절 밸브가 열려 있어 난 사고로 판명되었다. 승무원들은 작은 착륙선에 끼여 앉기 위하여 가압 우주복을 벗은 상태에 있었으므로 질식사한 것이었다. 최근 우주 비행사들은 우주선이 이륙하거나 착륙할 때 발생할지도 모르는 기압의 변화에 대비하기 위하여 보호복을 착용하나, 궤도에 진입한 이후에는 활동성을 얻기 위하여 평상복으로 갈아입게 된다.

초기의 미국 우주선 승무원들에게는 약 34% 대기압의 순수한 산소를 제공하였다. 이는 대기와 같은 구성의 공기를 호흡하는 경우보다 승무원들에 많은 산소를 제공해 준다. 만약 대기압의 압력으로 24시간 이상 순수한 산소를 호흡할 경우는 유독하나, 대기압의 1/3의 압력에서는 안전한 것으로 알려져 있다. 머큐리(Mercury)와 제미니(Gemini) 우주 비행 계획에서는 우주선의 산소 압력을 발사대에서는 대기압과 같은 압력으로 유지하나, 이륙하여 지구 궤도에 진입하면 감소시킨다. 이와 같은 관행은 아폴로(Apollo) 1호의 모의 발사 훈련 과정에서 발생한 화재로 승무원인 그리솜(Gus Grissom), 화이트(Ed White), 새프(Roger Chafee)가 사망한 이후 바뀌었다. 순수한 산소는 대기압에서 인

화성이 강하다. 아폴로 1호의 참사는 인화성 물질에 점화된 스파크가 순수 산소의 조건에서 아폴로 1호의 조정실을 순식간에 연옥으로 바꾸어 놓은 것으로 추정된다. 이 참사 이후, 모든 아폴로 우주선들은 발사 시에는 정상적인 지구의 대기를 사용하였으며 궤도에 진입한 이후에야 순수 산소로 전환하였다. 반면 소련의 우주선들은 항상 대기압과 유사한 구성 및 압력을 지닌 공기를 사용하여 왔다. 일시적이나마 비행 기간 동안 순수 산소로 호흡하는 것이 건강에 해롭다고 판단하여, 최근 NASA도 이 방법을 채택하여 사용하고 있다.

호흡은 밀폐된 공간의 이산화탄소의 농도를 증가시켜 두통, 졸음 및 궁극적으로 질식을 유발한다. 따라서 이산화탄소를 우주선으로부터 제거하여야 한다. 우주선에서는 수산화리티움(lithium hydroxide)이 이산화탄소와 반응하여 탄산리티움(lithium carbonate)으로 전환되면서 이산화탄소를 제거한다. 1970년 4월 아폴로 13호 우주선이 여러 통의 수산화리티움을 싣고 섬광을 내며 출발하였다. 그러나 우주 비행 2일 반만에 재난이 발생하였다. 사령선에 동력을 제공하는 3개의 연료 전지 중의 하나에 합선이 일어나 폭발하여 버렸다. 이 폭발로 2개의 다른 연료 전지도 기능을 잃어 우주선은 모든 동력을 잃게 되었다. 따라서 달 착륙선인 아큐아리스(Aquarius)는 승무원에게 산소, 물, 그리고 동력을 제공하는 구명정이 되었다. 불행하게도 이 착륙선에는 단지 이틀간 2명의 승무원이 호흡할 때 발생하는 이산화탄소를 제거할 수 있는 수산화리티움만을 지니고 있었으나 지구로 귀환하기 위해서는 3일이 소요되었으며, 더구나 3명의 승무원이 탑승하고 있었다. 이 불상사를 전해들은 우주기지의 전문가들은 착륙선에 축적되어 우주인의 생명을 앗아갈지도 모를 이산화탄소의 위험성을 걱정했다. 사령선은 충분한 양의 수산화리티움 통을 싣고 있었으나, 그 모양이 달라 아큐아리스의 공기 정화 장치에 연결할 수가 없었다. 시간에 쫓기며 우주 기지의 공학자들이 다른 모양의 수산화리티움 통과 마분지, 플라스틱 봉지, 테이프, 그리고 낡은 양말로 임시 변통의 공기 정화 장치를 고안하는데 성공하였다. 다행히도 이것은 완벽하게 작동하여 승무원들은 무사히 귀환할 수 있었다.

추운 날씨에 창문을 닫고 차 안에 앉아 있으면 쉽게 알 수 있듯이, 사람이 호흡하면 수증기가 발생한다. 창문에 맺히는 수증기의 대부분은 여러분의 폐에서 방출된다. 따라서 우주선의 습도는 면밀하게 조절하여야 한다. 왜냐하면 너무 높은 경우 물방울이 응축할 것이며, 너무 낮은 경우에는 눈과 목에 건조 현상을 유발할 것이다. 이상적인 상태의 공기를 얻기 위해서는 우주선의 공기를 지속적으로 순환시키는 과정에서 이산화탄소와 먼지를 제거하고 습도와 산소의 양을 필요에 따라 조정하여야 한다.

우주선의 온도는 안락한 18~27℃를 유지한다. 우주선은 한쪽에서는 태양열에 의하여 가열되고 다른 한쪽에서는 우주 공간의 추위에 의하여 열을 잃게 되므로 온도 조절은 매우 중요한 과제이다. 미르 우주정거장이 모든 동력을 잃었을 때, 태양이 지구 뒤로 사라졌을 경우에는 극심한 추위에, 태양이 다시 나타났을 때에는 참을 수 없는 더위에 시달려야만 하였다. 탐사 과정에서 아폴로 우주선은 우주선의 온도를 유지하기 위하여 바비큐 요리를 할 때 통돼지를 천천히 회전시키듯이 우주선을 느리게 회전시켰다. 우주 왕복선에서는 왕복선이 궤도에 도달하면 화물문 안쪽에 위치하는 '공간 방열기(space radiator)'를 사용하여 열을 방출하게 된다.

자유 낙하

비록 우주선의 대부분의 환경은 지구와 유사하게 만들어줄 수 있지만, 중력은 상황이 다르다. 무중력 상태가 우주인에게 주는 생리적 스트레스는 무시할 수 없다. 무중력 상태에서는 체액이 다리로부터 가슴과 머리로 빨리 재분배되며 평형 기관을 마비시켜 '우주 멀미(space sickness)'를 유발한다. 우주 여행이 길어질 경우 적혈구의 지속적 감소, 뼈로부터 칼슘의 유출, 그리고 근육의 퇴화가 진행된다. 대부분의 이러한 변화들은 6주 내에 안정되나 골격의 소실은 우주 비행 내내 지속된다.

궤도를 돌고 있는 우주선이 받는 중력은 지구 표면에서 받는 것과 크게 다르지 않다. 승무원이 무중력 상태를 느끼는 것은 그들이 지속적으로 자유 낙하하고 있기 때문이다. 지표면이 우리가 지구 중심으로 가속되어 이동하는 것을 억제하고 있기 때문에 우리는 지구에서 무게를 느끼게 된다. 이러한 반작용이 제거되면, 예를 들어 스카이 다이버가 비행기로부터 뛰어 내리거나 우리가 창문에서 뛰어내려 공중에 있는 짧은 순간에 우리는 무중력 상태를 느끼게 된다. 실제로 궤도를 돌고 있는 우주선은 지속적으로 자유 낙하하고 있는 상태이나, 지구를 향하여 낙하하여 속도가 증가하면 이 속도의 증가가 본래의 궤도로 되돌려 놓게 되어 일정한 궤도를 유지하는 것이다. 따라서 엄밀하게 표현하자면 궤도를 돌고 있는 우주선은 무중력 상태에 있는 것이 아니라 미세 중력 상태에 있다고 할 수 있다.

가장 낮은 궤도인 지표면으로부터 200km 상공은 공기의 저항이 거의 없게 된다. 이 보다 낮은 고도에서는 지구 대기의 저항에 의하여 우주선의 속도가 저하되게 되어 나선 모양으로 추락하여 타 버리게 된다. 지표면으로부터 400km 고도의 궤도를 돌고 있는 우주정거장 미르의 경우에도 미세한 대기의 저항으로 궤도가 지속적으로 낮아지고 있기 때문에 원래의 궤도를 유지하기 위하여 주기적으로 궤도를 교정한다. 지표면으로부터 400km 고도는 현재 인간이 사용하는 우주선 궤도의 상한 고도이다. 그 이유는 400km 고도 이상에는 지구를 둘러싸고 있는 위험한 이온화방사선 띠(ionizing radiation belt)가 있기 때문이다.

무중력 상태

무중력 상태는 체액의 분포에 큰 영향을 미친다. 지표상에서는 중력이 체액을 다리와 몸의 하부로 당겨주나, 지구의 중력권에서 벗어나게 되면 체액들이 몸의 상부로 이동하게되어 불쾌한 변화를 일으키게 된다. 얼굴이 붓게 되고 목과 얼굴의 정맥이 튀어나오게 되며 눈이 충혈되고 코가 막혀 후각과 미각이 둔해진다. 일반적으로 독감에 걸린 증상과 유사하다. 또한 다리 체적의 10분의 1 정도가 감소하게 되는데 심한 경우에는 종아리 체적의 30%가 감소하기도 한다. 우주 비행사들은 다리 위쪽에 고무 혁대를 착용하여 다리로부터의 체액의 이동을 억제하기도 한다.

체액이 이동함에 따라 가슴과 머리에 있는 혈압 감지 수용체는 혈압이 높아진 것으로 오인하여 혈압을 떨어뜨린다. 그러나 수일 내에 소변 배출이 증가하고 수분 섭취가 감소하여 혈액과 체액의 용량이 감소함으로 혈압은 정상을 되찾게 된다. 우주 비행사가 우주 여행을 시작한 처음 수일간은 체내 수분의 감소로 체중이 준다. 우주 비행사는 무거운 우주복을 착용하고 있음으로 소변을 배설하고 싶은 충동을 자주 느끼게 되어 매우 불편하다. 신체 상부로의 체액의 이동과 이에 대한 몸의 반응 및 적응이 순환기 작동에 주는 악영향은 아직 발견되지 않고 있다. 그러나 지구로 귀환하는 경우에는 상황이 다르다.

중력으로부터 받는 스트레스에서 벗어나게 되면 우주 비행사의 키가 커지게 된다. 왜냐하면 척추 뼈를 연결하고 있는 연골 디스크가 더 이상 압박 받지 않기 때문이다. 대부분의 경우 1 내지 2cm 정도 키가 커지나 심한 경우도 종종 있다. 예를 들어 글렌이 77세의 나이로 두번째 우주 여행을 다녀온 후 그의 신장이 6cm나 커졌음을 발견하였다. 공학도들은 이러한 크기의 변화를 신중하게 고려하여야 한다. 무중력 상태가 신경계에 미치는 영향을 연구하기 위한 한 우주 계획에서, 이러한 신체 크기의 증가를 고려하지 못 한 채 우주 비행사의 반응을 측정하기 위하여 사용할 실험 의자를 작게 고안하여 우주 비행사들에게 큰 불편을 주었다. 폐, 심장, 간 그리고 그 외의 모든 기관들은 무게를 갖지 않게 되어 신체 내부에 떠 있는 상태가 된다. 한 우주 비행사는 이 상태를 '몸의 모든 내장이 둥둥 떠다니는 느낌이었다' 라고 표현하였다.

미세 중력 상황에서 적혈구의 생산은 크게 감소한다. 적혈구의 수명은 약 120일로 짧으므로 생산의 감소는 순환하는 적혈구 수의 감소로 연결된다. 이러한 적혈구의 감소는 무중력 상태에 노출된 후 4일 내에 시작되며 40~60일 이후에나 안정된다. 10일간의 우주여행에서는 10% 내외의 적혈구 감소가 일어나며 여행 기간이 길어질수록 더 크게 감소한다.

제1장에서 설명하였듯이 적혈구의 생산은 조직내 산소 농도

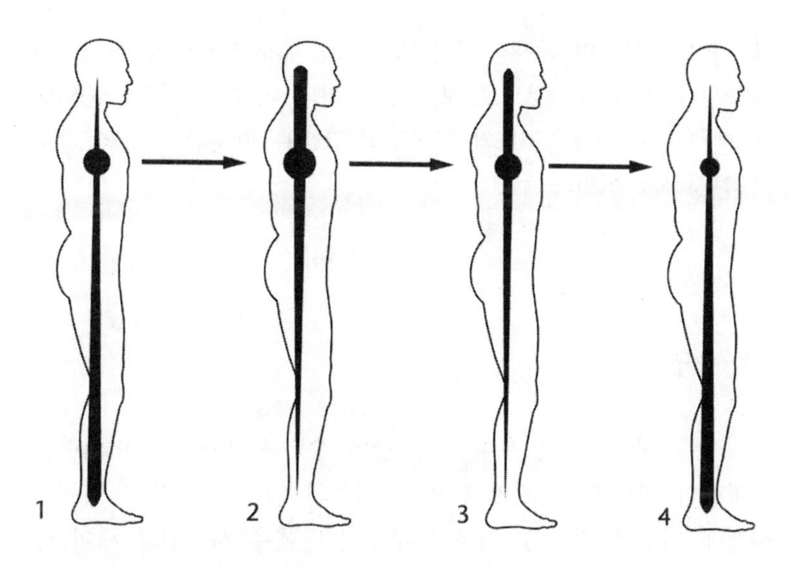

무중력 상태에서 혈액 분포의 변화. (1) 지상. (2) 무중력 상태에 돌입한지 수분내에 약 2 ℓ의 혈액이 흉부와 머리쪽으로 이동한다. (3) 이어 천천히 혈액이 어느 정도 재배치된다. (3) 지구에 귀환하면 (1)의 상태로 복귀한다.

에 의하여 분비량이 결정되는 에리트로포이에틴 호르몬이 조절한다. 산소의 농도가 높을수록 에리트로포이에틴의 분비가 감소하게 되어 적혈구의 생산이 감소된다. 우주 개발의 초기에는 이러한 적혈구의 감소가 우주선 공기의 높은 산소 농도에 기인하는 것으로 생각하였으나 지구의 대기와 유사한 공기를 사용하는 우주 비행 과정에서도 적혈구의 감소가 발견되어 이러한 해석은 재조명되었다. 현재에는 미세 중력이 유발한 혈액양의 변화 때문에 적혈구가 감소하는 것으로 추측하고 있다. 무중력 상태에 노출됨에 따라 가슴 방향으로 혈액이 이동하므로 아마도 몸에 필요 이상의 혈액이 존재하는 것으로 수용체가 오인하여 적혈구의 생산을 감소시키는 것으로 보인다. 그러나 미세 중력에 노출되었을 때 나타나는 큰 규모의 적혈구의 감소는 단순한 생산의 감소로 설명하기 어렵다.

수면

우주 비행사들은 우주 여행 중에 수면을 취하기가 어렵다고 불평한다. 의심의 여지없이 이 어려움의 일부분은 우주 여행의 설렘에 기인할 것이다. 더욱이 우주선은 매우 시끄럽고 깨어 있는 다른 승무원이 수면을 방해할 수도 있을 것이다. 그러나 이 불면증의 주원인은 인체의 생체 리듬(circadian rhythm)의 혼란 때문에 일어나는 것이 분명하다. 수면을 비롯한 많은 생리학적 현상들은 빛과 어둠의 주기에 의하여 조절되는 인체의 생체 시계가 조절한다. 북극 지방에 사는 사람들은 해가 지지 않는 여름에는 어둠이 지속적으로 계속되는 겨울에 비하여 잠을 덜 잔다는 사실은 이미 널리 알려져 있다. 우주선이 지구의 궤도를 돌고 있는 동안에는 태양이 매 90분마다 뜨고 지는 상황이므로 우주 비행사의 빛과 어둠의 주기는 영향을 받을 수밖에 없다.

미세 중력에서의 수면은 또 다른 문제를 일으킨다. 잠을 자는 동안에 우주선 안을 떠돌아다니지 않게 하기 위하여 비행사들은 벽에 부착되어 있는 침낭에 자신의 몸을 고정시켜야 한다. 대부분의 사람들은 안정감을 느낄 때 수면을 잘 취할 수 있으나 미세 중력에서는 체중의 압력을 느끼지 못하여 침대에 누어있는 느낌을 갖기가 어렵다. 일부의 비행사들은 이마를 혁대로 묶어

베개를 베고 있는 느낌을 주면 비교적 쉽게 잠을 청할 수 있다고 한다. 또한 무릎을 혁대로 묶어 무릎이 쉽게 말려 올라가도록 하면 도움이 된다. 그러나 이때 비행사들은 공기의 순환이 원활한 장소에 자신을 위치시켜 자신이 배출하는 이산화탄소가 자신을 질식시키지 않도록 해야만 한다. 지구에서는 미풍과 대류 현상이 맑은 공기를 지속적으로 순환하도록 해주나, 미세 중력 상황에서는 따뜻한 공기가 위로 이동하지 않아 배출된 이산화탄소를 제거할 대류 현상이 존재하지 않게 된다.

감염

우리는 우주 공간을 비롯한 어느 장소에 있거나 수많은 미생물과 함께 살게 된다. 건강한 사람은 피부에 1조 마리 이상을 그리고 내장에는 수백만 이상의 박테리아를 지니고 있으며, 이들 중 수천만 마리 이상이 매일 피부 조각과 함께 떨어져 주변의 환경으로 분산된다. '기침과 재채기에 의하여 병이 전염된다'는 경구는 우주 공간에서 더욱 절실하다. 지상에서는 박테리아로 오염되어 있는 물방울이 빠르게 땅으로 스며들어 해로움을 주지 않지만, 중력이 없는 상황에서는 미세 연무 형태로 공기중을 떠다니므로 다른 비행사가 쉽게 흡입한다. 초기의 우주 비행에서는 여러 가지 사소한 병이 발생하였다. 승무원 중 50% 이상이 피부, 장 또는 순환기 질병으로 고생하였다. 그러나 첫 아폴로 비행에서는 비행 전에 승무원들을 격리시키고 비행 전과 비행 중에 우주선을 철저하게 방역하여 질병의 발생을 크게 줄일 수 있게 되었다.

미세 중력에서의 생활

많은 사람들이 미세 중력에서의 경험을 궁극적인 자유라고 즐거워한다. 탁자 밑을 떠다닐 수도 있고 또 천장에 쉽게 닿을 수 있으며, 돌아가는 물체의 중심에 매달려 있을 수도 있고 캐빈 주위를 우아하게 날아다닐 수도 있다. 공중제비나 회전과 같은 곡예도 체조 선수 못지 않게 할 수 있다. 3차원적 이동이 가능하기 때문에 답답한 캡슐 또한 넓게 느껴진다.

그러나 미세 중력 하에서의 움직임은 그렇게 간단하지 않다. 움직이기 위해서는 수영에서 돌아서기 위해서 벽을 이용하는 것과 유사하게 캐빈의 벽을 밀쳐야 한다. 그러나 너무 강하게 밀칠 경우 너무 빠른 속도로 이동하여 반대 벽에 심하게 부닥치게 된다. 익숙하지 않은 비행사들은 손가락으로 부드럽게 자신을 밀치는 방법을 익히기 전에 종종 타박상을 입게 된다.

중력에서 벗어나게 되면 던진 물체는 포물선을 그리는 지구와는 달리 직선으로 이동하게 된다. 자서전에서 샤만(Helen Sharman)은 우주 공간에서 처음으로 물을 마신 경험 — 특별히 고안한 빨대를 사용하지 않고 싱글거리는 다른 승무원이 압력화된 물탱크로부터 발사한 가물거리고 춤추듯 흔들리는 물방울을 입으로 받아먹은 경험 — 을 다음과 같이 묘사하고 있다. '물방울 주위에서 입을 다물자 차가운 물이 유쾌하게 입안에서 부서졌다.'

미세 중력은 질량과 무게의 차이를 극명하게 보여준다. 질량은 이동에 대한 물체의 저항이며, 반면 무게는 질량에 대한 중력의 영향이다. 우주 공간에서 무게는 사라지나 질량은 남아 있게 된다. 이 차이 때문에 사람과 생쥐가 작은 손가락으로 벽을 지탱하여 별 차이 없이 쉽게 균형을 잡을 수 있는 반면, 캐빈의 한쪽 벽에서 반대쪽 벽으로 이동하기 위해 벽을 밀치는 경우 생쥐가 훨씬 쉽게 이동할 수 있다.

뉴튼의 운동의 제3법칙은 작용 · 반작용의 법칙이다. 지구에서는 이 법칙이 쉽게 드러나지 않는다. 우리가 물체를 들어올리거나 밀어 올릴 때 우리를 떠받치고 있는 지구의 질량이 상대적으로 너무나 커 움직임에 대한 저항이 막대하기 때문에 우리는 반대로 움직이지 않고 정지하고 있는 것으로 느낀다. 그러나 우주 공간에서는 상황이 매우 다르다. 만약 비행사가 자신과 유사한 크기의 물체를 밀게 되면 비행사와 물체는 반대 방향으로 움직이게 된다. 비행사가 스패너를 사용하여 나사를 돌리려고 하면 나사는 그 자리에서 움직이지 않고 반대로 비행사가 그 주위를 돌게 된다. 따라서 비행사는 다리를 고정된 표면에 확고히 고정시켜야만 나사를 돌릴 수 있다. 비행사가 일정 장소에서 이탈하지 않도록 하기 위해서도 다리를 고정하는데, 특히 비행사가 우주선 밖에서 작업할 경우에는 비행사가 우주선으로부터 떨어져 나가 우주의 미아가 되지 않도록 하는데 다리는 필수적이다.

미세 중력에서는 특별하게 어려운 활동이 있다. 물방울은 반짝거리며 나부끼는 방울 형태로 캐빈의 공기를 떠돌아 다니므로 이를 제거하는 것이 매우 어렵기 때문에 목욕은 큰 문제이다. 물방울은 쉽게 손가락 사이를 미끄러져 빠져나가고 수많은 작은 알갱이 형태로 분산된다. 따라서 비행사는 스폰지를 사용한 목욕법에 의존해야 한다.

우주선에서 물은 가지고 놀기에는 즐거운 물질이나, 깨끗하게 제거하는 일이 쉽지 않다. 우주선을 고안한 공학자들에게 가장 어려웠던 문제 중의 하나는 우주 공간에서 효과적이고 정밀하게 작동할 수 있는 변기를 고안하는 것이었다. 초기에 시행된 우주 비행에서는 특별한 기저귀를 착용하였으나 이후에는 지구에서 사용하는 변기와 유사하게 작동하는 우주 변기로 대체하였다. 다만 차이는 물이 아니라 흡입력을 이용하여 소변을 변기에 모은다는 것이다. 모은 소변은 우주 공간으로 방출시키는데 이 들은 우주로 방출되는 순간 반짝이는 얼음 결정의 구름이 된다. 우주에서 가장 아름다운 광경에 대하여 한 아폴로 우주 비행사는 '태양이 뜨는 시기에 소변을 방출하는 광경'이라고 대답하였다.

▶

고체 형태의 폐기물은 진공으로 수집하여 보관한 다음 지구로 귀환한 후 처리하게 된다. 면도를 하게 되면 미세한 수염들이 캐빈을 채우게 되기 때문에 이들을 서로 응집시키는 면도 크림이나 진공 청소기를 같이 사용해야 한다. 물체들은 공중에 가만히 놓으면 그대로 떠 있는 상태를 유지하기 때문에 촬영시 카메라를 탁자 위에 올려 놓을 필요가 없다. 그러나 약간만이라도 건드리게 되면 정처 없이 떠돌게 되므로 이들은 혁대로 고정해야 한다.

먼지가 가라 앉지 않고 공기중에 떠다니므로 우주 여행에서 청소는 악몽이다. 우주 정거장 미르는 공기를 필터로 걸렀으므로 환기 상태가 좋았으나 죽은 피부 조각, 머리카락, 음식물의 매우 작은 입자들을 완전하게 제거하지 못 하였다. 사람의 몸에서는 매일 백 억개 이상의 피부 조각이 떨어져 나온다. 지구에서는 이들은 화장실의 노출된 부위에 흰색 먼지로 가라앉게 되나 우주 공간에서는 공기 중을 떠다니다가 사람 몸 안으로 흡입된다. 따라서 우주 비행사들은 재채기를 자주 하는 경향이 있으며 심한 경우에는 1 시간에 30회 이상의 재채기를 하는 경우도 있다. 또한 내부 공기의 오염에 의한 시각 자극은 일반적인 현상이다.

가장 새로운 경험은 달 표면을 감싸고 있는 검댕이 같은 미세한 검정색 먼지이다. 이 먼지들은 아폴로 비행사들에게 많은 어려움을 주었다. 왜냐하면 비행사들의 신발에 묻어 들어와 착륙선을 오염시켰기 때문이다. 지구 중력의 1/6인 달에서는 이들은 서서히 조용하게 달 표면에 가라앉게 되나, 일단 착륙선 안으로 들어오게 되면 이 먼지는 모든 곳으로 침투하여 우주복을 검정색으로 바꾸어 버린다. 이상하게도 이 먼지는 화약 냄새가 난다. 달 먼지는 단지 미적인 문제만을 발생시킨 것이 아니었다. 우주복의 지퍼에 끼여 들어가 작동을 방해하였으며, 전기 개폐기를 서로 달라붙게 하여 전기 장치의 작동을 방해하였고, 비행사의 호흡기를 오염시키기도 하였다. 이들이 지구를 오염시킬 수 있는 미생물을 지닐 가능성은 또 다른 종류의 걱정거리이기도 하였다.

우주병

우주 비행사들이 우주 공간에 처음으로 들어가게 되면 행동이 부자유스러워지고 목표물을 정확하게 포착하기가 힘들어 허우적거리게 된다. 또 넘어지거나 뱅뱅 도는 느낌이 있다는 보고가 있으며 아마도 현기증 때문에 고통스럽기도 할 것이다. 더 심각한 것은 우주 비행사의 2/3가 우주병을 경험한다는 것으로 어떤 사람들은 그 증상이 아주 심한 경우도 있다. 증상을 보면 두통, 메스꺼움, 현기증, 식욕 부진, 의욕 상실, 졸음, 조급증 등이 있는데 때로는 사전 증상 없이 갑자기 구토나 발작이 일어나기도 한다. 우주 비행사들에게 우주병은 임무를 수행하는데 심각한 장애가 되며 우주복을 착용할 때 치명적일 가능성이 있다. 대부분의 민감한 우주 비행사들은 임무 수행 초기에 미세 중력에 노출된 처음 한 시간 내에 쓰러져 버리지만 다행스럽게도 2~3일 내에 곧 회복된다.

우주병은 머리를 앞쪽이나 혹은 뒤쪽으로 기울여 줌으로써 대부분 그 증상이 완화된다. 어떤 경우에는 시각적으로 방향 감각을 잃어버리는 느낌이 드는 정도가 고작이다. 아마 독자들도 배멀미가 날 때 갑판에 나가서 멀리 수평선을 바라보면서 바람을 쏘이면 괜찮아지는 경험을 했을 것이다. 우주 비행사들에게는 시각적인 표준점이 흐트러지는 바람에 좀 더 어려운 문제가 생긴다. 우주 공간에는 우리가 느끼고 있는 '위' '아래'가 따로 있는 것이 아니다. 우주는 감각 표준점이 끊임없이 바뀌는 뒤죽박죽의 세상이다. 우주 비행사들은 처음에 방향 감각을 상실하지만 사람에 따라서는 금방 적응하기도 한다. 미국 최초의 우주 비행사인 글렌은 다음과 같이 말한 적이 있다. '비행을 하기 전에 의사들은 아마 내가 무중력 상태에서 내이 속에 있는 액체가 아무렇게나 움직이므로 메스꺼움이나 현기증 때문에 컨디션 조절이 어려울 것이라고 예측했으나 그렇지 않았다. …… 나는 무중력 상태가 무척 즐거웠다.' 그러나 글렌은 짧은 비행동안 줄곧 가죽끈으로 좌석에 매여 있어야 했다. 예전에 비해서 오늘날의 우주비행사들은 자유롭게 둥둥 떠다니게 되어, 동료 승무원이 거꾸로 떠다니거나 곡예같은 궤도 수정을 하는 동안 우주병에 덜 시달리게 되었다.

우주병의 발병 원인을 정확하게 알 수는 없지만 신체의 위치에 관한 신호들이 혼란을 야기한 결과라고 믿는다. 사람의 방향 감각은 사지의 위치와 시각 신호와 함께 내이의 평형 기관의 감각 수용기에서 그 정보가 종합되어 대뇌에 전달된다. 그런데 우주 공간에서는 감각 수용기가 정상적으로 자극을 수용하지 못한다. 특히 시각 신호는 통상적으로 전혀 의미를 갖지 못한다. 예를 들면 우주왕복선은 지구를 거꾸로 비행하는 셈이다. 우주비행사들은 우주 비행 초기 몇 일 동안은 정상적인 지구에서의 방향 감각을 유지하면서 무중력 상태에서 방향 감각 상실 효과를 조절하려고 한다. 그리고 나서 시간이 지나면서 새로운 우주 환경에 점점 익숙해지고 자유롭게 움직일 수 있는 방향 감각을 갖게 되는 것이다.

우주 여행의 대가

미세 중력에 오랫동안 노출되면 골조직과 근육의 감소가 일어나는데 이런 현상은 오랫동안 우주 비행을 할 경우 중요한 의미를 가진다. 비행 중에는 잘 모르지만 지구로 귀환했을 때는 심각한 결과가 나타난다. 골조직과 근육이 우주 여행전의 수준으로 회복되는데는 대략 우주 여행 기간에 해당되는 시간이 소요된다. 화성으로 여행하는 시간처럼 대단히 긴 시간 동안의 여행이었다면 과연 완전하게 회복이 될 수 있을지는 알 수 없는 일이다.

뼈는 일생을 통하여 계속적으로 재구성되는 살아 있는 조직이다. 뼈에 힘을 주면 줄수록 더욱 두터워지고 강해지며, 반대로 지구의 중력이 없는 상태가 되면 압박이 감소되어 뼈는 가늘어지고 부러지기 쉬운 상태가 된다. 장기간 우주 비행시 골조직이 감소하는 것은 바로 그런 이유 때문이다. 뼈 속의 칼슘이 빠져나가면서 뼈가 가늘어지는데 그렇게되면 소변에 칼슘의 양이 증가하므로 담석이 생성될 위험성도 커지게 된다. 뼈의 성분인 광물질의 이탈은 골다공증으로 연결되고 지구에 귀환했을 때에 골절의 위험성을 증가시킨다. 우주 비행 기간이 장기간일 때 더욱 신중하게 골조직의 감소를 고려하여야 한다. 우주 비행시에 한 달에 약 1%의 골조직이 소실되며 미세 중력 상태에서 열 달을 지내면서 감소되는 골질의 양은 지상에서 서른 살에서 서른 다섯 살 사이에 감소되는 양과 비슷하다고 한다.

미세 중력 상태에서 장기간 생활함으로써 발생하는 또 다른 문제점은 운동량의 감소로 근육이 줄어드는 것이다. 근육이 위축되어 크기가 작아지고 힘이 약화되어서 운동을 하게되면 다치기 쉬워진다. 조직과 조직을 연결시켜주는 결체 조직에서도 퇴화가 일어난다. 이런 영향은 주로 다리에서 일어나며 팔 근육에서는 심한 편이 아닌데 그 이유는 아마도 우주선에서 모든 일은 주로 팔을 사용하기 때문일 것이다. 다리 근육의 위축이 더욱 위험한

평형 기관

사람의 평형 기관인 전정 기관은 양쪽 내이에 한 개씩 있다. 전정 기관은 두 개의 이석 기관과 세 개의 반고리관으로 구성되어 있으며 몸의 움직임과 위치에 관한 정보를 제공한다.

이석 기관은 액체로 채워져 있는 작은 주머니이며, 주머니의 벽에 감각 기관이 파묻혀 있다. 감각 세포는 위쪽 표면에 수 없이 많은 섬모를 가지고 있다. 가느다란 털들은 세포 표면에서 젤라틴층으로 돌출되어 있다. 이석 기관의 맨 위층에는 탄산칼슘의 결정체로서 먼지 알맹이 만한 아주 작은 크기의 이석들이 있어 중력을 인식하게 된다.

머리를 꼿꼿이 세우고 있을 때에, 감각 세포의 표면에 있는 섬모는 젤리층의 도움을 받아 위쪽을 향하게 된다. 그러나 머리가 기울어지면 중력이 작용하여 이석이 옆으로 미끄러지고 그 결과 감각 섬모를 잡아당겨 자극하게 된다. 이석은 또한 수직적인 힘에 민감하다. 승강기를 타고 내려갈 때에 감각 세포를 누르고 있던 이석들이 들뜨게됨으로 마치 전체 몸의 위치에 비해 위장은 조금 늦게 뒤따라오는 듯한 느낌을 갖게 한다.

우주에서는 중력이 더 이상 감각 세포로부터 이석을 밀어내지 못하며 따라서 눈과 이석 기관 사이를 연결하여 몸의 위치를 알려주는 정보를 제대로 받지 못하게 된다. 아마도 이런 헷갈림 때문에 우주병이 발생하지 않나 생각된다.

사람의 몸이 움직일 때에 운동 각도를 세 개의 반고리관이 인식한다. X, Y, Z 축의 세 방향으로 되어 있다. 그러므로 세 반고리관은 고개를 끄덕이거나 한 쪽으로

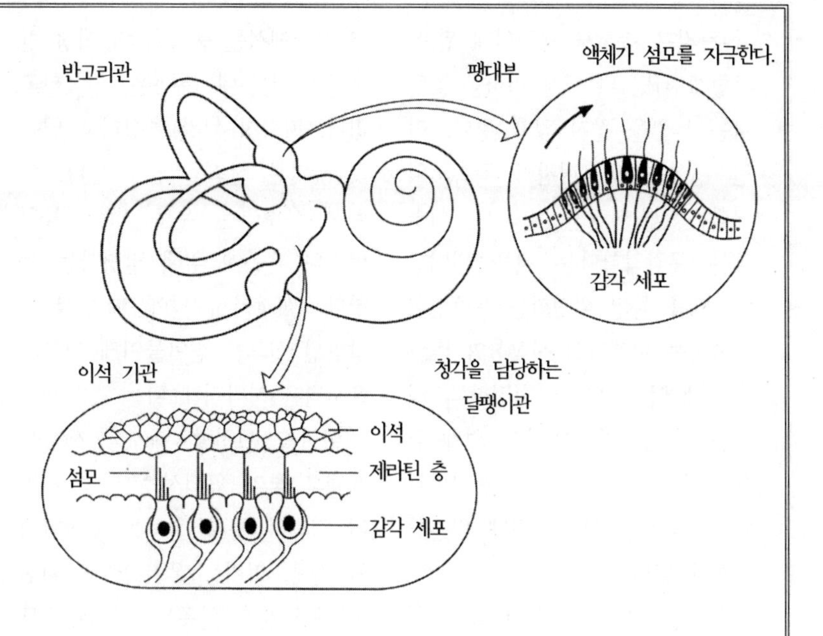

기울이거나 좌우로 흔들 때에도 모든 운동의 방향을 인식할 수 있다.

각각의 반고리관의 끝부분은 볼룩하게 확대되어 있는데 그 안에는 액체가 채워져 있고 감각 세포가 있다. 감각 세포의 섬모들은 반고리관 중심쪽으로 뻗어 있다. 액체가 벽쪽으로 이동하면 섬모가 흔들리므로 감각세포를 자극하게 된다.

머리를 돌리기 시작하는 초기에는 두개골은 움직였지만 반고리관 내부의 액체는 관성에 의해 아직 움직이지 않는다. 결과적으로 액체의 끌림에 의해 섬모가 구부러지게 되고 감각 세포를 자극하여 운동 감각을 느끼게 한다. 머리를 계속해서 돌리게 되면 결국 액체도 같이 움직이게 되고 두개

골과 같은 속도로 움직이게 된다. 그렇게 되면 더 이상 머리를 돌린다는 느낌을 갖지 않게 된다. 이런 현상은 반고리관이 각속도의 변화는 인식하지만 계속되는 회전에는 무감각하다는 것을 의미한다. 예를 들면 회전하는 우주선의 비행사는 비행하기 시작하여 15~30초내에는 자신이 회전하고 있다는 사실을 인식할 수가 없게 되므로 회전 감각을 결국 계기판과 눈에 보이는 주변 상황에 의존할 수밖에 없다.

회전을 멈추면 반고리관 내의 액체는 잠시 관성을 유지하여 마치 계속 움직이고 있는 듯한 느낌을 주게된다. 이것이 아마도 빙빙 돌던 비행사가 반대 방향으로 돌면 현기증 같은 느낌이 가라앉는 이유가 될 것이다. 한 쪽 방향으로 회전하다가 반대 방향으로 역회전하면 어지러움이 가라앉는 현상도 비슷한 효과일 것이다.

지상에서 머리를 위 아래로 흔들거나 한 쪽으로 기울이게 되면 중력과 운동을 감지하는 기관은 모두 자극을 받게 된다. 미세 중력 상태에서는 중력은 더 이상 반응하지 않는데 운동은 인식하고 있다. 따라서 뇌가 예상하고 있는 것과 다른 신호를 받게 된다. 따라서 우주병은 우주 비행사들의 머리의 운동에 의해 발병하는 듯하다. 시간이 지남에 따라 뇌는 상반된 신호를 받아들이게 되므로 우주병은 사라지게 되는 것이다.

머리를 회전할 때에도 세상을 제대로 보기 위해서는 전정 기관의 정보와 눈의 운동을 조정하여야 한다. 머리를 오른쪽으로 회전할 때에 눈은 왼쪽으로 같은 속도로 보상적으로 회전하여 일정한 상을 볼 수 있게 되어 있다. 전정계와 눈의 운동이 연결되어 있기 때문에 회전을 멈추었을 때에 세상이 도는 것처럼 보이게 되는 것이다.

우주 비행사들은 우주 비행시에 그들의 머리를 움직일 때 자신이 아니라 주변이 움직이는 것 같다고 보고하고 있다. 이것은 전정계와 눈의 운동이 연결되어 있음을 시사해 주고 있다.

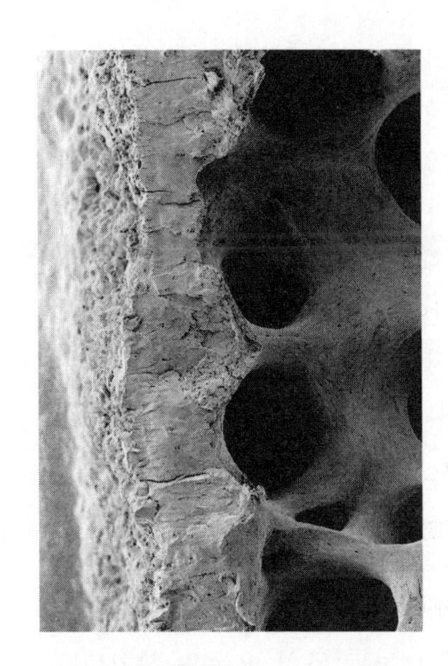
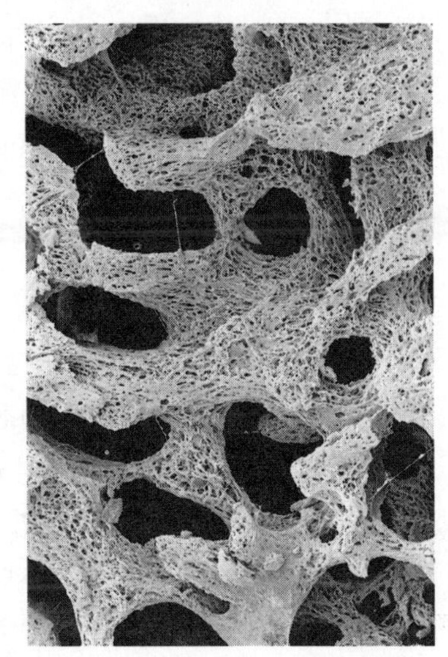

왼쪽은 정상적인 뼈이고 오른쪽은 골다공증 증상을 보이는 환자의 뼈이다. 정상적인 상태에서 뼈는 계속해서 파괴되고 또 한편 같은 비율로 재형성된다. 그런데 미세 중력 아래서는 그 균형이 깨어져서 골격이 약화된다. 비슷한 현상이 노년시에 일어나는데, 특히 폐경 이후의 여성에게서 심하다. 뼈를 만드는 조골 세포는 새로운 뼈를 만들고 파골 세포는 뼈를 파괴한다. 미세 중력 상태에서는 조골 세포의 활동이 억제되는 것 같다. 폐경 이후의 여성의 경우 여성호르몬인 에스트로겐의 결핍으로 골다공증에 걸리게되며 치료하지 않으면 뼈가 일년에 3% 씩 손실된다.

이유는 긴급 착륙시 우주선을 구조하는 활동을 할 때에 작업 능력과 관계가 있기 때문이다. 또 미세 중력 상태에서는 혈액의 양이 감소하고 지구 중력에 대항하여 심장이 펌프질을 할 필요가 없기 때문에 심장의 작업량 또한 감소하게 된다. 결과적으로 장기간 비행 후에는 심장 근육의 양도 줄어들고 심장의 크기도 줄어든다.

뼈와 근육의 감소를 방지하려면 우주 비행사들은 적어도 하루에 서너 시간 이상 운동을 해야한다. 그러나 미세 중력 상태에서 운동을 한다는 것이 쉬운 일이 아니다. 보통 스포츠 센터에서 이용할 수 있는 운동 자전거를 사용하여 바퀴를 밟아 돌리는 운동을 하기 위해서 우주 비행사들은 단단히 매달려 있어야 한다. 그렇지 않으면 달리는 동안에도 둥둥 떠다니게 될 것이기 때문이다. 통상적으로 우주 비행사들은 자신을 붙잡아 두기 위해서 탄력성 있는 끈으로 만들어진 헐렁한 멜빵을 착용하게 된다. 운동 자전거 외에 노젓기 장치도 개량하여 우주에서의 운동 기구로 사용하고 있다. 예를 들면 우주에서의 노젓기 장치는 운동의 목적이 체중 유지에 있기 때문에 굳이 앉는 좌석을 만들 필요가 없다. 근육에 힘을 주기 위해서 벽이나 책상 등 움직이지 않는 기구를 세게 밀거나 당기면서 하는 등척 운동을 하기도 한다. 지구상에서는 고무 밴드 가슴 확장기를 등척 운동 기구로 사용한다. 우주 비행사들은 또 하루에 상당 시간 동안 탄력성을 보강한 '펭귄 옷'을 착용하고 있는데 그렇게 하면 근육에 압박을 가하여 중력의 결핍을 어느 정도 극복할 수 있다.

불행하게도 오늘날까지 지상에서와 동일한 신체 조건을 유지할 수 있는 충분한 운동 방법과 골조직의 감소를 막아줄 방법을 알아내지는 못했다. 그러나 화성 여행처럼 장기간의 우주 비행에서도 우주 비행사가 건강하려면 정기적인 운동 프로그램을 개발하여야 한다. 왜냐하면 운동만이 골격과 근육의 약화를 방지할 수 있기 때문이다.

장기간 우주 비행이 신체에 미치는 영향을 연구하기 위해 신체보다 머리를 아래로 하고 누워 있게 하여 우주에서와 동일한 상태를 만들어 볼 수가 있다. 그런 방식으로 몇 년 동안 누워 있던 자원 실험자는 결국 골조직이 감소되고 근육이 약화되

우주 비행사 포울(Michael Foale)이 STS-45 임무를 수행하는 동안 운동 자전거로 운동을 하는 장면이다. 공중에 둥둥 떠다니지 않도록 폭이 넓은 멜빵을 착용하고 있다.

었으며 심장의 기능도 저하되었다. 마찬가지로 나이가 들어감에 따라 적극적으로 일하지도 않고 규칙적인 운동도 줄어들기 때문에 노년기에는 일반적으로 골조직이 감소한다. 컴퓨터 앞에 앉아서 이 책을 쓰고 있는 행위도 테니스를 하거나 정원에서 땅을 파는 것만큼 골조직에 자극을 주지는 못한다.

우주 방사선

지구 대기권 밖의 방사선은 우주 비행사들에게 많은 문제를 일으킨다. 지구상에서는 대기와 지구의 자장이 방패 역할을 하기 때문에 가시 광선과 전파를 제외하고는 적은 양의 방사선만이 지표에 도달한다. 그러나 우주에는 대기가 없으므로 우주 비행사들은 끊임없이 해로운 방사선에 노출된다. 대기권 밖에서 오는 방사선에는 은하 방사선(galactic ray), 태양 방사선(solar radiation), 올가미띠 방사선(trapped belt radiation)의 세 가지가 있다.

은하 방사선은 태양계의 외부인 은하계에서 나오며 지구의 대기권에 계속적으로 방출된다. 이 방사선은 대부분 초신성의 폭발에서 생겨나거나 은하계내의 다른 별들로부터도 방출된다. 이 방사선은 주로 헬륨의 핵과 수소의 핵으로 구성되어 있고 높은 에너지를 가지고 있다. 이 1차 입자들이 지구 대기권의 상층을 때리게 되면 기체 원자핵과 충돌하여 2차 입자의 소나기를 만들어 낸다. 2차 입자 소나기는 양성자, 중성자, 전자, 중간자, 파이온, 그리고 중성 미자로 구성되어 있다. 따라서 1차 은하 방사선은 대기권으로 침투하지 못하며 2차 입자의 일부분만이 지표에 도달한다. 그러나 우주에서는 우주 비행사들이 은하 방사선에 피폭되므로 우주선에 차폐 시설을 해야만 한다.

태양은 고도로 전하를 띤 이온화 입자를 대량으로 끊임 없이 방출한다. 이 입자는 주로 양성자와 전자로 구성되어 있고 초당 대략 450km의 속도로 태양 중심으로부터 방사상으로 퍼져 나간다. 조용한 상태에서 이 태양풍은 지구에 도착할 때까지 입자의 밀도는 평균 1 cm^3 당 다섯 개이다. 그러나 때때로 대량의 입자가 행성과 행성 사이로 격렬하게 나가면서 태양의 표면에서 거대한 화염이 분출된다. 불과 몇 초 사이에 발생하는 이때의 힘은 10 억톤의 입자의 힘에 해당할 정도로 방대하다. 그러한 태양풍이 불어치는 동안 지구에 도달하는 방사선의 양은 엄청나게 증가한다. 태양풍은 지구의 태풍과 같이 정확하게 예측하기가 어렵다. 그러나 태양 화염의 활동은 대략 11년 주기로 변화를 보이며 2001년에 다시 한번 최고도에 달할 것이다.

지구의 자기장은 행성 주위의 구름 속에 있는 전하를 띤 입자를 빨아들임으로 우주 방사선을 막아 준다. 주로 고에너지의 양성자와 전자로 구성된 엄청난 수의 입자들은 내방사선띠(inner radiation belt)와 외방사선띠(outer radiation belt)로 불리는 지구 주위의 두 층에 집중되어 있다. 내외 방사선띠는 1958년 밴 앨린(James Van Allen)과 그의 제자들이 발견하였다. 각 띠는 속이 빈 도넛 모양의 환상면을 이루고 있다. 지구에서 가장 가까운 내방사선띠는 지표로부터 약 300km 상공이며 외방사선띠는 45,000km 상공으로서 달까지 거리의 1/6에 해당한다.

밴 앨린 띠에서 전하를 띤 입자들이 잡히는 이유를 이해하기 위해서는 양쪽 끝이 북극과 남극인 막대 자석을 지구라고 생각하는 것이 도움이 된다. 힘의 선이 자석의 한 쪽으로부터 다른 한 쪽으로 흐른다. 이런 현상이 눈에 보이지는 않지만 철사

태양풍과 태양 화염은 우주 비행사와 위성에 미치는 영향보다는 훨씬 더 큰 폭으로 지구에 영향을 미친다. 태양 화염에서 방출되는 전하를 띤 입자들이 극지방에 도달하면 대기중의 원자들을 들뜨게하여 찬란한 빛의 장관을 이루는 오로라를 창조해낸다. 이 부드러운 빛의 커튼은 보통 녹황색을 띠고 있지만 때로는 밝은 자주 빛이나 보라 빛 혹은 푸른 색으로 나타나기도 한다. 태양 입자들과 원자가 충돌하여 이렇게 아름다운 색깔을 만들어낸다. 산소 원자가 들뜨면 초록색이, 흥분한 질소 원자로부터는 붉은 색이 나온다.

줄을 이용하면 볼 수가 있게 된다. 자기 입자를 가진 어떤 세균과 동물들은 감지가 가능하다. 우주 방사선이 지구의 자기장선을 때려주면 전하를 띤 입자는 가로지를 수가 없다. 대신에 극에 이끌려서 원을 그리든지 선회하게 된다. 극에서는 어떤 입자들은 사라지고 지구 대기에 빨려 들어간다. 그러나 대부분은 반사되어 되돌아간다. 이 끝없는 양성자의 광란의 춤이 밴 앨린 띠를 만들어 낸다.

우주에서 방사선량의 수준은 보통 낮은 편이지만 그래도 장기간 노출되면 유전 물질인 DNA에 손상을 입힐 수도 있고 암의 발병 위험이 증가하며, 만약 정자나 난자 같은 생식 세포가 직접 손상을 입게 되면 불임이 되거나 우주 비행사들의 자녀들에게서 유전적 이상이 나타날 수 있다. 고강도 방사선의 특징을 가진 태양 화염은 상피 세포를 죽이기 때문에 좀더 직접적인 영향을 미친다. 중추 신경계가 손상되면 몇 시간 내에 죽게되고, 백혈구나 식도벽을 이루고 있는 빠르게 분열하는 세포가 파괴되면 몇 일 내에 죽는 수도 있다. 만약 우주 비행사들이 태양 화염의 최고 강도에 그대로 노출된다면 급성 방사선병으로 수 시간 내에 죽고 말 것이다. 또 태양 입자 방출이 여러 시간 혹은 몇 일 동안 계속되면 낮은 강도의 방사선이 계속 축적되어 특정한 효과를 나타낼 것이다. 그러나 다행히도 태양 화염은 매우 드물게 일어나는 현상이다.

우주 방사선을 측정하기 위해서는 특수한 장비가 필요하지만 어떤 경우에는 인간의 눈으로 직접 볼 수가 있다. 앨드린과 암스트롱은 달 여행을 하는 동안 이상한 흰 별 같은 화염을 보았다고 술회하고 있다. 후기 아폴로 임무에서 우주 비행사들은 달을 향한 비행시에 눈을 감은 상태에서 비슷한 밝은 불꽃과 짧은 광선을 관찰하였다고 보고하였다. 그러한 섬광은 1분당 한두 번 꼴로 감지되었다. 우주 비행사들은 우주선의 벽을 통과한 은하 방사선이 눈으로 들어왔다고 믿었다. 왜냐하면 자원 실험자들에게 인공 입자 광선을 조사하면 이들이 비슷한 섬광을 볼 수 있었기 때문이다. 어떤 우주왕복선 승무원들은 특히 남대서양 아노말리에서 이 섬광을 자주 볼 수 있고 극지방에서는 드물게 보았다고 보고하였다. 이것은 아마도 올가미띠 방사선에 의한 것으로 추정된다. 이온화 방사선에 의해 시각계가 자극이 되는지에 대해서는 명확히 알 수 없지만 전하를 띤 입자가 직접 망막을

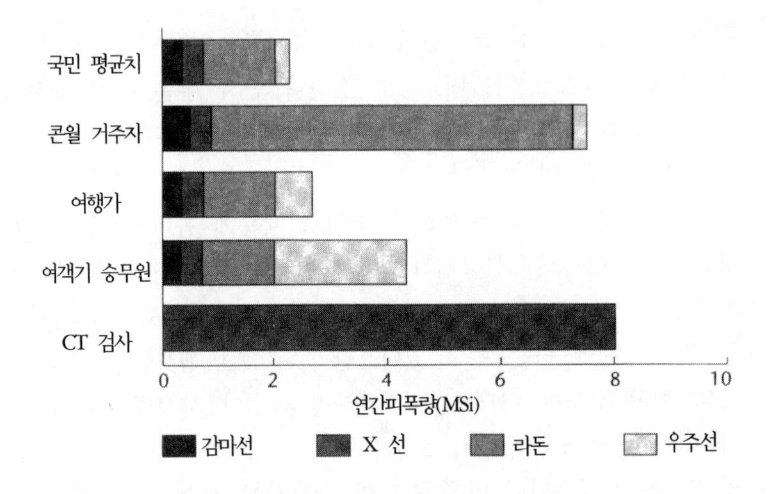

영국 국민의 연간 방사선 종류별 피폭량. 콘월 지역에는 화강암이 많이 분포되어 있어서 이로부터 라돈 기체가 방출되어 실내에서도 높은 수준의 방사선이 측정된다. 따라서 거주자들의 피폭량은 다른 지역보다 높다. 런던 거주자가 콘월에서 일주일을 지내게 되면 뉴욕으로 한 번 비행하는 것보다 더 많은 방사선에 노출되는 셈이 된다. 콘월 이외의 다른 지역에서도 의미 있는 선량의 라돈이 측정된다.

자극할 것이라는 것이 공통적인 생각이다.

은하 방사선과 태양 입자는 고에너지 상태이어서 우주선내에서 이것을 방어한다는 것은 어려운 일이다. 최고 강도의 태양 화염으로부터 안전하려면 적어도 10~15 g/cm² 의 알루미늄 방호벽이 필요하고 노출 시간이 길어지면 더 두터운 방호벽이 있어야할 것이다. 우주 비행시의 중량 제한 때문에 실제로 그렇게 무거운 방호벽을 사용할 수가 없기 때문에 승무원들이 우주 방사선에 피폭되는 것을 피할 수가 없다. 모든 우주 비행사들은 피폭된 방사선의 양을 측정하기 위해 방사선 측정기를 착용한다. 지금까지의 자료를 보면 우주 여행을 한 승무원들의 피폭량은 대체로 허용 한도를 넘지 않는 것으로 알려졌다. 그러나 장기 우주 비행사들은 피폭량이 염려할 만한 수준에 이르기도 하였다. 예를 들면 아폴로 임무를 수행한 우주 비행사는 2주 이하의 비행을 하였는데, 단지 6 그레이(Gray)만 피폭되었고, 반면에 스카이랩4호의 승무원들은 84일 동안 비행하였는데 77 그레이였다. 어떤 러시아의 장기 우주 비행사는 비행 기간에 비해서 피폭량이 높게 나타났다. 그 중에 어떤 사람들은 암에 걸리기도 하였는데 물론 우주 비행의 결과라고만 단정할 수는 없다. 우주 방사선이 위험한 결과를 초래할 수 있기 때문에 장기간의 우주 여행에는 나이가 많은 비행사를 선택하기도 한다.

콩코드 같은 초음속 비행기는 지구 대기권의 제일 높은 부분을 비행하는데 우주 방사선으로부터 방어가 되지 않아서 승객과 승무원들은 시간당 평균 10 µSv(cmicroSievert)의 피폭을 당한다. 런던에서 뉴욕까지 비행하는 동안에는 35 µSv의 방사선량이 축적될 것이다. 일반적으로 방사선의 년간 최대 허용치는 1mSv(1000 µSv)이며 이것은 런던과 뉴욕을 14번 왕복하는 것에 해당한다. 그러나 전문직에 종사하는 사람들의 허용치는 좀 더 높게 잡는다. 즉 연간 20mSv이며 이는 1주일에 런던과 뉴욕을 5 번 왕복하는 사람이 피폭될 수 있는 양이며 이런 사람은 그렇게 많지는 않을 것이다. 실제로 콩코드를 자주 타는 사람일지라도 일년에 7mSv 정도 축적이 된다.

그러나 때때로 변덕스런 태양 폭풍이 일면 방사선량이 급속히 증가하여 시간당 25mSv에 도달한다. 그런 현상에 대처하기 위해서 콩코드는 방사선 경고 장치를 설치하여 중성자와 이온화 방사선을 감지하고, 승객실과 조종실을 연결하여 관찰할 수 있게 되어있다. 방사선 수준이 시간당 0.5mSv 이상이 되면 방사선량을 감소시키기위해 비행 고도를 낮춘다. 콩코드기가 20년 이상 운행되었지만 한 번도 고도를 낮추어 방사선 피폭량을 조절할 필요가 생긴 적은 없었다.

대부분의 여객기가 순항하는 고도인 10,400m에서 우주 방사선의 수준은 콩코드와 초음속 군용기의 절반 수준이다. 그러나 비행 시간이 길기 때문에 전체 피폭량은 거의 같다. 결과적으로 보통의 여객기를 타든 콩코드를 이용하든 피폭량은 동일하다. 재미있는 것은 보통의 여객기에는 방사선 측정기가 없다는 사실이며, 아마도 위험성이 낮다고 생각해서일 것이다. 더구나 오늘날에는 태양 화염을 예측하여 최강도의 화염이 지구에 도달하기 전에 충분히 비행기에 경고해 줄 수 있게 되었다. 태양 폭풍이 발생한지 이틀이면 태양 입자가 지구에 도달하게 된다. 태양 폭풍을 예보하는데 어려운 점은 그 경로를 예측할 수가 없다는 것이고 또 대부분의 태양 폭풍이 지구를 비켜 가버린다. 그래서 우주 기상 캐스터는 꼭 예보를 해야되는지 망설이게 되는 것이다.

우주 비행사와 여객기 승무원이 보통 사람들보다 우주 방사선에 많이 노출된다는 사실은 논쟁의 여지가 없다. 그런 사람들의 발암 위험율이 높은가하는 점이 최근 연구의 쟁점이 되고 있다. 그러나 비행기 여행의 장점에 비한다면 위험성은 극히 적다는 사실이 명확해진다. 모든 것은 전체적인 맥락에서 판단해야할 것이다. 고도가 3,900m인 볼리비아의 라 파즈 지방은 백만 명이 거주하고 있는데 연간 피폭되는 우주 방사선량이 2mSv이며 이것은 대륙간을 비행하는 승무원들의 피폭량과 동일하다. 영국의 남서부 콘월 지역에 거주하는 사람들은 화강암으로부터 방출되는 자연방사선 때문에 연간 7mSv의 방사선을 누적적으로 받으면서 살고 있다. 여객기 여승무원이 임신하게 되면 태아에 대한 방사선 피폭의 공포 때문에 탑승을 제한 받지만 콘월주에 살고 있는 임신부는 자연 방사선을 피할 수 없다는 사실을 생각해볼 필요가 있다.

우주로의 여행

구 소련의 레오노프(Aleksei Arkhipovich Leonov)는 1965년 3월 18일 우주선 밖에서 12분을 보냄으로써 우주복만 입고 우주에 몸을 내맡겼던 최초의 인간이다. 몇 개월 후 미국의 화이트 2세(Edward White Ⅱ)도 우주 유영에 성공하였다. 오늘날 각국의 우주 비행사들이 우주에서, 그리고 달 위에서 보낸 시간은 수천 시간에 달한다. 우주 유영을 해 본 사람들은 한결같이 무한한 공간, 칠흑 같은 어둠 속에서 밝게 빛나는 지구의 가장자리를 바라보며 우주를 떠다니는 기분을 어디에도 비할 수 없을 정도로 짜릿하다고 말한다. 그 기분을 말로는 표현할 수 없을 테지만, 우주 비행이 가능해지기 훨씬 전에 쓰여진 다음의 시에서 우주 비행사 써넌(Gene Cernan)은 그 기분을 다시 한번 음미할 수 있었다고 한다.

> 아! 지구의 무서운 굴레에서 벗어났네.
> 기분 좋은 날개를 달고 하늘에서 춤추네.
> 태양을 향해 날아오르며
> 빙빙 돌고 튀어 오르고 흔들거리네.
> 조용히 들뜬 마음으로 아무도 밟아보지 못한 처녀림의 순결을 지나치며
> 나는 가만히 손을 내밀어 신의 얼굴을 어루만지네.

우주 공간은 마찰력이 존재하지 않아 작은 충격으로도 우주 미아가 될 수 있기 때문에 우주 유영은 실제로는 아주 위험하다. 그래서 우주복에는 우주선과 생명줄로 연결되어 있을 뿐만 아니라 진공에서 움직일 수 있도록 작은 추진 장치도 달려 있다.

우주복은 미국의 포트스(Wiley Post)와 같은 초기의 비행사들이 입던 고공 비행용 여압복(pressure suit)으로부터 발전하였다. 과거의 비행기 조종석은 고압에 견디지 못했기 때문에, 고공비행을 하기 위해서는 여압복을 입어야했다. 이것이 군용으로 개조되어 12,000 m 이상의 고도 비행을 하는 제트기용 여압복이 만들어졌다. 초기의 우주 비행사들은 우주선 내의 압력 조절 장치에 이상이 생길 경우를 대비하여 계속 우주복을 입고 여행했다고 한다. 그러나 오늘날의 우주 비행사들은 이착륙 시에만 가벼운 우주복을 입을 뿐, 궤도를 비행할 때에는 평상복을 입는다. 물론, 우주선 밖으로 나와 우주 유영을 할 때에는 우주복을 입는다.

우주복은 개인용 우주선과 같다. 우주복은 비행사의 몸을 보호해 주고 압력과 온도를 유지해 줄뿐만 아니라, 장시간의 우주 유영 시에는 식료품 저장과 노폐물 처리도 담당한다. 우주복은 고온과 저온뿐 아니라 태양의 복사열에도 견딜 수 있고 유성진(流星塵, micrometeorid) 등의 충격에도 강한 동시에 한편으로는 운동이 자유로울 수 있도록 유연해야 한다. 이 밖에도 궤도를 유지하며 우주 유영을 하기 위해서는 무게가 아주 가벼워야 하기 때문에, 이런 모든 조건을 만족시키는 우주복을 만들기란 쉽지 않은 일이다. 미국의 2인승 우주선인 제미니호와 같은 초기 우주선에서 사용하였던 우주복에는 우주선으로부터 생명줄을 통해 산소가 공급되었다. 그러나 시간이 흘러 아폴로호의 승무원들이 달 위를 거닐 때에는 독립적인 생명 유지 보조 장치가 우

가압복을 세계에서 처음으로 만들어 무리없이 고공 비행에 성공한 비행사 포스트(Wiley Post, 1899~1935). 그는 이 비행복을 1935년 3월 15일 캘리포니아에서 크리브랜드까지의 역사적인 고공 비행 때 착용하였다. 이 비행복은 세겹으로 만들어졌고, 산소가 공급되는 헬멧이 장착되어 있다. 포스트는 1933년에 세계 최초로 세계 일주 단독 비행 기록(7일 19시간)을 세운 인물이기도 하다.

주복에 부착되었다. 요즘은 미항공우주국에서 개발한 외부 활동 장치(extravehicular mobility unit, EMU)를 사용하고 있다. 이것은 우주에서 견딜 수 있도록 열 네 겹으로 만들어졌으며, 냉각수 탱크, 공기 순환 장치, 산소 탱크 등의 장치가 부착되어 있어서 우주 비행사들이 약 9 시간에서 10 시간 정도 모선을 떠나 우주에서 활동할 수 있다. 질량이 113 kg이나 되기 때문에 지구에서는 매우 무거우나 우주의 무중력에서는 무게가 전혀 나가지 않는다.

우주 정거장 미르호의 실내 압력은 지구의 대기압과 같은 수준으로 유지되어 있을 뿐 아니라, 내부 공기도 21%의 산소와 78%의 질소로 구성되어 승무원들은 지구에서와 같이 호흡할 수 있다. 그러나 EMU는 대기압의 1/3 정도의 압력으로 100% 산소를 공급한다. 순수한 산소를 공급하면 우주 비행사가 더 오래 우주에 머무를 수 있긴 하지만, 산소 독성을 막기 위해서는 압력을 낮추어야 하기 때문이다. 호흡할 때 나오는 이산화탄소는 수산화리튬으로 거르고, 그 외 미량의 불순 물질들은 활성탄으로 흡착시키며, 제습기로 수분을 제거한다. 공기는 이러한 과정을 거친 뒤 산소가 첨가되어 우주인에게 공급된다.

EMU 내의 압력은 대기의 1/3밖에 되지 않기 때문에, 착용 후 바로 우주로 나가게 되면 갑작스런 압력 저하로 우주 비행사가 고통을 겪게 된다. 급격한 감압으로 인한 고통을 흔히 잠수병이라고 하는데, 이것은 혈관과 몸의 조직 속에 있던 질소 기체가 기포로 방출되기 때문이다. 이를 피하기 위해서는 몸 속에 용해되어 있는 질소를 완전히 제거하고 산소를 공급해야 한다. 산소는 기포로 방출되기 전에 조직에 의해 빨리 소비된다. 실제로 우주 유영을 하기 전에, 비행사들은 산소 마스크를 쓰고 100% 산소로 호흡해야 한다. 질소는 산소보다 흡수가 빨라서

우주인 맥칸드리스2세(Bruce McCandless Ⅱ)가 생명줄에 의지하지 않고 우주 유영을 하고 있다. 그는 질소 가스를 동력으로 하는 수동식 소형 우주 유영선(manned manoeuvring unit)을 타고 우주 유영을 무사히 마쳤다. 우주선 챌린저호의 모습이 우주인의 헬멧 창에 투영되어 있다.

공기 중에 질소가 아주 조금만 있어도 산소를 밀어내기 때문에, 산소 호흡으로 질소를 제거한 후 EMU를 착용하는 과정은 매우 번거롭다. 질소 제거용 산소 탱크를 EMU 장비와 교체하는 과정 동안 숨을 참아야만 질소를 완전히 제거할 수 있다. 이를 위해서 우주 유영 전에 기내 압력을 낮추고 공기 중산소 비율을 높인다. 그럼으로써 질소가 재흡수될 확률을 낮출 수 있을 뿐 아니라 질소 제거에 걸리는 시간 또한 단축시킬 수 있다. 우주 유영 하루 전부터 기내 감압을 했을 경우 질소를 제거하는데 30분밖에 걸리지 않는 반면, 그렇지 않을 경우에는 4시간 이상이 걸린다.

우주복의 또 다른 기능은 우주선과 마찬가지로 우주 공간의 극단적인 온도 변화로부터 비행사를 보호하는 것이다. 실제로 우주 공간은 태양빛을 흡수하는 대기층이 없어 태양빛이 닿는 쪽과 반대편의 온도가 각각 약 120℃ 정도의 고온과 －100℃ 정도의 극저온을 나타낸다. 이는 불가마와 냉동실을 왔다갔다하는 것과 같다. 또한 체열과 땀을 우주복 밖으로 방출시킬 수 없기 때문에, 우주복 내의 온도가 더욱 높아질 수 있다. 실제로 제미니호의 승무원들은 우주복 내의 온도 상승으로 어려움을 겪었다. 그러나 그 후 개량된 우주복에는 냉각수 순환 장치가 부착되었다. 우주복 속에 입는 옷에는 아주 가는 관이 들어있고 그 관을 통해 우주복 뒤에 부착된 냉각수 탱크에서 계속해서 냉각수를 흐르게 한 것이다. 오늘날 사용하는 EMU에도 그와 유사한 냉각 장치가 장착되어 있다.

그리고, 우주복은 착용 후 활동이 자유로워야 한다. 위에서 설명한 모든 기능을 갖추면서 활동도 자유로운 장비를 만드는 것은 쉬운 일이 아니다. 팔을 구부리기 위해서는 우주복의 관절 부위가 유연해야 하지만, 우주복 내의 압력 때문에 잘 구부려지지 않을 뿐 아니라 외부의 진공 상태에 견디기 위해서는 관절 부분도 금속으로 보호해야 하기 때문이다. 그래서 우주복에는 주요한 관절 부분에 마치 곤충류의 외골격과 같은 연결 장치가 있다. 예를 들어 하체 부위에서 허리, 엉덩이, 무릎, 발목 등에 딱정벌레의 껍질과 같은 연결 장치가 부착되어 있다. 그럼에도 불구하고 우주복을 입고 움직일 때에는 체력 소모가 매우 크기 때문에, 우주 비행사들은 강도 높은 훈련을 받는다. 또한, 우주 궤도에서의 무중력 상태에서는 체액이 다리에서부터 가슴으로 쏠리기 때문에 사람의 키가 커지는 동시에 가슴과 머리가 부풀고 허벅지가 수축한다. 우주복을 만들 때에는 이러한 점도 고려해야 한다. 초기의 우주 비행사들은 갑자기 우주복이 작아지는 느낌을 가졌었다고 한다.

귀환

우주 여행에서 가장 위험한 과정은 대기권을 돌입하여 지구에 착륙하는 동안이다. 케네디 대통령이 인간이 달에 착륙하는 것만큼 무사히 지구로 귀환하는 것도 중요하다고 말한 것에서도 이 점을 확인할 수 있다. 귀환하는 우주 비행사들은 육체적 정신적 난관에 처하게 된다. 가장 큰 문제는 우주선과 대기의 마찰에 의해 발생하는 고열이다. 우주선은 엄청난 속력으로 대기권을 진입하기 때문에, 우주선 주위의 대기에 존재하는 원자에서 전자가 분리되어 이온화된 원자들이 부분적으로 주황색의 플라즈마를 형성한다. 이 때 온도가 1,650℃까지 상승하기 때문에 우주선과 비행사가 안전하기 위해서는 우주선 표면에 열차단 장치를 설치하여야 한다. 게다가 대기 상층부는 연속적이지 않고 물결과 같이 골이 져 있기 때문에, 우주선이 대기의 골과 골 사이에서 흔들려 심하게 진동할 수 있다.

특히 우주에 오래 머물렀던 우주 비행사는 귀환할 때 더 큰 위험을 겪는다. 이는 우주선이 대기권을 통과하면서 감속을 함에 따라 중력이 증가하기 때문이다. 초창기의 우주선에서는 이 때 중력이 지구 중력의 6배까지 상승했었지만, 오늘날의 우주선에서는 약 1.2배 정도만 상승할 뿐이다. 그러나 이런 미세한 중력의 상승도 우주 비행사에게는 매우 위험하다. 우주선이 대기권을 돌파하는 각도 때문에, 중력이 발끝으로 작용하여 피가 발에 쏠리게 되고 이런 상태가 20분 가량 지속된다. 우주에 오래 머물렀던 우주 비행사들은 무중력 상태에 적응되어 있기 때문에 이것은 치명적일 수 있다. 혈압이 급격히 떨어져서 현기증을 느끼다가 착륙 순간에는 순간적으로 기절하게 된다. 미르 우주정거장에 5개월 동안 머물렀던 영국의 우주 비행사 포울(Michael Foul)은 귀환시 우주선의 진행 방향과 수직으로 누워서 착륙함으로써 중력이 가슴에서 등쪽으로 작용하게 했다. 이러한 방법 외에 공군 조종사들이 사용하는 반중력 바지(antigravity trouser)를 사용해서 몸에 인위적으로 압력을 가해 혈액 순환을 돕는 방법을 사용하기도 한다.

착륙

착륙 후에도 모든 우주 비행사들은 갑자기 일어나면 기절하게 된다. 이러한 현상을 기립성 실신(orthostatic intolerance)이라고 하는데, 무중력 상태에 적응된 심혈관계가 지구의 중력에 적응하지 못한 결과 때문에 발생한다. 무중력 상태에서는 체액이 상승하게 되고, 몸은 이에 적응하기 위하여 체액을 줄이고 줄어든 체액을 몸 전체로 재분배하는데 이러한 상태는 지구에 도착한 후에도 지속된다. 누워 있을 때에는 이상이 없지만, 일어나려 할 때 혈액이 원활하게 뇌로 공급되지 못하기 때문에 의식을 잃게 되는 것이다. 이러한 이유로, 구 소련의 우주선 소유즈 21호의 승무원들은 착륙 후 몇 시간 동안이나 일어나지 못했다. 기립성 실신 현상은 착륙 후 약 5시간 정도 지속된 뒤 점차 약해져서 단기간의 우주 여행 후에는 착륙 후 약 3일에서 14일 후면 완전히 사라진다. 그러나 장기간의 우주 여행 후의 경우에는 이보다 더 오래 걸린다.

우주 비행사들이 착륙 후에 기립성 실신 현상을 겪는 이유는 우주 여행으로 혈액의 부피가 감소되고 다리에 있는 혈관들이 정상적으로 수축하지 못하여 지구의 중력에서는 혈액이 다리 쪽으로 과다하게 쏠리기 때문이다. 이 밖에도 혈압을 통제하는 신경계에도 이상이 생기기 때문인 것으로 생각된다. 저혈압인 사람들도 자리에서 갑자기 일어날 때 눈앞이 흐려지면서 검은 점이 보이고 순간적으로 현기증을 느끼는 경우가 많다.

이러한 문제에 대한 해결책을 구 소련에서 가장 먼저 개발하였다. 우주 여행 도중에 일정한 간격으로 반중력 바지를 입음으로써 음압을 걸어 무중력 상태에서도 지구에서와 같이 혈액이 하체 쪽으로 몰리게 하는 동시에 궤도를 떠나 지구로 귀환하기 직전 식염수를 1ℓ 가량 마심으로써 체액을 증가시켰는데, 이러한 방법으로 지구에 도착 후에도 별다른 이상 없이 일어날 수 있었다. 그러나 소유즈 21호의 경우 승무원 한 명이 심한 두통을 호소해서 49일 동안 우주에 머무르다가 별다른 대비 없이 갑

1968년 달에서 우주인 앤더스(Bill Anders)가 찍은 지구의 모습. 앤더스는 후에 다음과 같이 술회하였다. "나는 달을 탐사했다기 보다는 지구를 재발견 했다."

작스레 지구로 돌아오게 되었다. 돌아온 우주 비행사들은 착륙 후 몇 시간 동안이나 일어나지 못했다. 궤도를 이탈하기 직전에 식염수를 마심으로써 얻을 수 있는 효과는 과학적으로 입증되어, 오늘날 미국과 러시아의 우주 비행사 모두 귀환 전에 1ℓ의 물이나 주스와 함께 소금 여섯 알을 먹는다. 이러한 방법은 단기간의 우주 여행 후 귀환하는 경우에는 큰 도움이 되지만, 우주에 장기간 머무르는 경우에는 효과가 없다.

이 밖에도, 우주에 오랫동안 머물렀던 우주 비행사들은 근육이 약화되어 작은 충격에도 큰 부상을 입는 근육 소모 증후군

(muscle warting)을 겪게 된다. 동물 실험 결과 이러한 부상은 무중력 상태 자체에 의한 것이라기보다는, 중력에 다시 노출 된 후의 운동에 의한 것이라는 것이 밝혀졌다. 대개 근육은 쉽게 회복되기 때문에 며칠 후면 무리 없이 걸을 수 있고, 몇 주 후면 약화된 근육은 원상복귀 된다. 하지만, 약화된 뼈가 원상태로 회복되기까지는 우주 여행의 기간에 따라 차이는 있지만 대개 몇 달 이상이나 걸린다.

작은 배를 타고 항해를 해본 적이 있다면, 바다에서는 심한 파도에도 쉽게 적응하지만 상륙 후 땅에서는 현기증이 나서 쉽게 걸을 수 없는 경험을 해 보았을 것이다. 이와 비슷하게, 우주 여행에서 돌아온 우주 비행사들도 지상에서 멀미와 같은 증상을 겪는다. 돌아온 우주 비행사 중 약 10% 정도가 이러한 증상을 호소했는데, 눈을 감은 채로 똑바로 서있지 못할 만큼 균형을 잡지 못했고 현기증과 구토에 시달렸다고 한다. 그리고 대부분의 비행사들은 착륙 직후 머리를 움직이면 자신은 가만히 있고 세상이 움직이는 듯한 착시 현상을 겪었다고 한다. 이것은 신체의 선형 가속을 감지하는 반고리관에서 수용체를 경유하는 신호 전달 체계가 무중력 상태에 적응하여 있기 때문인데, 지구로 돌아온 후 지구의 중력에 다시 적응하기 이전에는 계속해서 이러한 혼란을 겪게 된다. 또한, 착륙 후 이틀 정도는 똑바로 누운 채 눈을 감으면 머리가 발보다 약 30도 정도 내려간 듯한 느낌을 받는다고 한다. 멀미 현상은 몇 시간 혹은 며칠만 지나면 사라지지만, 이상이 생긴 균형 감각이 원상태로 회복될 때까지는 1~2주 가량 걸린다. 흥미롭게도 지구 중력의 6분의 1 정도 되는 달에 다녀온 우주 비행사들은 이러한 증상을 심하게 겪지는 않는다. 달에 다녀온 12명 중 3명만이 이러한 증상을 보였고, 증상의 정도 또한 매우 경미했다.

우주 여행의 쇠퇴

아폴로 15호의 달착륙선 팰콘(Falcon)이 달에 착륙했을 때, 승무원들은 달을 탐사하려다가 숨진 미국과 구 소련의 우주 비행사 14명의 이름을 새긴 비석과 '우리 곁을 떠난 추락한 우주 비행사(Fallen Astronaut)'라는 이름의 작은 인형을 남겨두었다. 누구나 알다시피 인간이 우주를 탐험하는 것은 매우 위험한 일이다. 하지만 지금까지 우주에서 죽은 사람은 없다. 모두 이륙도중, 대기권에 진입할 때, 지구에 착륙할 때의 사고로 우주선에서 죽었다. 비행기 여행과 마찬가지로 우주 여행에서도 가장 중요한 순간은 이륙과 착륙인 듯하다.

이러한 위험을 감수해가면서 인류가 우주를 탐험하려는 노력은 과연 그럴만한 가치가 있는 것일까? 우주 여행에 드는 비용은 상상을 초월할 만큼 엄청나다. 최초의 달착륙을 위한 아폴로 계획을 성공시키기 위해 미국은 1년 예산의 4.5%를 소모했다. 냉전 시대에는 이러한 지원이 가능했지만, 그 후 점차 지원이 줄다가 몇 년 후에 아폴로 계획은 조기에 종결되었다. 닉슨(Nixon) 대통령은 마지막 달착륙선인 아폴로 17호가 귀환했을 때, '이것이 금세기 마지막 달착륙이 될 것이다'라고 말해 승무원이었던 써넌(Gene Cernan)과 슈미츠(Jack Schmidt)를 놀라게 했다고 한다.

닉슨의 선언은 현실이 되어 그 후로 아직까지 달에 다녀온 사람은 없다. 2001년 현재 40세가 넘은 사람들은 인류의 달착륙이라는 꿈이 현실화되는 것을 경험했지만, 이것은 다시 꿈이 되어버렸다. 오늘날의 우주 탐사 계획은 예전보다 훨씬 미온적이다. 이제 인간이 아닌 로봇이 화성을 탐사한다. 인간을 보내는 것보다 훨씬 비용이 적게 들뿐 아니라, 인간이 살아남을 수 없는 환경에서도 로봇은 임무를 수행할 수 있기 때문이다. 그러나 필자는 인류가 달을 탐험하기를 그토록 간절히 원했듯이, 언젠가는 인간을 화성에 보낼 것임을 믿는다. 부디 생전에 현실이 되기를 바랄 뿐이다.

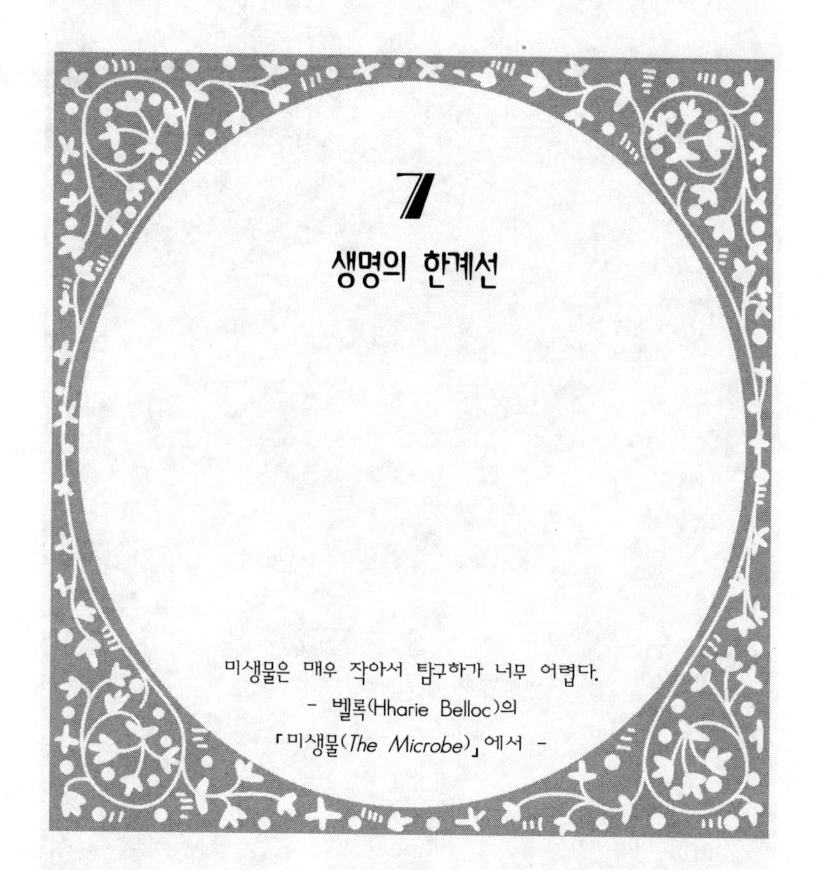

7
생명의 한계선

미생물은 매우 작아서 탐구하기 너무 어렵다.

\- 벨록(Hharie Belloc)의

「미생물(*The Microbe*)」에서 -

심해 열수구에서 솟구치는 블랙 스모커

사람이 지구를 탐험하는 곳마다 그곳에는 이미 다른 생물이 먼저 자리 잡고 있었다. 극지방, 사막, 산 정상, 대양의 깊은 곳 등 인간이 보기에는 아무리 황폐한 곳이라도 생물은 살고 있었다. 단세포 생물조차 존재하지 못할 정도로 극단적인 장소는 지구상에 별로 없으며 사람이 생존하지 못하는 극한 환경에서도 일부 동물들은 어려움 없이 살아간다. 이 장에서는 생명의 한계선을 살펴보고자 한다. 사람이 견디어 낼 수 있는 좁은 환경 범위와 다른 생물이 견딜 수 있는 훨씬 넓은 범위를 대조할 것이며 생물들이 바위 깊숙한 곳, 강염기, 강산, 또는 염성 호수, 습지, 심해 또는 끓는 진흙 웅덩이 등에서 어떻게 생존하는가를 다루게 된다.

사람과 같은 동물이 생존하기 위해서는 물, 산소 및 영양소의 공급이 필요하다. 박테리아는 산소 없이도 살 수 있고 영양원이 사람의 것과는 매우 다르나 여전히 물을 필요로 한다. 이들은 또한 탄소, 질소, 황, 인 등과 같이 DNA와 단백질 같은 생체 물질의 성분이 되는 원소들을 필요로 한다. 이러한 원소들은 지구 대부분의 장소에 존재하지만 액체인 물은 이들 원소만큼 널리 퍼져 있지 않다. 지구상에서 가장 건조한 장소로 알려진 아타카마(Atacama) 사막에서는 수년간 비가 오지 않기도 한다. 얼음은 물의 대용물이 안되므로 극지방과 산 정상의 동토 또한 사막이나 다름없다. 오랜 기간 물이 없어도 가사 상태로 생존할 수 있는 생물이 일부 있기는 하나 이들은 자라거나 생식을 하지 못한다. 이처럼 물은 생명의 필수이기에 고대의 연금술사들이 진정한 생명의 물(aqua vitae)을 열심히 찾았던 것이다.

생물의 계통수

생물은 크게 진핵생물, 박테리아 그리고 고세균으로 나눈다. 사람과 같은 진핵생물은 DNA를 수용하고 있는 핵을 지닌 세포들로 이루어져 있다. 모든 동물과 식물 그리고 많은 단세포 생물은 진핵생물이다. 박테리아와 고세균은 핵이 없는 원핵 생물이나 각자 독특한 유전자를 갖고 있다. 놀랍게도 고세균이 별개의 계통을 이루고 있다는 사실이 진화학자인 우스(Carl Woese)에 의해 1970년대 말에야 밝혀졌다. 그의 통찰력은 처음에는 널리 받아들여지지 않았으며 우스는 조국인 미국이 그의 견해를 무시한 것에 비통할 정도로 실망하였다. 그의 반대자들은 고세균은 단지 박테리아의 한 분류군에 불과하다고 주장했다. 우스의 내성적인 성격은 그의 연구를 알리는데 도움이 되지 않았으나 오늘날 그의 견해는 입증되었다. 고세균의 한 종인 메타노코쿠스(*Methanococcus*)의 완전한 게놈 서열이 1998년에 처음으로 밝혀졌을 때 그의 견해가 옳다는 것이 결정적으로 입증되었다. 왜냐하면 고세균의 유전체는 박테리아의 것과 완전히 다른 것으로 밝혀져 고세균이 진정으로 독특한 별개의 분류군임이 확인되었고, 박테리아보다는 진핵생물과 더 가까운 유연관계가 있음을 보여주었기 때문이다.

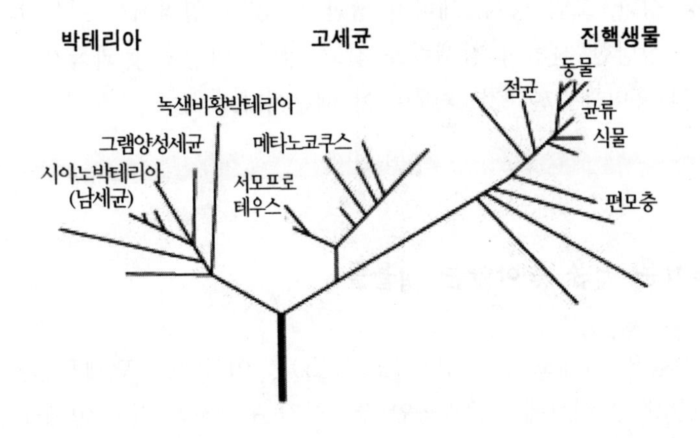

생물의 유전적 연관성을 기초로 우스(Carl Woese)가 제안한 계통수. 생물을 진핵생물, 박테리아 및 고세균 등의 3개의 주된 분류군으로 나누고 있다. 고세균과 박테리아는 1천만종 이상 존재할 것으로 추정되므로 진핵생물에 비해 종다양성이 훨씬 높다. 계통수을 따라 역추정하면 가장 오래된 생명체는 아마도 오늘날 중앙 해령의 블랙 스모커와 아이슬랜드와 뉴질랜드의 끓어오르는 화산의 뜨거운 온천에 살고 있는 고세균을 닮은 극고온성균일 것이다.

고세균과 박테리아는 극한 상황에서 진정한 승리자이다. 이들은 끓는 물, 부식성 소다 호수, 강산, 매우 짠 물, 심해와 같은 극한 압력, 암석의 깊은 곳 등에서도 잘 살아간다. 데인코쿠스 라디오듀란스(*Deinococcus radiodurans*)와 같은 박테리아는 극단적으로 높은 수준의 방사선에서도 견디어 낼 수 있다. 많은 종들이 산소나 햇빛이 없어도 황, 수소로부터 또는 돌을 부수어 에너지를 획득하면서 살 수 있으며 기름, 플라스틱, 금속, 심지어 독물질 등을 포함한 거의 모든 것을 분해할 수 있다. 이러한 미생물은 환경 정화, 오염 방지, 에너지 생산 및 기타 영역에서 이용할 수 있는 상당한 산업적 잠재력을 갖고 있다. 미생물이 과학자와 기업가의 흥미를 끄는 것도 바로 이 때문이다.

뜨거운 것을 좋아하는 생물들

대부분의 다세포 동물이나 식물이 50℃ 이상에서, 단세포 진핵생물은 60℃ 이상에서 오랫동안 생존하지 못하지만 일부 고세균과 박테리아는 끓는 점 가까운 온도에서도 견딘다. 고온성균은 50℃에서, 초고온성균은 80℃ 이상에서도 산다. 이들은 아이슬랜드의 온천, 옐로우스톤 국립 공원, 심해의 블랙 스모커로 알려진 화산 분출구 등과 같이 지열 활동이 높은 지역에서 살고 있다. 현재까지 발견된 것 중 가장 내열성이 있는 종은 피롤로부스 휴마리(*Pyrolobus fumarii*)로 113℃나 되는 블랙 스모커의 굴뚝벽에서 살며 온도가 90℃ 이하로 떨어지면 너무 춥다고 여기고 생장을 멈춘다. 생물이 살 수 있는 상한 온도를 정확히 모르지만 대부분의 과학자들은 약 120℃ 근처일 것이라고 추측하고 있다.

블랙 스모커는 1977년 우즈홀해양연구소의 과학자들이 에쿠아도르 연안에서 처음 발견하였다. 잠수정 알빈(Alvin)호를 타고 약 2,500m 깊이에서 심해를 따라 미끄러져 내려가다가 어느 해저 능선에 도달하였을 때 놀라운 광경이 그들의 눈에 펼쳐졌다. 마치 불칸(불과 대장장이의 신)과 넵튠(바다의 신)이 합작으로 바다 속에 악마의 산업 콤비나트를 창조한 것처럼 자욱한 검은 연기가 해저 굴뚝으로부터 밀려나오고 있었다. 이와 같은 심해에는 생물이 희박하다는 것이 과학자들에게는 상식이었는데 놀랍게도 이곳은 매우 많은 생물들로 가득 찬 생명의 오아시스였다.

블랙 스모커에 접근하는 것은 위험할 수 있다. 처음에 과학자들이 굴뚝으로부터 분출되어 나오는 물속으로 온도 탐침을 넣었을 때 이 기구가 갑자기 작동을 하지 않았다. 탐침이 수초 내에 녹아버렸던 것이다. 문제의 원인을 알게 되자 잠수정 자체에 대하여 우려하게 되었다. 왜냐하면 잠수함의 플렉시글라스 창은 90℃만 되어도 내구력을 잃게 되기 때문이다. 이러한 우려가 현실로 나타나기도 하였다. 잠수정이 블랙 스모커를 탐사하고 돌아올 때 가끔 외부의 섬유 유리가 검게 그을리기도 하였던 것이다.

블랙 스모커는 수중의 간헐 온천과 같아 대양저에 있는 화산 분출구로부터 광물이 섞인 매우 뜨거운 물을 토해낸다. 중앙 해령의 능선에는 지구의 핵에서 표면으로 뜨거운 마그마가 분출되며 지각의 구조판을 밀어내고 식으면서 새로운 대양저를 형성한다. 찬 해수가 해저에 있는 틈새로 스며들어가 아래로 가라앉으면서 뜨거운 마그마에 의해 가열된다. 물은 내려감에 따라 점차 뜨거워지나 엄청난 압력 때문에 끓지는 않는다. 결국 과열된 바닷물은 광물과 금속 황화물을 머금고 다시 표면으로 솟구쳐 나와 심해의 분출구로부터 350℃ 이상의 온도로 가열된 열수를 분출한다. 이 열수가 찬 해수와 부딪히자마자 녹아있던 금속과 광물들은 침전되고 심해 위 100~300 m에 자욱한 검은 기둥을 형성하고 뒤이어 굳어져서 높이 5 m 정도의 암석 굴뚝을 만든다. 가장 높은 것은 골리앗이라고 알려진 것으로 6.8 m나 된다.

블랙 스모커 주위의 물에는 분출구에서 내뿜어져 나오는 황화합물과 광물을 먹고 자라는 고세균이 풍부하다. 얼마나 많은지 눈처럼 보여 '덩어리(flock)'라고도 알려져 있을 정도로 이러한 화학 합성 생물은 구름처럼 분출구를 에워싼다. 이 고세균을 먹고 사는 관벌레(tube worm)의 군체는 따뜻한 해류에서 해초와 같은 촉수를 흔든다. 어떤 것은 작고 섬세하며 돌기들로 에워싸인 빛바랜 껍질을 갖고 있으며 어떤 것은 길이가 4m까지 자란다. 열에 가장 강한 내성을 갖고 있는 폼페이충(Pompeii worm)은 블랙 스모커 측면에 붙어 있는 관속에서 산다. 폼페이충의 머리는 비교적 쾌적한 20℃의 물에 드러나 있는 반면 꼬리는 타는 듯한 80℃의 온도에 드러나 있다. 수천 마리의 새우가 분출구에 떼지어 있으며 열구배를 따라서 줄서기를 한다. 스모커에 너무 가까우면 너무 뜨겁고 너무 멀면 얼거나 굶어서 죽는다. 말미잘, 가냘픈 다리를 가진 게 및 커다란 조개들이 해저를 장식한다. 미생물 매트는 눈처럼 홍합의 표면을 덮고, 물고기는 굴뚝 사이에서 먹이를 잡아먹는다. 씨가 익어가는 서양민들레 꽃과 같이 생긴 이상하고 아름다운 오렌지색 동물이 긴 필라멘트를 끌고 지나간다. 이것은 물론 꽃이 아니고 자포동물의 일종인 해파리의 군체이다.

이와 같은 깊이에는 빛이 들어오지 않기 때문에 모든 생명은 궁극적으로 고세균과 박테리아의 화학합성 능력에 의존한다. 이들은 연료인 황화수소를 물과 황으로 산화시켜 이 에너지로 생명에 필요한 모든 물질을 합성해 낸다. 일부 동물이 직접 고세균을 잡아먹는 반면 어떤 종들은 고세균과 보다 가까운 관계를 형성하면서 공존한다. 가장 두드러진 것 중 하나는 관벌레인 리프티아 파키프틸리아(*Riftia pachyptilia*)인데 이것은 어린이 팔만한 두께의 부드럽고 하얀 원통형 몸을 지니고 있고 끝에는 심홍색의 아가미가 있다. 보통 동물과는 달리 먹이를 직접 섭취하지 않고 에너지를 화학 합성하는 박테리아와 공생 관계를 유지함으로써 에너지를 획득하기 때문에 소화관이나 배설계가 없다. 관벌레 몸의 내부는 영양원형체(trophosome) 즉 먹이 주머니로 알려진 구조로 채워져 있다. 수천 마리의 황박테리아가 각 세포의 영양원형체에서 공생하면서 관벌레에 영양을 공급한다. 관벌레의 밝은 빛의 아가미 기둥은 주위의 물에서 산소와 황화수소를 추출한다. 이들은 관벌레의 순환계에 있는 특수한 헤모글로빈과 결합하여 벌레의 화학 합성 공생자에게 운반된다. 박테리아는 산소를 이용하여 황화수소를 물과 황으로 분리하고 이 과정에서 에너지를 내 놓는다. 황은 남아서 단단한 노란색의 침전물이 되어 관벌레의 몸에 일생 동안 축적된다. 이 에너지로 박테리아는 무기 화합물을 아미노산이나 탄수화물과 같은 영양소로 전환시키고 이 영양소를 숙주와 공유하게 된다.

최초의 고온성 세균은 와이오밍주에 있는 옐로우스톤 국립공원의 온천에서 발견되었다. 옐로우스톤은 초현실적인 아름다움을 갖춘 불과 물의 세계이다. 수백 개의 온천과 끓어오르는 웅덩이들 주위에 점착성의 연분홍색과 자주색의 미생물 매트가 동심원적으로 둘러싸여 있어 황홀한 경관을 만든다. 간헐천의 거대한 물기둥이 땅을 진동하며 하늘로 치솟는다. 증기가 성난 용처럼 땅의 균열로부터 쉭소리를 내며 뿜어 나온다. 부글부글 거품이 이는 웅덩이와 끓어오르는 진흙 단지에서는 깊고 낮은 태고의 진동이 울린다. 표면을 덮고 있는 고세균과 박테리아로 염색된 무지개 색의 바위 위로 물이 폭포처럼 떨어진다. 공기에는 황화수소가 섞여 있어 썩은 달걀 냄새가 난다. 과열된 웅덩이는 델 정도로 뜨거우나 불가사의하게도 그곳에 생물이 번성하고 있다. 막대기로 물을 저으면 열을 좋아하는 고세균과 박테리아로 이루어진 검고 끈적한 점액질이 물엿처럼 달려나온다.

브록(Thomas Brock)과 그의 부인인 루이스(Louise)는 이러한 끓는 물에서 생명의 존재 여부를 처음으로 조사하였다. 1965년 여름에 그들은 옐로스톤에서 일하면서 휴가를 보냈는데 산성

옐로우스톤 국립공원의 뜨거운 유황 웅덩이

이며 황이 풍부한 뜨거운 웅덩이의 바닥에서 초고온성 생물을 처음으로 분리하였다. 이 세균은 60~95℃ 사이의 온도를 좋아하는 설포로부스 아시도칼다리우스(*Sulpholobus acidocaldarius*)라는 박테리아였다. 그외에 그들이 발견한 것으로는 생물공학의 스타가 될 운명을 지닌 써모필루스 아쿠아티쿠스(*Thermophilus aquaticus*)였다. 브록 부부의 발견으로 초고온성균의 연구가 시작되었고 미생물 산업의 새로운 장이 열렸다.

브록이 설포로부스를 처음 분리하였을 당시의 생물학적 정설은 50℃ 이상에서는 어느 생물도 살지 못한다는 것이었다. 이전에는 아무도 그와 같은 극한 환경에서 생명체를 찾아보고자 생각하지 않았기 때문일 것이다. 브록이 성공하게 된 비결은 수집한 박테리아를 그 박테리아가 살고 있는 자연환경과 같은 높은 온도에서 배양했기 때문이다. 통찰력이 없었다면 박테리아가 보다 잘 자랄 것이라는 잘못된 믿음을 갖고 아마도 낮은 온도에서 배양하려고 했을 것이다.

다세포 동물은 고온성 고세균과 박테리아와 같은 열 내성이 없다. 다세포 동물의 열내성 기록 보유자 중 하나는 블랙 스모커의 벽에 단단히 붙어 살고 있으며 머리와 꼬리까지 20~80℃의 온도 구배를 견뎌내고 있는 폼페이충이다. 다른 것으로는 사하라 사막의 은개미로 이 개미는 55℃에 가까운 대기 온도에서 잠시동안 먹이를 찾아다닐 수 있는데 몸을 냉각시키기 위해 즉시 땅 밑으로 철수해야 한다.

열내성을 지닌 생물은 뜨거운 곳에는 다른 경쟁 생물이 접근하지 못하므로 진화하였다. 일부 동물은 열내성의 특성을 포식자를 막는 무기로도 사용한다. 일본꿀벌(*Apis cerana japonica*)은 온도에 민감한 천적인 장수말벌(*Vespa mandarinia japonica*)에 대항하는 방어 수단으로 체온을 이용한다. 일본꿀벌은 공격을 받으면 수백 마리가 떼를 지어 침입자를 공격한다. 천적인 장수말벌을 수백 마리가 에워싸면 중심 온도는 48℃까지 빠르게 올라가는데 이 온도는 장수말벌에게는 치명적이나 꿀벌에게는 그렇지 않다. 아주 간단하게 침입자를 쪄죽인다.

대부분의 세포는 50℃ 이상의 온도에서 죽는다. 왜냐하면 단백질은 열에 약하기 때문이다. 단백질이 열에 노출되어 분자의 진동이 일어나면 이들은 흔들려서 분리되므로 3차 구조가 풀리고 활성을 잃게 된다. 구조 단백질은 분해되고 효소 단백질들은 생화학적 반응을 촉매 할 수 없게 된다. 일반적으로 광우병이라 알려진 스폰지형 뇌질환도 단백질의 비정상적인 3차 구조 때문에 발병한다는 사실이 알려진 후 최근에 일반 사람들도 단백질의 3차 구조가 생명 현상에 중요하다는 사실을 인식하게 되었다.

단백질의 열손상은 쉽게 회복되지 않는다. 가열한 계란의 흰자는 하얗게 굳으며, 식혀도 원래의 투명하고 끈적한 형태로 돌아가지 못한다. 가열하여 조리한 스테이크는 맛은 있지만 근육 구조는 조리에 의해 되돌이킬 수 없게 파괴된다. 그러나 세포는 열충격 단백질을 이용하여 약한 열손상에서는 회복될 수 있다. 이러한 단백질 보호자는 단백질이 원래의 3차 구조로 돌아가는 것을 돕는다. 비가역적으로 손상되어 원래의 상태로 돌아가지 못하는 고장난 단백질은 표시가 붙고 분해 경로에 넘겨져서 아미노산으로 분해되어 세포에서 재활용된다. 따라서 열충격 단백질은 일종의 생화학적인 소방대이다.

단백질은 구슬목걸이처럼 한 줄의 아미노산으로 형성되어 있지만 아주 복잡한 입체 구조를 지닌다. 간혹 2개 또는 그 이상의 단백질 사슬이 연결되어 훨씬 큰 분자를 이루기도 한다. 예를 들어 인슐린은 2개의 소단위로, 헤모글로빈은 4개의 소단위로 이루어져 있다. 단백질의 3차 구조는 매우 중요하다. 세포에 신호를 전달하는 신호 분자는 이 신호를 접수하는 수용체 단백질과 구조가 꼭 맞아야 하고 효소 단백질은 기질과 정확하게 결합할 수 있어야 각 단백질 고유의 임무를 수행할 수 있다. 단백질의 아미노산 서열은 입체 구조를 결정하는데 세포내에서는 이 과정이 매우 높은 농도로 있는 다른 단백질 때문에 방해를 받는다. 보호자 단백질(chaperone protein)은 각 단백질들이 올바른 결합을 하게 할 수 있도록 진화하였다. 이들은 정상 온도에서도 다른 단백질이 제 구조를 유지하도록 도움을 주지만 높은 온도에서 그 수는 급격히 증가하여 소방대 역할을 한다. 사실 이 단백질을 열충격 단백질이라고 명명한 것은 보호자 단백질을 만드는 DNA가 열에 의해 활성화되기 때문이다. 그러나 뜨거울 때 열충격 단백질이 다른 단백질을 보호하는 기작은 아직 수수께끼로 남아 있다.

그러나 초고온성 세균의 열내성은 보호자 단백질의 활성에 기인하는 것은 아니다. 이 세균에서는 단백질 합성 기구를 포함한 많은 다른 효소와 구조 단백질들이 매우 높은 열 저항성을 지닌다. 초고온성 세균이 열에 훨씬 더 안정하지만 초고온성균의 효소들 중 몇가지는 아미노산 수준에서 사람의 것과 별로 다르지 않음이 밝혀졌다. 몇 가지 결정적인 아미노산들이 이들이 특이한 열저항성을 갖게하도록 하는 것 같다.

황산을 뒤집어 쓰다

어느 깜깜한 밤에 나는 자동차 밧데리를 바꾸려고 한 손으로 회중전등을 잡고 다른 손에는 스패너를 들고 있다가 잘못하여 스패너를 떨어뜨렸다. 불운하게도 스패너가 하필이면 전극사이에 떨어졌고 합선이 일어나 폭발하는 바람에 나는 그만 황산을 뒤집어쓰고 말았다. 황산이 내 피부와 얼굴을 파고들어 불이 붙은듯 따거웠다. 겁이 나서 눈을 씻으려는 마음뿐 바지에 황산이 튄 것도 몰랐었다. 그 다음날, 동네를 돌아다니다 보니 나는 다 헤져서 구멍이 나고 찢어진 청바지를 입고 있었다.

내 바지의 면 섬유와 같이 우리 세포 안에 있는 유기화합물도 산에 의해 파괴된다. 해부학 골격 표본을 만들기 위해 개구리 표본을 산성 용액에 담그면 살점이 뼈에서 떨어지고 뼈도 하얗게 탈색된다. 추리 소설에서는 시체를 유기할 때 쓰는 끔찍한 방법으로 황산이 등장하곤 한다. 이 방법은 소설에만 국한 된 것이 아니다. 악명 높은 '황산 살인자'인 헤이(John Haigh)는 1940년경 영국에서 시체를 없애려고 황산 용액을 사용하였다. 그러나 한 가지 증거 때문에 그의 범행이 드러났다. 아크릴로 된 의치는 녹지 않았던 것이다. 그러나 산성 용액은 좋은 목적으로 더 많이 사용된다. 광고에서 보듯, 표백제는 약한 염산 용

위궤양을 일으키는 세균 헬리코박터 파일로리

1980년까지만 해도, 위궤양은 스트레스로 인한 위산의 과다 분비 때문에 생기는 것으로 알았다. 그러나 워렌(Robin Warren)과 마샬(Barry Marshall)이라는 두 오스트레일리아 병리학자는 그렇게 믿지 않았다. 그들은 위궤양이나 위염 환자의 위 세척물에서 나선형의 세균을 발견하였다. 문제는 이 세균이 오염된 것인지, 아니면 실제로 위 속에서 살았던 것인지 알아 내는 일이었다. 그 균의 유래를 밝힌 후에는, 헬리코박터 파일로리가 정말 위염과 위궤양의 원인이고, 우연히 그 병 때문에 더부살이하게 된 무해한 세균이 아니라는 것을 확인하여야 했다. 그것을 알아보기 위해 대담무쌍한 자원봉사자, 그중 한 명은 마샬 자신이었는데, 두 명이 이 세균이 들어 있는 용액을 마셨다. 당연히 그들은 위염에 걸렸다.

워렌과 마샬의 실험은 의학적 편견을 거의 하루만에 바꾸어 놓는 획기적인 사건이었다. 위궤양은 위산 과다의 결과가 아니라, 세균 감염으로 인한 것이라는 것이 분명해졌다. 이 세균이 감염되면 위벽 조직이 망가지고 궤양이 된다고 추측하였다. 치료법도 혁신되었다. 위산 생성을 억제하는 약은 세균이 남아 있는 한 일시적 방편임이 분명해졌다. 마샬과 워렌의 발견은 공중 보건에 큰 의미가 있는데, 인류의 1/3 가

액으로 여러 가지 병균들을 죽인다. 결국 산은 대부분의 생물에게는 좋지 못한 것이다.

용액의 산성도(pH)는 그 안에 포함된 수소이온의 양과 관계가 있다. 용액 안에 수소이온이 많을수록 더 산성에 가깝고, 수소이온이 적을수록 염기성에 가깝다. pH는 수소이온 농도의

량이 헬리코박터 파일로리에 만성 감염된 것으로 추산되기 때문이다. 그 영향은 제약업계에도 미쳤다. 잔택(Zantec)은 위산 분비를 억제하는 약인데, 글락소(Glaxo) 회사의 효자 상품으로 아직도 세계에서 가장 잘 팔리는 약 가운데 하나이다. 새로운 항생제 치료법이 위산 억제제 시장을 상당히 축소시키리라고 예상했다. 그러나 제약업계로서는 다행하게도 그렇지가 않다. 왜냐하면 항생제는 위산 분비를 억제할 때 더 효과가 큰 것으로 나타났기 때문이다.

헬리코박터 파일로리는 pH가 2까지 내려가는 위에서 살지만, 호산성 생물은 아니다. 중성 환경을 더 좋아하고 단기간 산성에 견딜 수는 있지만 오래 노출되면 죽게 된다. 이 세균은 생리적 적응이 아닌 행동적 적응으로 위의 산성 환경에서 생존한다. 위벽의 세포가 산으로 망가지는 것을 보호하려고 위벽은 점액질로 덮여 있다. 헬리코박터 파일로리는 바로 이 점액층에 숨어서 살고 있으며, 한술 더 떠서 유리아제(urease)라는 효소를 분비하여 pH가 높은 방호용 덮개를 덮고 있는 것이다.

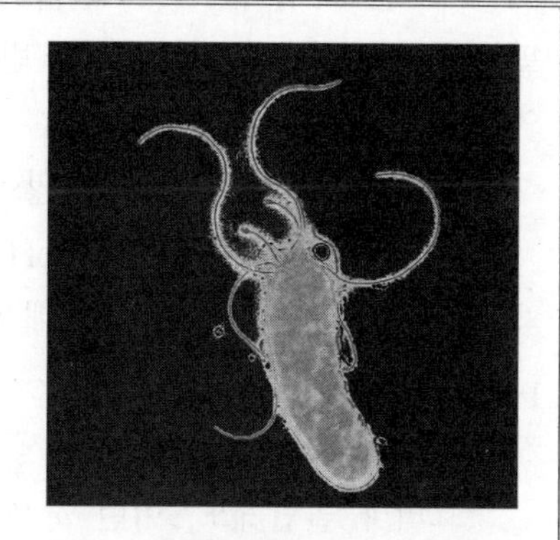

헬리코박터 파일로리
(*Helicobacter pylori*)

대수(log)의 음의 값이다. 즉, 용액의 수소이온 농도가 높으면 pH가 낮다. 반대로, 용액의 수소이온이 적으면 pH가 높다. 이러한 역관계는 처음에는 다소 혼란스러웠지만 최근에는 일상 생활에서 사용하는 용어가 되었다. 비누나 샴푸 심지어는 음료수까지도 '적절한 pH'를 광고하고 있다. 정원사들 역시 토양의 pH에 주의하여야 하는데, 히이드나 진달래 같은 식물은 산성 토양을 좋아하지만, 체다핑크는 석회질성 염기성 토양을 좋아하고 산성 토양에서는 죽어버린다. 또한 pH가 대수 함수라는 것을 기억할 필요가 있는데, pH 값이 1이 변화할 때 실제 수소이온 농도는 열 배 바뀐다. 따라서 pH 2인 식초는 pH 11인 암모니아수보다 수소이온을 10억 배 가량 더 많이 갖고 있다.

대부분의 세포들은 중성 pH(7.0)에 가까운 환경을 선호한다. 세포는 약간의 pH 변화에도 매우 민감하기 때문에 사람 혈액의 pH는 엄격하게 조절되고 있다. 그 정상값은 약 7.4인데, 7.7 이상이 되거나 7.0 이하가 되면 생명을 잃게 된다.

그러나 놀랍게도, 어떤 고세균류나 진정세균류는 매우 산성이거나 매우 염기성인 환경을 더 좋아한다. 호산성 종류는 pH 5 이하에서 잘 산다. 이들은 유황가스가 물에 녹아 황산이 되는 온천 지역에서 살거나, 오래된 탄광 지역에 널려 있는 쓰레기 더미에서 흘러나오는 산성수에서 살고 있다. 어떤 것들은 식초나 레몬 쥬스에서도 살기 때문에, 이 식초나 레몬쥬스도 시간이 지나면 부패하게 된다. 가장 흥미로운 것 중 하나는 티오바실러스 페록시단스(*Thiobacillus ferrooxidans*)라는 종이다. 이 생물은 이산화탄소, 산소, 유황 그리고 2가철을 이용하여 에너지를 만드는데 이 과정에서 황산과 3가철염이 생기므로 탄광을 지나는 시냇물이 pH 2 정도의 산성수로 변하고 물색도 밝은노랑색을 띠는 갈색으로 변해 버린다. 이러한 산과 용해된 금속은 다른 수서 생물에게 매우 해롭다. 그러나 티오바실러스 페록시단스는 티오바실러스 콩크레티보란스(*T. concretivorans*)라는 다른 이름에서 보듯이 더욱 활발해진다. 이 종류는 유황이 많이 함유된 질이 낮은 콘크리트를 좋아하는데, 특히 철근이 박힌 것을 좋아한다. 이 세균이 생산하는 황산 때문에 콘크리트가 부식되거나, 다리나 고가 도로가 무너지고, 탑이 부서지기 때문에 이 세균은 건축기술자들에게 골치거리이다. 세균의 농도가 매우 낮았기 때문에 — 세균 한 마리가 한번 세포 분열하려면 자신의 무게의 50배에 해당하는 철을 먹어치워야 한다 — 콘크리트가 망가지는 것이 세균 때문이라는 것을 알게 되는 데에는 시간이 좀 걸렸다.

호산성 생물(acidophiles)은 낮은 pH를 견딜 뿐 아니라, 실제로 선호한다. 예를 들어 설포로부스(*Sulpholobus*)는 pH 2에서 가장 잘 자란다. 신진 대사 결과 황산을 방출하는 것은 이 세균에게는 다행한 일이다. 다른 세균들의 최적 pH는 더 낮다. 현재의 기록은 피코필루스(*Pircophilus*) 종이 갖고 있는데 pH 0.5에서 가장 잘 자라고 pH 3 이상이 되면 성장이 멈추며 pH 5에서는 죽어버린다. 어떤 종류의 곰팡이와 조류들도 역시 산성 환경에 잘견디고, 약한 황산에서 생장한다.

산은 DNA와 단백질을 파괴한다. 그런데 어떻게 호산성 고세균류나 진정세균류는 pH 0.5에서도 생존할 수 있을까? 이 의문에 대한 답은 이해할 수 없지만, 산을 계속 밖으로 내 보내고 또 수소이온이 들어오자마자 다시 펌프질하여 방출하거나, 수소이온을 수산 이온과 결합하여 물로 바꾸는 것이 아닌가 생물학자들은 추측한다. 그러나 산을 내보내는 펌프 작용을 하는 막단백질은 그 바깥쪽이 산성이기 때문에 pH 0.5의 강산을 견딜 수 있어야 한다. 결국 의문은 꼬리를 문다. 어떻게 이 단백질은 산에 의해 변성되지 않는가? 아직 아무도 모르지만, 현재 많은 사람들이 알아내려고 노력중이다.

강염기에서 사는 생물

일련의 염기성 소다 호수에서 아프리카 동부에 있는 대리프트 계곡(Great Rift Valley)으로 바람이 불어온다. 이들 호수들은 아름답지만 가성소다(caustic soda) 때문에 그 냄새가 유쾌하지는 않다. 탄산소다는 주변의 화산 암석으로부터 흘러나와 수소이온을 없애고 가성소다를 만들어서 호수로 흘러 들어가는 물을 염기성으로 만든다. 열대 지방의 뜨거운 태양 아래 호수 표면은 심하게 증발하고 염기성은 더욱 극심해진다. 대리프트 계곡에 있는 어떤 호수 물도 마실 수 없다. 다른 호수들도 소다로 포화되어 가장자리는 반짝거리는 흰색 가성소다 껍질로 덮혀 있고 공기는 가소성이 되어 목구멍은 타는 것 같고 눈은 따끔거린다. 더 심한 경우도 있다. 아프리카 남부와 안데스 고원에 있는 소다 호수들은 완전히 말라버려 반짝거리는 흰색 결정으로 석영을 깔아놓은듯 장관이다. 요르단의 마구이(Maguian)에 있는 지하수는 강한 염기성(pH 13)이라 고무 장화도 녹여버린다. 그런데도, 이곳에서조차, 생명은 번성하고 있다.

여러 종류의 조류, 진정세균, 고세균이 대리프트 계곡의 소다 호수에서 살며 이 미생물들이 염전새우(brine shrimp)를 먹여 살리고 있다. 수많은 홍학들이 호수 주변에 떼를 지어 작은 염전새우와 남세균, 홍조류, 호수 표면이나 바닥 진흙에 사는 무척추 동물을 먹고 산다. 이 아름다운 새들이 호수가에 떼를 지어 모인 것을 하늘에서 보면 마치 푸른 물이 분홍빛 술 장식을 단

것 같이 보인다. 그들이 먹는 홍조류와 염전새우의 카로티노이드(carotenoid) 색소 때문에 홍학의 날개에 독특한 환상적인 분홍색깔이 나타난다. 홍학은 소다 호수의 가소성 환경을 견딜 수 있는 희귀한 새이지만 그들도 역시 문제가 생길 수 있다.

케냐에 있는 나트론(Natron) 호수의 넓은 소다 늪지대 역시 가소성이라 동물들은 거의 살지 못한다. 홍학들은 포식당할 염려가 없기 때문에 얕은 소다 늪지대에 둥지를 튼다. 그러나 호수는 오래 못 간다. 건기가 되고 기온이 올라가면 물은 증발하고 염기는 더욱 농축된다. 물이 더 이상 가성소다를 용해할 수 없는 수준에 도달하면 가성소다는 포화되어 석출되어 나온다. 이것은 홍학 다리에 껍질같이 붙게 되어 발목이 굵어지고 무거워진다. 이렇게 되기 전에 이 새들은 호수를 떠나야 한다. 너무 늦어져서 호수에 묶이게 되면, 탈수가 되고 고통스런 죽음만이 기다리게 되는 것이다. 다 자란 큰 새들은 힘차게 날 수 있기 때문에 이런 불상사는 거의 생기지 않는다. 그러나 어린 새나 덜 자란 새들은 깃털이 완전히 발달하지 못해서 말라가는 죽음의 호수를 걸어서 빠져 나와야 한다. 이들의 운명은 적절한 시간 맞추기가 결정한다.

산과 같이 염기도 근육과 섬유를 망가뜨린다. 옷이나 피부에 우연히 가성소다를 흘리면 그 고통스런 효과를 알게 될 것이다. 석회(산화 칼슘)도 석회석에 열을 가하면 생기는 가소성 흰색 암석인데, 물과 섞이면 부식성이 강한 수산화칼슘이 된다. 중세기 때, 석회는 가죽에서 털을 제거하는데 사용하거나, 전염병으로 죽은 사체를 묻는데 사용하였다. 지진이나 자연 재해로 인해 너무 많은 사람들이 죽는 경우 썩는 시체가 공중 위생에 해를 끼치므로 석회를 지금도 매장용으로 사용하고 있다.

호염기성 생물(alkaliphiles)은 물론 가소성 상태에서 손상을 입지 않으며, pH 9이상의 환경을 선호한다. 이때 문제가 되는 것은 DNA의 정보를 복사하여 단백질을 만드는 RNA인데, RNA는 일반적으로 pH 9이상에서 파괴된다. 따라서 호염기성 생물은 세포의 pH가 너무 올라가는 것에 견딜 수 없다. 그러므로 이 종류들은 주변에서 수소이온을 적극적으로 흡수하여, 세포내 수소이온 농도를 정상과 비슷한 수준으로 높여서 세포내 pH를 낮게 유지하며 생존한다.

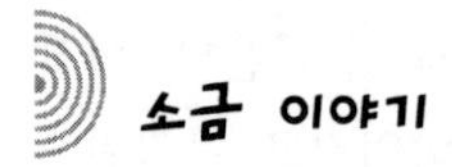

대부분의 생물들은 지나치게 짠 것에 견딜 수 없는데, 그런 이유 때문에 얼음 창고나 냉장고가 발달하기 훨씬 전부터 소금을 식품보존제로 사용하였던 것이다. 그러나 호염성 생물(halophiles)은 사해나 유타주에 있는 그레이트 솔트 레이크(Great Salt Lake) 같은 매우 짠 물에서도 번성하고 있다. 소금기가 많은 호수들은 호수로 흘러 들어오는 물보다 증발하는 물이 더 많기 때문에 생긴다. 따라서 더운 곳에서는, 여름 동안에만 일시적으로 생기기도 한다. 소금물은 무거워서 가라앉기 때문에 바닥이 더 짜고 위쪽이 덜 짜다. 어떤 소금 호수는 매우 염기성인 경우도 있는데, 그곳에 사는 생물들은 틀림없이 고염과 고염기성 용액에 적응하였을 것이다.

가장 짠 바다는 사해로 소금 농도가 바다물의 10배인 28%에 달한다. 이 농도는 물이 소금을 용해시킬 수 있는 최대치에 해당하는 포화 농도 수준이 된다. 사해의 밀도는 매우 높아서 엽서나 교과서의 사진에서 보듯이, 실제로 물에 떠서 신문을 읽는 것이 가능하다. 지구상에서 가장 깊은 협곡에 위치한 사해는 요르단 사막의 해면보다 400m나 아래에 있다. 작열하는 사막의 태양으로 인한 물의 증발이 상당하기 때문에, 강물이 유입되어도 소금기는 감소되지 않는다. 사해라는 이름은 부적절한 명칭인데, 사실 사해는 죽음과는 거리가 멀기 때문이다. 많은 조류, 진정세균류, 고세균류가 이곳에 살고 있다. 대부분은 진정 호염성 생물이라 15%이하의 염도에서는 살 수 없다. 어떤 종류는 아름다운 색깔을 띠고 있어서 간혹 많이 증식하면 바다 색이 핏빛이 되기도 한다.

그대로 내버려 두면 자연은 모든 것을 똑같게 만드는 경향이 있다. 바닷물 한 잔을 강물에 넣으면 나중에는 균질액이 될 것이다. 소금이 많은 용액에서는 세포가 쪼그라드는데, 세포에서 물이 빠져나가 세포 안과 밖의 물의 농도가 같아지기 때문이다. 그 결과 세포는 탈수된다. 바로 이것이 호염성 생물의 문제이다. 많은 종류들이 세포 안의 소금 농도를 높여서 세포 주변과 소금의 농도를 같게 한다. 할로박테리움 살리나리움(*Halobacterium salinarium*)같은 종류는 우리 세포보다 200배 이상의 높은 농도까지 염화칼륨을 농축시킨다. 어떤 종류들은 다른 방법을 개발하기도 하였다. 유기 물질을 만들어 물을 세포 안에 잡아두는 방법이다. 물론 이러한 방법은 한 문제를 다른 문제로 대치할 뿐인데, 왜냐하면 그 효소들은 세포 내 높은 소금 농도에서도 작용해야 하기 때문이다. 어떻게 고농도의 소금 용액에서 효소가 작용할 수 있는지 아직도 의문이다.

고세균류와 진정세균만이 소금 호수에 살고 있는 것은 아니다. 일부 조류도 역시 살고 있다. 그 조류들은 물을 붉은색, 푸른색, 녹색으로 현란하게 물들이고, 작은 갑각류인 염전새우(*Artemia salina*)의 먹이가 되기도 한다. 염전새우는 유타주의 그레이트 솔트 레이크에서 사는 소수의 다세포 동물 중의 하나이다. 일년 중 어떤 시기에 바람에 날리는 작은 고동색의 먼지덩이같이 생긴 알을 호수 표면에 낳는다. 이 알은 강인한 생명력을 갖고 있다. 가뭄과 소금기를 견디고 물을 만나 부화할 때까지 상당 기간 휴면 상태로 식물의 씨앗과 같이 건조한 상태에서 활동을 멈출 수 있다. 유타주는 이 염전새우의 알을 대량으로 수집하여 진공 포장한 후 관상용 열대어의 먹이감으로 수출해서 짭짤한 수입을 올린다.

바위 속의 생명체

소설이나 전설에는 땅 속에 사는 생명에 관한 이야기가 많다. 난쟁이들이 땅 속에서 금은보화를 캐거나 동화 속의 요정들이 땅 속에 산다거나 전설의 용이 보물이 묻혀 있는 굴의 입구를 지키면서 살고 있다는 것과 같은 이야기들을 어린 시절에 할머니한테 들은 적이 있을 것이다. 또한, 굴 속에 산다는 신비한 생명체에 관한 이야기도 있다. 옛날 사람들은 죽은 사람의 영혼이 땅 속에서 살고 있다고 믿었는데 이러한 생각은 한편으로 논리적인 것인지도 모른다. 왜냐하면 땅위는 이제 너무 많은 사람들이 살고 있어 죽은자의 영혼인 머무를 공간이 부족하기 때문이다. 그리스 신화에 나오는 것처럼 올피우스(Orpheus)가 자신이 사랑한 죽은 아내 유리디우스(Eurydice)를 찾아가기 위해 땅 속으로 통하는 굴 속으로 들어가 땅 속의 신 하디스(Hades)가 지배하는 나라로 들어간 이야기나, 메소포타미아 시대의 신 네갈(Nergal)이 모든 마귀와 악마를 지배하며 서로 싸우고 다투었던 것도 이러한 지하 세계였던 것이다.

오랫동안 생물학자들은 땅 속 깊은 곳의 생명체에 관한 이야기는 전설에 불과하고 지상에서 몇 미터 이상 내려가면 생명체가 살지 못할 것이라고 생각해 왔다. 하지만 그렇지 않다. 믿기 힘들지만 미생물들은 지구의 표면으로부터 깊숙한 지각의 바위 표면에서 빛과 산소도 없이 엄청난 압력을 견디며 생존하고 있다. 1920년대에 처음으로 유전을 찾기 위해 땅 속 몇 백 미터 아래까지 뚫었을 때 거기서 뿜어나온 물에서 미생물이 발견되었다. 처음에는 이러한 발견을 믿을 수 없는 일로, 지상의 미생물이 오염된 것으로 생각하였지만 후에 이러한 땅 속 깊숙한 바위에 사는 미생물이 존재한다는 것이 사실로 밝혀졌다. 실제로 1922년 미국 버지니아주 테일러스빌(Taylorsville)에서 텍사코 석유회사가 석유와 천연 가스를 찾기 위해 땅 속을 약 2.8km나 뚫어서 과학자들이 땅 속에 사는 생명체를 찾아볼 수 있는 좋은 기회를 얻었다. 이때는 지상에 사는 박테리아들이 묻지 않게 아주 조심하였는데 그럼에도 불구하고 지하에서 박테리아가 발견되었다. 이들은 이때까지 알려지지 않은 새로운 종류였으며 산소를 필요로 하지 않고 대신 망간, 철, 그리고 황을 사용하여 바위에 있는 유기물을 산화시켜 에너지로 이용하는 종들이었다. 또 이 박테리아들은 열에도 강하여 그들이 살고 있는 바위의 온도가 60℃ 이상이었다. 그래서 이런 종들 중의 하나를 지옥에서 산다는 뜻으로 '바실러스 인퍼너스(*Bacillus infernus*)'라고 명명하였다.

요즈음은 미생물이 지구 표면에서 아주 먼 지층이나 심지어 해저 지층의 바위에서 발견되고 있다. 퇴적물에 의해 생긴 바위들은 한때 지구 표면에 있다가 지층이 가라앉으면서 땅 속으로 묻혔기 때문에 그때 바위에 살던 미생물들도 함께 땅 속 깊은

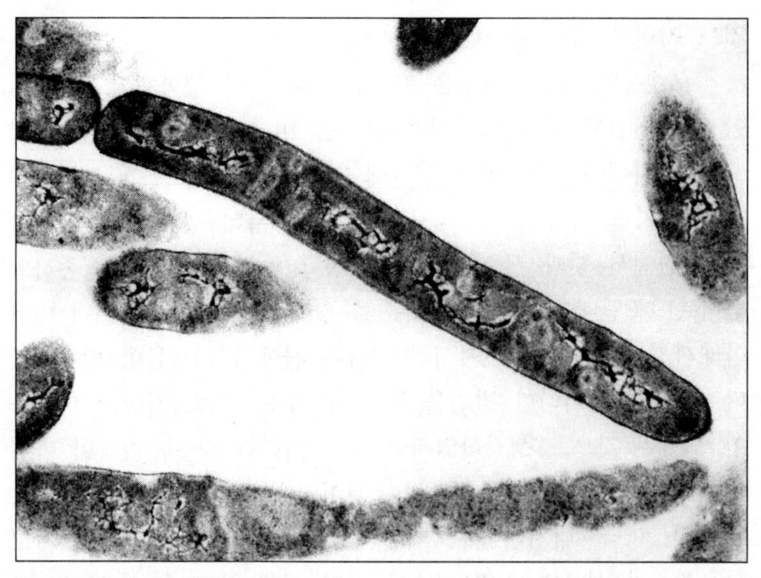

지옥에서 사는 박테리아라고 불리는 바실러스 인퍼너스는 지구 표면에서 2.7km의 땅 속에 산다. 이러한 곳은 산소도 없고 먹이가 될만한 유기물도 없으며 기압은 몇 백 기압이나 되며 온도는 60℃ 이상이다.

곳으로 묻혔다고 생각할 수 있다. 이런 경우 이 미생물들은 바위의 나이만큼이나 오래된 것들이며 바위가 형성된 나이처럼 수백만년씩이나 된 종들이다. 바위에는 아주 작은 구멍들이 많이 나 있고 마치 썩은 나무의 구멍 속에 곤충의 애벌레들이 살 듯이 바위 구멍 속에 미생물들이 산다. 하지만 이들의 밀도는 매우 낮다. 실험실에서 배양을 해보면 바위 1g 당 약 열 마리가 못 되는 박테리아가 자라는데, 이는 토양 1g 당 10억 마리의 박테리아가 자라는 것에 비하면 아무것도 아닌 것이다. 화강암과 현무암은 화산의 마그마가 식어서 된 돌들이다. 이러한 암석에 사는 미생물들은 돌이 식기 시작한 때부터 살기 시작했을 것이므로 수천년 전부터 살아왔을 것이다.

테일러스빌에서 채취한 박테리아를 실험실에서 길러보았을 때 생장 속도가 매우 느렸다. 프린스턴대학의 온스토트(Tullis Onstott) 교수의 연구진이 계산한 바에 의하면 이들 박테리아는 이들이 살던 환경에서는 대략 몇 천년에 한번씩만 분열한다. 깊은 바위 속에서 이들 박테리아는 번식하기보다는 간신히 생명을 유지한다고 하는 편이 맞을 것이다. 진화가 번식속도에 의해 좌우된다고 할 수 있으므로 이러한 박테리아는 수천만년 동안 진화하지 못하고 그대로 바위가 생긴 8억년 동안이나 바위 무덤에 갇혀 지내 온 셈이다. 그렇다면 진화하지 못한 원시적인 생명체가 지구 어딘가에서 존재할 것이라는 번(Jules Verne)의 생각이 옳을지 모른다. 단지 시간 차이는 있지만 지하 깊은 곳의 생명체에 관한 그의 생각은 상당히 예언적인 것이다.

땅 속의 생명체의 한 가지 문제는 땅 속에는 유기물이 매우 부족하다는 점이다. 콜롬비아강에서 발견한 현무암 속에는 생명체를 유지하기에는 너무 적은 유기물이 함유되어 있다. 그럼에도 불구하고 그 속에서 많은 미생물들이 발견되었는데 알고 보니 바위 자체를 먹이로 하는 것이었다. 바위가 빗물에 젖게 되면 수소가 발생하고 이를 이용해서 박테리아는 녹아 있는 이산화탄소를 유기물로 바꾸며 메탄가스를 부산물로 만드는 것이다. 과학자들은 미생물들이 바위의 표면을 조금씩 부식시켜 바위로부터 금속을 추출해내므로 지구의 표층을 만드는데 중요한 역할을 한다고 보고 있다.

남아프리카의 금광은 광산 중에서 가장 깊은 곳으로 약 3.5km 지하이며 바위의 온도가 60℃ 이고 바위의 기압이 400 기압이다. 1997년 이곳을 방문한 온스토드(Tullis Onstitt)와 키

에프트(Tom Kieft) 교수가 보고한 바에 의하면 이곳에서도 미생물들이 발견되었다고 한다. 생명체가 살 수 있는 가장 깊은 곳의 깊이는 바위의 무게로 느껴지는 압력이 아니라 바위 속의 온도가 더 중요하다. 왜냐하면 단세포 생명체의 경우 압력은 문제가 아니기 때문이다. 지구 속으로 내려가면 1km당 지열이 약 11℃씩 높아지는데 이는 지구핵에서 일어나는 방사능 반응 때문이다. 생명체가 살 수 있는 가장 높은 온도를 가정하면 이러한 미생물들은 지하 약 5km 내에서 만 살 수 있을 것이다.

동굴 속의 생명체

동굴 속의 생태계는 바위 속에 갇힌 박테리아보다도 더 신기하다. 루마니아에서 발견된 모바일(Movile) 동굴은 550만년 전에 생겼는데 바위가 떨어지면서 입구를 막아버렸다. 바깥 세상과 단절된 동굴 속의 생명체들이 금방 산소를 다 써버려서 지금은 산소가 아주 적고 메탄가스, 이산화탄소, 그리고 황하수소로 가득 차 있다. 다른 유기물도 외부로부터 들어오지 못하며 화산에서 생긴 황하수소가 녹아 있는 물이 흑해로 흘러가면서 이 동굴을 경유해서 지나간다. 이 물은 땅 속의 저수지로부터 흘러나오는데 이 저수지는 수천년 전에 형성되어 루마니아 다른 곳에서 나오는 지하수와는 달리 방사능이 유출되지 않고 있다. 이처럼 외부와 단절되어 있음에도 불구하고 동굴 속의 생태계는 잘 번성하고 있다. 이 특이한 세계는 동굴 벽과 물 위의 표면을 덮고 있는 끈적끈적한 박테리아의 막에 의해 유지되고 있다. 박테리아들이 대리석 동굴 벽을 녹여 탄소를 공급하고 황하수소를 산화하여 에너지를 공급하는 것이다. 이러한 박테리아 덕분에 괴상한 무척추 동물들이 살고 있는데 투명한 거미, 나무벼룩, 거머리, 그리고 지렁이들도 살고 있다. 나무벼룩이나 달팽이는 박테리아를 먹고 다시 거미와 거머리들이 이들을 잡아먹고 산다.

이 모바일 동굴은 잠수해서 가지 않으면 들어가지 못하지만 이와 유사한 황을 이용한 생태계를 형성한 동굴은 많이 있다. 멕시코 남부에 있는 쿠에바 데라 빌라 루즈(Cueva dela Villa Luz)라는 곳에는 아슬아슬한 계곡과 많은 동굴들이 있는데 이들 대리석 동굴의 바닥에는 황하수소가 오염된 혼탁한 물이 고이게 된다. 황하수소 때문에 공기는 썩은 달걀 냄새가 나며 공기중의 황하수소는 동굴 벽에 액체로 응결되어 황산이 된다. 동굴을 찾은 사람이 벽을 만지게 되면 이 황산에 화상을 입기도 한다. 이렇게 겉으로 보기에는 살벌한 환경 같지만 이곳에서도 생명체가 잘 번성하고 있다. 박테리아의 끈적끈적한 막이 바위들을 뒤덮고 있고 천장에는 끈적이는 풀 같은 줄들이 드리워져 있으며 이 생명체는 종유석을 코처럼 끈끈하게 덮고 있다. 혼탁한 물에는 놀랍게도 송사리과의 물고기들이 살고 거미들이 바위 위를 바쁘게 오가며 한 떼의 곤충이 공중을 날아다닌다. 모바빌 동굴에서처럼 이 생태계는 화학 합성을 하는 박테리아가 존재하기 때문에 유지되는 것이다.

산소가 필요없는 생명체들

다세포로 이루어진 동물은 산소 없이는 살지 못한다. 하지만 대부분의 고세균은 산소 없이 살 뿐만 아니라 오히려 산소가 있으면 살아 갈 수 없다. 이러한 산소가 없는 환경은 우리 주위에 많이 있는데 바다나 호수의 바닥이 그렇고, 시궁창이나 동물의 내장 속이 그렇다. 산소 없이 사는 생명체는 수소를 에너지원으로, 이산화탄소를 탄소원으로 사용하여 메탄가스를 만들어낸다. 이 중에 많은 것들이 둥근 모양의 고세균인 메타노코코스(*Methanococcus*)에 속한다. 소가 풀을 소화하는 것은 타고난 것이 아니고 위에 공생하고 있는 메타노코코스가 풀의 주성분인 섬유소를 분해하기 때문에 가능한 것이다.* 이 때 발생하는 메탄가스는 이산화탄소처럼 지구를 온난화 하는 주범이기도 하다.

오늘날에는 대기 중에 산소가 많지만 과거에는 그렇지 않았다. 태초의 대기는 산소가 거의 없거나 아주 약간 있었으며 대부분 이산화탄소와 질소가스였다. 산소는 30억년 전 진화한 광합성 단세포 생물인 남세균의 광합성 과정의 부산물로 생긴 것이었다. 최초의 단세포 생물은 약 38억년 전에 생겼을 것으로 추측하고 있다. 이러한 남세균는 태양 에너지를 이용하여 물과 이산화탄소를 탄수화물로 바꾸었다. 이 과정에서 부산물로 산소가 생성되었고 이로 인해 오늘과 같은 지구의 대기가 만들어졌다. 이들 박테리아는 바다의 구성물도 바꾸었는데 초기의 바다는 철이 많이 포함되어 있었으나 처음 만들어진 산소는 바다의 철을 산화시키는데 쓰여졌다. 28억년전 이렇게 남세균의 전성기때 산화된 산화철은 바다의 바닥에 침전되어 철광석으로 오늘날 지각의 곳곳에 묻혀 있다. 그로부터 약 5억년이 지나면서 바다물에는 철 성분이 없어지고 바닷물에 산소가 포화되자 산소는

---

* 소와 같은 반추 동물의 제1위에는 메타노코코스와 같은 박테리아가 공생한다. 이들은 소가 먹은 섬유소를 분해하여 생장하고, 소는 제2와 제3위에서 이 박테리아의 세포벽을 분해할 수 있는 효소인 라이소자임(lysozyme)을 분비하여 박테리아를 소화한다. 따라서 소는 박테리아를 배양하여 먹는 셈이다.

대기 중으로 나와 대기 중의 산소가 점점 많아져 약 8억년 전에 현재와 같은 대기가 형성되었다고 본다.* 미세한 단세포 생물인 남세균에 의해 이처럼 대기의 조성이 바뀌었다는 것은 정말 놀라운 일이다.

산소는 그 당시 대부분의 생명체에 해로웠고 그래서 많은 생명체들이 죽어 없어졌을 것이다. 이때 살아남은 생명체들은 반응성이 큰 산소이온들로부터 자신을 보호하는 방법을 체득한 것들이다. 인간을 포함한 지구상의 거의 모든 생명체가 필요로 하는 산소가 생명을 죽이는 독약과 같다는 것은 재미있는 모순이다. 산소는 세포 안의 미토콘드리아라고 하는 곳에서 세포가 필요로 하는 화학에너지를 만드는데 쓰인다. 그러나 산소는 전자를 획득해서 '자유기(free radical)'가 되면 주변에 있는 아무 전자나 빼앗아 가기 때문에 세포에 손상을 준다. 이 자유기는 전자를 빼앗을 때 단백질, 지질, 또는 핵산(DNA) 등을 가리지 않는다. 따라서 연쇄 반응이 일어나 처음의 자유기는 전자를 얻었지만 이때 전자를 빼앗긴 것이 다시 자유기가 되어 주위의 전자를 빼앗게 되는 것이다. 결국 세포에 있는 자유기를 없애는 소방대인 슈퍼옥사이드디스뮤타제(superoxide dismutase, SOD)가 자유기의 불을 끄지만 이미 많은 피해를 입은 후이기 때문에 세포가 죽게 된다. 실제로 이 자유기는 세포 죽음과 세포 노화의 가장 큰 요인이 된다. 산화란 철을 녹슬게도 하고 지방을 썩게도 하며 세포내 구성 물질에서 전자를 떼어내어 망가트리기도 하는 것이다.

산소는 프리스틀리(Joseph Priestley, 1733~1804)가 발견하였다. 그는 산화수은을 가열할 때 나오는 기체를 관찰하다가 이

---

* 한국동물학회 교양 총서 제3권 「40억 년 간의 시나리오」. 2001, 전파과학사, 서울.

기체가 있을 때 촛불이 활활 잘 타오르는 것을 별견하고 병에 든 쥐에게 이 기체를 넣어 주면 보통 공기를 넣어 줄 때보다 오래 산다는 것을 알아냈다. 그래서 그는 이 발견을 당시 프랑스 화학자인 라보아지에(Antoine Lavoisier, 1743~94)에게 알렸는데 그가 이후에 이 기체를 산소(oxygen)라고 이름 지었다. 이 이름은 그리스어의 '산(acid)'으로부터 온 것으로 라보아지에는 이 기체가 산의 구성 물질이라고 잘못 생각하고 있었기 때문이었다. 불행히도 라보아지에는 프랑스 혁명의 와중에서 젊은 나이에 단두대에서 처형되었다.* 이는 과학의 발전에도 비극적인 일이었다.

프리스틀리는 산소를 이용해서 생명을 연장하는 방법을 예견하였는데 그가 주장하기를 '이 기체를 이용하여 많은 사람이 있는 방의 나쁜 공기를 정화할 수 있고…. 그래서 불쾌하고 건강에 나쁜 상태를 상쾌하고 건강에 좋은 상태로 만들 수 있다'고 하였다. 또한 더 나가서 '보통 공기가 부족할 때 특별히 폐에 좋다'고 주장하였다. 그 당시 과학자들이 어떤 발견을 할 때 자신을 실험 대상으로 실험을 한 것처럼 프리스틀리도 이 기체를 마셔보고 몸에 아무런 해가 없다는 것을 알았고 '이 순수한 공기가 부유층의 유행하는 물건이 되지 않을까' 하고 생각했다고 한다. 그의 생각처럼 오늘날 동경의 한 거리에서는 도시의 공해에 찌들린 사람들이 캔에 들어 있는 산소를 사서 마시고 기운을 차리는 일이 실제로 일어나고 있다.

하지만 순수한 산소를 다량 흡입하는 것은 위험하다. 1950년대에 미숙아를 살리기 위해 순수한 산소를 공급해 주었었다. 하지만 불행히도 배양기 안에 산소 농도가 너무 높으면 눈에 있는 실핏줄들이 수축하게 된다. 그래서 태아의 망막이 퇴화하고

---

* 한국유전학회 총서 제7권 「DNA 연구의 선구자들」. 2000, 전파과학사, 서울.

망막에 섬유질 조직이 생겨 실명을 하게 된다. 하지만 산소의 농도를 40% 이하로 낮추면 아무런 해가 없다는 것이 밝혀졌다. 순수한 산소는 제2장과 제6장에서 설명했듯이 다이버나 우주선 승무원에게는 아직도 쓰이고 있으나 특별히 주의하여야 한다.

냉동 특성

열과는 달리, 인간을 포함한 많은 동물들은 저온에는 비교적 잘 견딜 수 있다. 추위에 대한 적응과 생존의 한계에 대해서는 제4장에서 다루었다. 여기에서 우리는 냉동에 가까운 조건에서 살고 냉동을 견딜 수 있는 극한 생물들을 다루고자 한다.

냉동이란 단백질에 손상을 주지 않으면서, 생화학적인 반응을 느리게 하는 것이다. 결과적으로 대부분의 생물들은 0℃ 이하에서는 생식이나 생장이 정지된다. 대사 활동은 감소한 상태임에도 불구하고 어느 정도 계속되어 남극의 지의류는 −27℃ 정도의 온도에서도 생존한다. 아마도 −80℃ 근처에서는 대사 활동이 정지되고 이 생물체는 휴면 상태로 들어가는 것 같다. 인간 세포를 포함하여 대부분의 세포들은 액체 질소(−196℃)에서 장기간 저장할 수 있다. 세포들이 냉동된 후 회생할 수 있는 가장 낮은 온도는 알려져 있지 않지만 아마도 이보다 더 낮을 것이다. 저온 자체가 해로운 것은 아니지만 냉동은 매우 다른 상태이기 때문에 0℃ 이하에서 동물들과 세포들을 얼리는 것은 극도의 주의가 필요하다.

호저온 생물(psychrophiles)은 결빙에 가까운 물 속에서 살 수 있는 저온을 좋아하는 생물이다. 그들은 해양의 수온이 비교적 일정한 1~3℃의 수심과 극지방의 빙산 속이나 빙산 바로 밑에 주로 살고 있다. 그리고, 집안의 냉장고 속에서도 잘 자란다. 호저온 생물들은 남극해의 빙산 속에 있는 얼지 않은 물의 얇은 층 속에 군집을 형성한다. 연분홍색과 밝은 녹색을 띤 만년설과 비슷한 색의 설해조류(*Chlamydomonas viridis*), 4℃를 좋아하고 12℃ 이상이면 생식이 정지되는 호저온성 박테리아류(*Polaromonas vacuolata*), 고세균, 해조류, 규조류 등이 대표적인 호저온 생물들이다. 피셔(Charles Fisher)는 수심 550m 정도 깊이에서 해저로부터 솟아난 직경 2m의 다양한 색을 띤 버섯 같은 구조물을 발견했다. 그것은 해저의 열수공으로부터 스며 나온 메탄가스와 물의 혼합물로 된 얼음 덩어리와 같이 차디찬 메탄수화물로 밝혀졌다. 이 메탄 얼음 덩어리에 메탄가스를 먹는 박테리아와 고세균이 왕성히 자라고 있었다.

남극 빙산 밑에는 많은 담수호가 있고, 그 담수는 지열에 때문에 얼지 않는다. 가장 큰 호수는 보스톡호(Lake Vostok)로써 빙산 표면에서 4km 아래에 있으며, 길이 200km 폭 50km 깊이 500m로, 대략 온타리오 호수의 크기이나 깊이는 약 2배이다. 빙산은 약 4000만년 전부터 형성되었으므로 보스톡호에 존재하는 어떤 생명체는 아마도 수백만년 동안 밀폐되어 외부와 격리되어 있었을 것이다. 그러므로 이 호수는 지구의 진화사에 관한 정보를 보유한 독특한 미생물을 품고 있는 호수로서 타임캡슐인 셈이다. 그러나, 이 호수를 조사하려는 과학자들의 열망은 표면에 사는 생명체를 오염시키지 않고 호수의 물을 채취하는 어려움 때문에 곤경에 처하곤 했다. 1966년에 보스톡호를 뚫어 조사하려는 얼음 코어 착암 조사 계획(ice-core drilling programme)은 뚫리기 150m 전에서 중지되었다. 과학자들은 지금도 그 계획을 어떻게하면 성공적으로 수행할 수 있을지 고심하고 있다.

냉동이란 생화학적인 반응을 극적으로 느리게 하기 때문에 훌륭한 보존법이다. 1904년에 스코트 선장과 그의 일행이 죽음과 함께 남극에 남긴 물건들이 지금까지도 신선한 상태로 유지되고 있다. 맘모스는 북극에서 냉동 상태로 발견되었고, 그들의 사체는 온전히 보존되어 죽은 지 30,000년 이상 지났지만 근육은 먹을 수 있을 정도이다. 그 이유는 육질과 식품을 분해하는 박테리아가 매우 추운 온도에서는 수분이 결여되어 있어 자라지 못하기 때문이다. 맘모스의 냉동 조직은 생물학으로도 다양한 정보를 제공해 주는 중요한 시료가 되고 있다.

냉동 장치 내의 생명체

모든 정원사들이 아는 바와 같이 냉해란 대부분의 식물들에게는 치명적이다. 늦은 봄의 서리는 개화에 상해를 주고, 늦가을의 이른 첫 서리는 아름다운 꽃을 시든 갈색 덩어리로 변화시킨다.

생명체의 냉동 효과에 관한 연구는 장구한 역사를 지니고 있다. 1663년경에 파워(Henry Power)는 얼음과 소금의 혼합물에 소형 뱀장어를 담은 항아리를 놓아두었을 때, 뱀장어가 얼어서 얼음 결정 속에 들어있는 것을 보았다. 그러나, 해빙되었을 때에 뱀장어는 다시 살아났다. 보일도 개구리와 어류에서 같은 실험을 수행하여 부분적으로 성공하였다. 곤충에 대한 첫 실험은 초창기 온도계를 제작하여 온도에 대한 실험 결과를 정량화할 수 있었던 프랑스 과학자인 로우머(Réoumur)가 수행하였다. 그는 어떤 곤충의 애벌레는 −20℃에서도 생존한 반면, 다른 종은

−11℃까지 견딜 수 있었음을 관찰하였다. 그는 알코올 농도가 서로 다른 브랜디에서와 같이 그것들의 혈액이 서로 다른 온도에서 얼게 된다는 것을 발견하였다. 이는 냉동에 견디는 능력이 곤충 체액의 특수한 물리화학적 성질에 의존함을 암시한다.

산악과 극지방 탐험의 황금 시대에는 냉동과 소생에 관한 터무니없는 얘깃거리가 무성하였다. 가장 괴기한 것으로는 1886년 터너(Turner)가 퍼뜨린 개들이 꽁꽁 얼은 물고기를 잡아 먹었다가 잠시 후 토해냈더니 물고기가 살아났다는 알라스카의 검은 물고기에 관한 이야기이다. 그 이야기는 믿을 수 없지만 어느 누구도 영국 탐험가인 프랭크린(John Franklin)의 이야기를 의심하지는 않는다. 그는 북극해를 탐험하는 동안 냉동되었던 잉어가 해동될 때 활동적으로 날뛰었다고 기록했다. 이와 같은 여행가들의 객담에도 불구하고 냉동이란 대부분의 세포에는 치명적이다.

얼음 결정이 세포 속과 세포 사이에 형성되기 때문에 서리 상해가 나타난다. 칼날 같은 얼음 결정은 세포의 섬세한 세포막에 구멍을 뚫고 세포 내용물을 새어 나오게 한다. 그리고, 세포 내의 소포체와 같은 막성 구조물도 파괴하여 세포 소기관들의 내용물이 섞이고 생화학적인 반응이 장애를 받는다. 체액에는 염분이 있지만 얼음은 순수한 물의 결정이다. 그러므로, 세포 밖의 용액 속에서 얼음이 형성될 때, 얼지 않은 채 남아 있는 용액내의 염분 농도는 증가한다. 따라서 세포외액이 고장액*이 되므로 세포들은 물이 빠져 수축되고 세포내의 염분 농도는 증가한다. 세포 안에서의 얼음 형성은 직접적으로 세포 내 용액의 염분 농도를 증가시킨다. 결과적으로 탈수 현상이 일어나 세포막과 세포

---

* 고장액 : 체액보다 삼투압이 높은 용액. 사람의 경우 0.9%이상의 소금 용액이 고장액이다.

의 단백질에 손상을 준다. 또한, 냉동은 세포 사이의 연결을 파괴하여 모세 혈관에 손상을 주므로 산소와 영양 결핍을 가져온다. 제4장에서 설명한 바와 같이, 동상은 사람에게 심한 피해를 주는 원인이 될 수 있다. 그럼에도 불구하고 일부 동·식물들은 냉동되는 온도에서도 피해를 입지 않는다.

호저온 생물은 추위에 대항하여 두 가지 전략을 구사한다. 어떤 종들은 천연 항냉동 물질(antifreezer)을 합성함으로써 얼음 결정이 형성되는 온도를 더 낮추고, 일부 종들은 단순히 온몸을 얼려 고형화시킨다.

많은 곤충과 어류들의 혈액에는 영하의 낮은 온도에서 체액의 결빙을 방지하는 항냉동 물질이 있다. 예를 들어, 가자미의 일종은 온도가 4℃ 정도로 떨어지면 7종류의 항냉동 물질을 합성한다. 어부들이 미끼로 사용되는 황색가루벌레(*Tenebrio mollitor*)는 더욱 강력한 항냉동 물질을 지니고 있다. 항냉동 단백질은 얼음 결정의 생성 표면에 결합하여 얼음 결정의 형성을 방해함으로써 물의 빙점을 더욱 낮춘다. 이 물질은 이미 형성된 얼음을 융해시키는데는 영향을 미치지 않는다. 더 낮은 온도까지 초냉동 되는 일부 곤충들은 항냉동 물질로서 글리세롤과 같은 저분자 알코올을 이용한다. 이는 겨울에 자동차의 냉각 장치에 냉각수가 어는 것을 방지하기 위해서 에틸렌글리콜을 첨가하는 원리와 같은 것이다. 혹나방(*Epiblema scudderiana*)은 체액의 20% 이상이 글리세롤로 되어 있어 −38℃에서도 얼지 않는다.

그러나, 초냉동은 위험하다. 만일 온도가 초냉동점 이하로 내려가면 조직들은 즉시 냉동되어 치명적일 수 있다. 순간 냉동으로 얼음 결정과 접촉해 있는 피부가 응결되고 내부 조직도 파괴될 수 있다. 일부 나방과 나비들은 그들의 피부가 얼음과 직접 접촉하지 않도록 고치로 둘러싸고 있다.

기타 다른 동물들도 항냉동 물질을 합성하거나 고형체를 형성하는 등 어느 한 가지를 선택하여 겨울을 나게 된다. 털곰애벌레(*Gynaephora groenlandica*)는 연중 10개월 가량을 북극점 주변에서 보내게 되는데, 온도가 −50℃ 이하로 내려가면 고형화를 이루게 된다. 또한, 네발가락도롱뇽(*Salamandrella keyserlingii*)의 항냉동 전략도 독특하다. 이 종은 불과 몇 미터도 되지도 않는 토양층이 1년 내내 얼어 있고, 겨울에는 표층도 얼어붙는 북극권의 고위도 지역에 서식한다. 북극 지방의 짧은 여름 기간 동안 네발가락도롱뇽의 성체는 분주히 움직이며 툰드라에 간헐적으로 형성되는 얕은 웅덩이나 진흙 구덩이에 산란한다. 이들은 겨울에 온도가 −35℃까지 내려가는 웅덩이 부근의 이끼층 내에서 동면을 한다. 간혹 이들은 툰드라에서 지하 14m 깊이의 얼음 속에서 고형화된 상태로 발견되기도 한다. 그러나 봄이 되어 툰드라의 날씨가 풀리면 이들의 몸도 녹아 활동을 시작한다. 거북이류, 누룩뱀류와 개구리류의 많은 종들은 고형화 형태로 겨울을 난다. 동물학자들은 어떻게 이들이 냉동 상태에서도 죽지 않고 다시 살아나서 생명을 유지하는지 연구하고 있다.

냉동 상태를 견디기 위해서는 얼음 결정이 세포막에 손상을 주지 않을 만큼 작아야 한다. 가을철에 기온이 떨어지면 특이한 단백질을 합성한다. 이 단백질들은 얼음 결정의 형성 과정에서 핵으로 작용하여 세포질 밖에 수많은 작은 얼음 결정체를 만든다. 오랜 기간 얼려둔 아이스크림에서 볼 수 있는 것과 같이 작은 결정체들은 시간이 지나면서 큰 결정체로 합쳐지는 경향이 있다. 이러한 재결정 현상을 방지하기 위해 동물들은 얼음 결정들이 서로 합쳐지지 않게 하고 작은 결정 상태로 유지시키는 항냉동 단백질을 추가로 생성한다.

고형체를 형성할 때의 심각한 문제는 세포 자체가 탈수가 되면서 어떻게 세포 밖의 얼음 속에 잠겨 있을 수 있느냐 하는 것이다. 이렇게 되면 아마도 세포막이 변형되거나 세포의 단백질에 손상을 줄 것이다. 일반적으로 체액의 65% 이상이 냉동될 경우 죽는다고 알려져 있다. 냉동 상태에서도 견딜 수 있는 동물들은 세포 내에 당분이나 아미노산 등의 농도를 높임으로써 세포의 크기에 변화를 준다. 이러한 항냉동 물질들은 얼음의 형성을 감소시키고 세포 내의 수분 손실을 최소화하며, 세포막이 외부 환경에 의해서 손상을 입지 않도록 유지시켜 준다. 항냉동 물질에는 글리세롤과 곤충의 트레할로오스, 양서류의 글루코스가 있다.

냉동이 될 때와 마찬가지로 해동이 될 때도 적당한 절차에 따라서 그 과정이 조절된다. 예를 들어, 얼었던 개구리가 해동될 때에는 가장 먼저 심장이 녹아 뜨거운 피를 온 몸으로 순환시킴으로써 생명력을 빠르게 회복하게 한다.

가사 상태

최근의 진보된 기술로 말미암아 포유동물의 세포와 조직을 비교적 쉽게 매우 낮은 온도에서 냉동시킬 수 있다. '냉동 보존(cryopreservation)'이란 말의 어원은 그리스어의 '*kruos*'에서 유래하였으며 그 뜻은 '얼음처럼 차가움'이다. 낮은 온도는 세포를 가사 상태에 이르게 할 만큼 세포의 물질 대사를 느리게 해주며, 세포의 수명을 자연 상태에서 보다 더 연장시켜 준다. 탈수나 얼음 결정 형성으로부터 세포의 손상을 적게 하기 위해서는 냉동이나 해동 속도를 적절히 조절해야 하며, 세포가 가사 상

두꺼비는 땅을 팔 수 있어서 얼지 않는 땅속에서 무사히 월동을 할 수 있으나, 개구리는 땅을 팔 수 없으므로 −8℃까지 떨어지는 낙엽 밑에서 월동을 한다. 이 사진에서 보여주는 개구리의 일종인 나무개구리는 몸 속에 있는 수분의 65%까지를 얼음으로 얼려 조직을 고형화시켜 월동한다. 특이한 단백질이 얼음 결정을 미세하게 만들어 세포의 손상을 방지한다. 개구리의 주요 기관은 다량의 포도당을 함유하고 있어서 얼지 않는다.

태에 있을 때에는 항냉동 물질이 세포 내에 생성되어야 한다. 글리세롤은 액체 질소와 유사한 온도인 −196℃에서도 물이 어는 것을 방지해 주기 때문에 흔히 항냉동 물질로 이용한다.

정자는 인공 수정을 위해 온도가 −196℃ 이하인 액체 질소에 넣어 냉동 보존한다. 원래는 소를 번식시키기 위해 개발된 이 인공 수정법이 1953년에 처음으로 사람에게도 도입되어 성공하였다. 냉동 정액도 물론 수정 능력을 지니고 있어 15년 이상

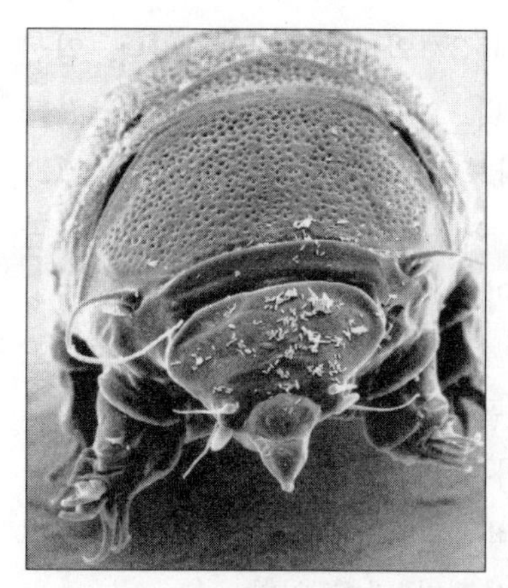
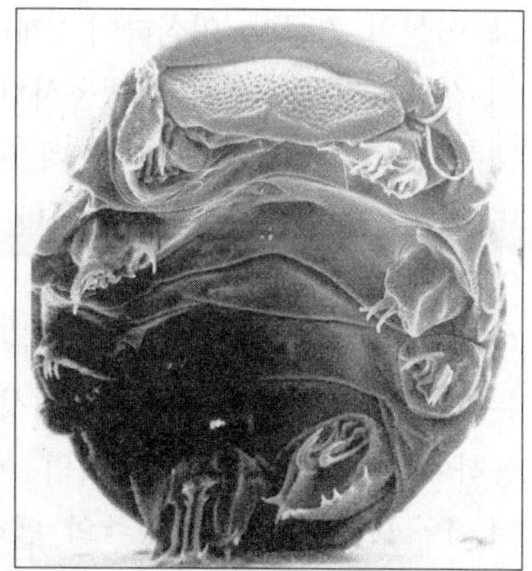

크기가 몇 mm에 불과하며 바닷가 모래사장이나 극지방의 이끼 표면에서 사는 완보류(tardigrades). 이 동물은 극한 환경에 처하면 오른쪽 그림과 같은 형태로 휴면 상태에 들어간다. 물질 대사는 거의 정지되며 체내의 수분은 대부분 빠지고 항냉동 물질인 트레할로스가 축적되어 놀랍게도 절대 온도 0° K인 −272℃의 극저온 뿐만 아니라 151℃의 고온에서도 생존할 수 있다. 뿐만 아니라 이 극한 동물은 100% 알코올에 담그거나 6,000기압의 압력을 가해도 생존할 수 있는 불가사의한 생명체이다. 이탈리아의 한 자연사박물관에 120년 동안 보존되었던 건조한 이끼의 표면에서 발견한 이 동물에 물을 가하자 이 동물은 다시 살아났다.

냉동 보관되어 있던 인간의 정자에 의해 임신이 되기도 하였다. 남성들은 정관 절제를 시술하거나 암에 걸렸을 때 화학 요법이나 방사선 치료를 시작하기에 앞서 정액을 채취하여 정자를 냉동 보존할 수 있다. 매년 수많은 신생아들이 냉동 보관된 정액으로부터 태어나는데, 여기에 쓰여지는 정자들은 냉동되어 있다가 수정시키기 직전에 해동되며, 체내에서 바로 채취한 정자와 비교하여도 아무런 결함이 없다. 배도 역시 낮은 온도에서 냉동 보존이 가능하다. 가축을 대상으로 연구한 이 기술은 현재 인간에게도 흔히 이용되고 있다. 일반적으로 한 여성에서 한번의 시술로 여러 개의 난자를 추출하여 실험실에서 수정시킨 후, 다시 그 여성의 자궁에 이식하여 2개나 3개의 배를 생장시킨다. 임신에 사용하지 않은 배만 냉동시킨다. 이 방법으로 여성이 난자를 채취하는 시술을 되풀이하는데 따르는 스트레스를 줄일 수 있으며 시술 비용도 절감할 수 있다. 여분의 배들은 몇 년간은 보관이 가능하며, 부부가 훗날 다시 아이를 갖기를 원한다든가, 여성이 수술로 인하여 임신을 할 수 없게 된다든가 하는 경우에 또는 난자를 생산하지 못하는 여성을 위해 이용된다. 냉동배를 이용하여 태어난 첫번째 아이의 이름은 레이랜드(Zoe Leyland)이며, 1984년 3월 28일 호주의 멜버른에서 태어났다. 최근에는 냉동배를 이용하여 임신에 성공한 사례가 많이 있다.

정액이나 배 이외의 또 다른 인간 세포도 냉동이 가능하다. 믿을 수 없겠지만 가장 잘 알려져 있는 것이 헬라(HeLa) 세포이다. 이 세포는 헨리에타 랙스(Henrietta Lacks; HeLa)라는 환자의 자궁암 세포로서, 배양한 후 액체 질소에 냉동하여 현재까지 40여년 동안 전세계의 연구실에서 연구용으로 사용하고 있다. 그녀는 오래전에 죽었지만 그녀의 세포는 아직까지 살아 있다.

비록 포유동물의 세포는 비교적 안전하게 냉동시키거나 해동시킬 수 있지만, 동물체 자체를 그렇게 할 수 있는 것은 아니다. 그럼에도 불구하고 현재 미국에서는 나중에 다시 깨어나게 하여 병을 치료한다거나, 손상된 부분을 교체한다거나 또는 미래의 삶의 보장하기 위하여 최근에 사망한 사람의 몸이나 머리 등을 냉동 보관하는 회사가 설립되고 있다. 이런 회사들의 대부분은 냉동 보관이 법적으로 허용하고 있는 캘리포니아주에 위치하고 있다. 그러나, 안타깝게도 사람이 사망하면 혈액 순환이 중단되어 조직이 빨리 손상되므로 인간의 냉동 보관에는 어려움이 많다.

그러나 한 가지 방법은 개개인의 유전체, 즉 유전자를 보존하는 것이다. 인간의 적혈구는 핵이 없어 유전 정보인 DNA를 제공하지 못하지만, 백혈구는 필요한 모든 DNA를 제공할 수 있다. 언젠가 복제양 돌리에서 사용했었던 방법으로 한 개의 단순한 백혈구에서 하나의 인간을 만들어낼 수 있을 것이다. 인류가 그러한 인간 복제를 원할지 아닐지는 다른 문제이다. 비록 당신 자신의 세포로 당신을 복제할 수 있다 하더라도 결과적으로 만들어진 사람은 당신의 일란성 쌍생아보다 더 당신과는 유사하지 않을 것이라는 사실을 기억해 둘 필요가 있다. 왜냐하면 한 인간은 유전자의 집합체이기 전에 한 인격체이기 때문이다.

팔천만물의 미생물

극한 생물들이 큰 돈벌이가 되고 있다. 열, 염류, 산, 압력 및 몇 가지 중금속에 잘 견디는 생물에서 효소를 분리해내는 산업이 오늘날 급부상하고 있다. 소규모의 생명공학 관련 회사들은 알려지지 않은 유전자를 가졌을지도 모르는 새로운 극한 생물을 발견하기 위하여 동분서주한다. 새로운 극한 생물을 발견하면 백만장자가 될 수도 있으므로 그 경쟁은 매우 치열하다.

많은 분자생물학자들은 고온에 잘 견디는 효소를 개발하기 위하여 매일 연구에 열중하고 있다. 열에 잘 견디는 효소들은 분자생물학의 연구 과정에 필수적인 중합효소 연쇄 반응(polymerase chain reaction, PCR)에 없어서는 안되는 것들이다. 그 명칭이 암시하듯이 이 과정은 몇 개의 사이클로 이루어진다. 먼저 이중 나선인 DNA를 2개의 가닥으로 분리하기 위하여 가열하였다가 식힌다. 이어서 각각의 가닥을 효소의 도움으로 복제한다. 이 두 과정을 여러번 반복하여 DNA 분자를 수많이 합성할 수 있다. PCR 기술은 DNA의 두 가닥을 분리하는데 필요한 고온(95℃)에서도 파괴되지 않는 DNA복제 효소가 있어야 가능하다. 다행히 온천에서 서식하는 박테리아에서 추출한 *Taq* 중합효소와 같은 고온에 잘 견디는 효소들이 개발되었다. PCR은 분자생물학의 모든 분야에 없어서는 안될 방법으로 DNA 구조의 발견과 더불어 현대 생명 과학에 혁명을 일으켰다.

Taq 중합효소는 옐로우스톤 국립공원에 있는, 끓어오르는 온천에서 브록(Thomas Brock)이 발견한 고세균인, 써모피루스 아쿠아티쿠스(*Thermophilus aquaticus*)에서 분리한 것이다. 멀리스(Kary Mullis)가 DNA 복제에 이 효소를 사용하기까지는 20년 이상이 걸렸다. 개성이 강한 멀리스는 비판적인 언행으로 여러 과학자들을 괴롭혔고 서핑을 하거나 여자 친구들을 좇아다니느라 강의를 빼먹기 일쑤였다. 그럼에도 불구하고 그는 PCR의 개발로 노벨상을 받았다. 그의 연구는 생명과학에 혁신을 일으켰고 그가 개발한 PCR 기술은 현대 분자생물학에 없어서는 안될 필수적인 기술이었기에 그가 노벨상을 받은 것은 당연한 일이었다. *Taq* 중합효소는 극한 생물이 지닌 효소를 상업적으로 이용한 최초의 성공 사례이며, 이 효소의 연간 판매량은 8천만불 이상에 이른다.

세제 제조 회사들은 호염기성 생물에서 추출한 효소들을 많이 조사하였다. 이 효소들은 때묻은 옷에 달라붙은 단백질, 당 및 지방의 분해를 돕기 때문에 생물학적 세제로 일반 세제에 첨가하여 활용할 수 있다. 그러나 일반 세제는 강한 알카리성이고 대부분의 효소들은 이러한 조건 하에서는 효과적으로 작용할 수 없다. 그러나 호염기성 생물의 효소는 높은 pH에서 잘 작용한다. 1997년에 미국의 진코르(Genecor)사는 썩은 호수에서 발견한 호염기성 생물에서 추출한 효소를 세제에 첨가하여 수백번 빨아도 새 옷처럼 보이게 하는 세제를 개발하였다. 이 세제는 섬유에는 영향을 미치지 않고 때가 묻어 있는 표면의 얇은 층에만 작용한다. 이것이 극한 생물의 산물을 대규모로 산업화한 최초의 예이다.

호산성 생물은 함량이 낮은 광석에서 금, 구리 및 우라늄을 추출할 때 유용하게 사용할 수 있다. 호저온 생물에서 추출한 효소들은 비누와 세제에 첨가하면 찬물에서도 세탁할 수 있다. 세균과 고세균은 의약품으로 이용할 수 있을 뿐만 아니라 살충제, 석유 및 용매들과 같은 독성 유기물을 분해하는데도 활용할 수 있다. 극한 생물의 상업적인 활용은 아직 걸음마 단계에 있지만 그 가능성은 무궁무진하다.

외계의 생명체

1996년 ALH84001이라 불리는 보기에는 평범한 바위 덩어리가 뉴스의 초점이 되었다. 대부분의 과학 논문들은 소수의 전문가들에 의해서라도 읽혀지면 행운이지만, 이 논문은 출판도 되기 전에 전 세계의 신문, 라디오 및 TV에 자세히 보도되었다. 이 논문이 불러일으킨 충격은 이해할 만하다. 왜냐하면 NASA의 과학자들은 화성에 생물이 있다는 증거를 발견했다고 이 논문에서 주장했기 때문이다.

160억년 전 화성에 부딪친 한 운석이 화성의 표면을 작은 바위 조각으로 산산조각 내어 우주 공간으로 날려보냈다. 약 11,000년 전 이 바위 조각들 중의 하나가 지구의 대기권으로 들어와 남극의 알렌힐스(Allen-Hills) 얼음판에 떨어져 파묻혔다. 이 바위의 무기질 함량과 그 속에 들어 있는 공기 방울의 성분으로 그것이 화성에서 왔다는 것이 증명되었다. 측정자료는 1976년에 화성에 도착한 바이킹(Viking)호가 측정한 화성의 표면 및 대기의 성분과 일치하였다.

ALH84001의 속에서 과학자들은 거의 40억년 전에 형성된 육상의 미화석(microfossil)과 유사한 불규칙한 모양의 구조물을 발견하였다. 그들 각 조각을 조립해서 분석한 결과 이것이 화성 초기의 원시적인 생명체임이 틀림없다고 NASA의 과학자들은 주장했다. 그러나 애석하게도 그들의 결론은 시기상조였다. 외계 생명체일 가능성에 흥분한 여러 국제 과학연구팀이 ALH84001를 1년 동안 분석, 연구한 결과 그것은 외계 생명체의 화석 잔유물이라기 보다는 단순한 염류 침전물이라고 결론을 내렸다.

과학자들은 태양계 어딘가에 생명체가 있으리라는 생각을 쉽게 버릴 수 없었다. 원시 생물이 살고 있는 지구의 극한 환경은 태양계의 다른 혹성 또는 달의 환경과 유사하다. 남극의 차고 건조한 바위 계곡은 화성의 환경과 매우 유사하다. 남극의 바위 표면 1mm 아래에는 광합성을 하는 미생물이 얇은 층을 형성하며 살고 있다.

믿을 수 없지만 박테리아는 진공 상태에서조차 생존할 수 있다. 인공위성 써베이(Survey) 3호는 1967년 달에 착륙했다. 2년 반 뒤에, 써베이 3호가 작열하는 햇빛, 극심한 온도 변화와 거의 진공 상태인 달이라는 극한 환경에서 어떻게 견디는지 조사하기 위하여 아폴로 12호의 우주 비행사들이 달을 방문하였다. 그들은 TV 카메라를 써베이 3호에서 분리하여 밀봉한 후 지구에 갖고 왔고, 지구에서는 무균 상태에서 그것을 열었다. 미생물학자들이 카메라 안에서 채취한 것을 배양한 결과 놀랍게도 박

우주선 갈릴레오호가 찍은 고해상도의 유로파. 목성의 16개 위성 중 하나인 유로파는 1610년 갈릴레오가 발견하였다. 이 위성은 태양계에서는 유일하게 크레이터와 산이 비교적 적다. 이 위성의 표면은 바깥 얼음 층이 갈라진 것으로 믿어지는 짙은 선들로 형성된 복잡한 그물과 같은 구조물로 덮여 있다.

테리아가 생존해 있었다. 그러나 이들은 지구의 박테리아였다. TV 카메라를 다루는 동안 한 기술자가 재채기를 하여 박테리아가 그 기계의 안쪽 깊이 들어가서 그 카메라가 다시 실험실에서 개봉될 때까지 그 속에 파묻혀 있었던 것이다. 물론 의심이 많은 사람들은 그 생명체가 달에 있었던 것이 아니라 지구에 돌아온 후 오염된 것이라고 주장할 것이지만 카메라를 분석하는 동안 무균 상태를 엄격히 유지하였으므로 이 박테리아는 분명히 귀환

후 오염된 것은 아니었다. 박테리아는 2년 반 동안 달의 표면에서 살았던 것으로 판명되었다.

그러나 생존과 생장은 다르다. 물이 없는 환경에서 생명체는 휴면 상태로 밖에는 생존할 수 없다. 생장과 생식은 단순한 것이 아니다. 따라서 태양계의 어느 곳에서든 생명체를 찾는다는 것은 사실 물을 찾는 것과 같다. 물이 있는 곳은 있다. 1979년 보이저(Voyager)호는 목성에 도착하였고 목성의 위성인 유로파(Europa)가 얼음으로 뒤덮여 있다는 것을 발견하였다. 우주선 갈릴레오(Galileo)호를 이용하여 얻은 보다 최근의 자료는 남극의 표면 아래에 존재하는 거대한 호수처럼, 물의 대양이 유로파의 얼음층 아래에도 놓여 있을 가능성을 시사하고 있다. 현재 과학자들은 이와 같은 가능성을 탐색하고, 유로파에 생명체가 존재하는지 여부를 조사하기 위하여 우주선을 보내려고 계획하고 있다. 태양계에서 생명체를 찾아낸다는 것은 흥분할만한 일이다.

찾아보기

<ㄱ>

<ㄴ>

<ㄷ>

<ㄹ>

<ㅁ>

<ㅂ>

<ㅇ>

<ㅈ>

<ㅌ>

<ㅍ>

<ㅎ>

<영문>

생존의 한계

초판 2001년 10월 20일
2쇄 2003년 9월 30일

지은이 후란시스 아스크로프
옮긴이 한국동물학회
펴낸이 손 영 일

펴낸곳 전파과학사
출판 등록 1956. 7. 23(제10-89호)
120-112 서울 서대문구 연희2동 92-18
전화 02-333-8877 · 8855
팩시밀리 02-334-8092

ISBN 89-7044-222-7 03470

Website www.S-wave.co.kr
E-mail S-wave@S-wave.co.kr